上海外国语大学"青年教师发展计划"科研启动项目

Interaction Journalism Design

交互新闻设计研究

周嘉雯 著

内容提要

　　科技改变新闻传播,其本质上是在改变用户与信息的关系、人与社会的关系乃至人们的生活。交互设计是一门创造支持人类行为体验的设计学科。本书在探讨将技术文化视为一种价值来源以激励新闻业发展这一问题的同时,意图找到把新闻和交互设计结合起来以想象新事物的方法。通过实验和反思的设计方法,交互新闻的未来是可以想象的。这对新闻传播理论和实践的研究都将产生深远的影响,尤其是在解决中国全球传播的实践问题、建立并完善独立的中国话语体系方面。

　　本书适合新闻传播专业师生以及从业者参考阅读。

图书在版编目(C I P)数据

　　交互新闻设计研究 / 周嘉雯著. —上海:上海交
通大学出版社,2024.6
　　ISBN 978 - 7 - 313 - 30770 - 5

　　Ⅰ.①交… Ⅱ.①周… Ⅲ.①人-机系统-系统设计
-应用-新闻学 Ⅳ.①TP11②G210

　　中国国家版本馆 CIP 数据核字(2024)第 099835 号

交互新闻设计研究

JIAOHU XINWEN SHEJI YANJIU

著　　者:周嘉雯
出版发行:上海交通大学出版社　　　　地　　址:上海市番禺路 951 号
邮政编码:200030　　　　　　　　　　电　　话:021 - 64071208
印　　刷:苏州市古得堡数码印刷有限公司　经　　销:全国新华书店
开　　本:710mm×1000mm　1/16　　　印　　张:15.5
字　　数:310 千字
版　　次:2024 年 6 月第 1 版　　　　　印　　次:2024 年 6 月第 1 次印刷
书　　号:ISBN 978 - 7 - 313 - 30770 - 5
定　　价:69.00 元

前　言

记者在研究和讲述故事的方式上具有代理权,他们运用创造力、能动性和判断力来创作故事,并对每种独特的情况做出反应。从这个角度看,他们与设计师相似,也拥有创造性。但新闻创作终究不是设计,它通常是在强大的文化和组织框架内进行的,其目的是揭示新事物,而不是创造新事物。此外,新闻创作具有反映现实、为公众利益服务的内在要求。相比之下,设计可以更自由地想象可能的未来,并提出建议,把它们展示给世界,然后观察会发生什么。正是在这两种实践的结合中,新闻才能找到探索和发展的空间。

设计是一种以实践为主导的研究方法,其过程往往是反思性的:设计师利用自己的知识和对工作环境的理解,反思他们自己工作时的行为反应。这表明行动可以产生知识;像新闻一样,设计既是一种实践,也是一个研究领域。设计学界的文献虽然没有提出明确的设计理论,但对开创性的作品已达成一种共识:设计是一种独特的人类活动,值得用自己的智力去思考。因此,新闻研究人员应该更积极、主动地研究技术的潜力,视技术为新型实践的助推者。他们还应该认识到,记者不仅可以适应现有技术,也可以开发技术,使其以体现新闻价值的方式进行互动。

与网络技术密切相关的交互性(interactivity),至今仍是一个颇具争议的术语:它可以是一种人与人之间的关系,也可以是一种人机间的关系,抑或是一种人与信息的关系。换言之,它是媒介化环境中人作为不同传播角色与其他多元主体的交互关系。尼基·厄舍(Nikki Usher)在《互动新闻:黑客、数据与代码》(*Interactive Journalism:Hackers,Data and Code*)一书中将其定义为"一种通过代码来实现故事叙事的视觉化呈现,通过多层的、触觉的用户控制,以便实现获取新闻和信息的目标"。在《交互新闻研究》一书中,笔者从事实论和价值论层面重新界定"交互新闻"的内涵,使其概念能够适应信息技术发展的不同阶段。在事实论层面,"交互新闻"被描述为基于用户体验的新闻专业生产,它泛指所有给予用户交互体验且符合新闻边界的交互产品。在价值论层面,交互新闻强调"以人为本"的价值理念。

交互设计是一门创造支持人类行为体验的设计学科,它既关注技术的可能性,也关注这些可能性如何符合人类行为和人类价值观,是技术和人的交叉领域。它借鉴了设计实践和设计研究的其他领域,旨在创造平台、界面和其他数字产品,实现可能性和实用性之间的平衡。因此,研究交互设计有利于理解交互新闻。

为了建立并完善中国特色的话语体系,我们需要以中国现实问题以及中国与世界的互动关系为导向,以开放的心态吸收国际社会上先进的知识体系精髓,开展具有全球价值的跨学科、跨国界的合作。在 2018 年或更早时候,交互新闻已经进入欧美主流新闻领域。比如,《墙:不为人知的故事,意想不到的后果》(*The wall : unknown stories , unintended consequences*)获得了第 102 届普利策奖中的解释性报道奖。它作为一个典型的交互新闻,为用户提供了交互式地图、虚拟现实等 6 种沉浸式探索美国—墨西哥边境墙的方式。中国新闻业已有大量优秀作品。利用交互设计可以让事实更有力量,让记者更好地完成报道,在新闻领域跨越文化创新方面的差异。

以下是对本书 8 个章节的内容总结。第一章讨论了设计作为一种实践和一种研究方法,特别是设计工件在生产知识中所扮演的角色。本章将新闻和设计进行类比,表明设计为新闻实践和研究提供的创新机会,并分析了交互新闻作为新闻子专业的兴起背景,考察了技术设计主导交互新闻研究的价值。第二章探讨了新闻和技术交叉所带来的全新交互形式,并建议记者处于对社会负责的技术设计过程的中心,积极主动地对待技术,并在实践中使用技术。本章揭示了交互新闻记者如何利用他们的能力对交互新闻产品做出特定的声张。第三章是 10 个新闻编辑室的案例研究。本章通过人、流程、融合这三方面所构成的分析框架来比较来自不同新闻机构的交互新闻团队的异同,并推测造成他们不同工作方式的潜在原因。第四章把理论和实践之间的中介——知识——作为研究重点,揭示了交互新闻工作者对知识的两种特殊声张:特殊技能、他们带给传统新闻业的抽象知识的新类型。第五章详细介绍了交互新闻产品的需求调研、设计、开发原型和评估过程。根据设计活动和用户反馈,讨论了交互新闻产品如何探索新闻实践,并揭示了新闻思维在新概念设计中的重要性。第六章介绍了交互式数据新闻、新闻交互视频、新闻游戏、新闻聊天机器人等常见交互新闻形态的制作工具和方法,并分析了生成式人工智能在新闻短视频中的应用路径。第七章批判性反思交互新闻的实践,揭示了交互新闻在数据、编码、人工智能、心理交互等多个层面的局限性,提示读者谨慎看待交互新闻的影响。第八章考虑了未来,在更大的背景下描述了交互新闻对整个新闻业的意义。本章最后提出了进一步研究的问题。这对于那些想要了解目前交互设计最新研究领域的人来说,是大有裨益的。

在研究交互新闻的同时,我还担任新闻网站编辑的职务。在进入高校任教之前,我曾在地方报纸、省级电视台和国外新闻网站从事报道和制作的实习工作。在不同媒体工作的这些经历激发了我对学术研究的兴趣,我开始思考记者应该如何利用他们的专业知识来想象做新闻的新方式,以及如何更好地使用新兴技术来讲述新闻故事和吸引受众。这些可能性是令人兴奋的,尤其是在需要向世界发出中国声音的今天。我把这本书看作是深入探索和讨论的开端。交互新闻是一个前沿领域,其本身就是跨学科的产物,涉及社会科学、计算机科学、心理学、工业设计、普适计算、人机交互、艺术学,以及学科之间的交叉。其中有的专业术语在不同学科会有不同的名称与用法,笔者根据语义与上下文来最终确定,难免存在纰漏,望读者在阅读中不吝赐教。

我要感谢所有给予这项艰难工作以帮助与启示的人和事。特别地:

感谢上海外国语大学"青年教师发展计划"科研启动经费的资助。

感谢上海外国语大学新闻传播学院和上海交通大学出版社对本书的出版支持。

感谢美国乔治·华盛顿大学媒体与公共事务学院副教授尼基·厄舍为本书提供相关资料和建议。

感谢昆士兰大学的新闻学讲师斯凯·多尔蒂(Skye Doherty)为本书提供相关资料和建议。

感谢前新华社新媒体中心的张建华老师接受笔者专访,给予本书概念上的启发。

感谢上海外国语大学新闻传播学院网络与新媒体专业学生樊佳怡、李在阳、张海波、李昕怡、虎佳慧、张馨、翟芸、沈雪杰、赵靖文、张婧遥、王雪莲、黄鋈维、叶倩盈、陈汐朗对本书材料搜集和翻译所做出的重要贡献。

感谢上海外国语大学新闻传播学院网络与新媒体专业学生季奕李、张兆丰、何承锐、雷怡婷、丁彤彤、莫镇萍对此书格式整理所做出的重要贡献。

目　录

第一章　交互新闻的兴起

第一节　引　子

如果按照传统社会学以特征为基础的评价方法,新闻业只能算作一种职业(occupation),而非一种专业(profession)。安德鲁·阿伯特(Andrew Abbott)建构的"专业系统"(systems of professions)理论却主张以从业人员所做的工作或对特殊知识的"管辖权"声张(jurisdictional claims)来考察专业。他认为专业主义的动力是工作,因为职业要在一个竞争性声张的系统里协商去做特定类型的工作,专业是通过对工作的管辖权以及对概念知识("抽象知识")的特定声张来加以界定的①。根据阿伯特的说法,新闻业产生于各专业间的竞争、它控制工作和知识类型的能力,以及它对这些压力做出的反应。为了确保对公众知识的持续性关联(relevance)和最好声张(claims),新闻业必须对新技术变革引发的多重挑战做出某种回应。如果不了解社会环境和新闻业之间经常存在的争议关系,就不可能理解交互在新闻中的应用。有学者指出,新闻的专业性和权威性从来不是孤立地或完全在新闻领域内部构建的②。因此,交互新闻的产生并非完全出于新闻专业的原因,故不能局限于对新闻语篇的分析或就其本身的分析,应该通过对个人、网络、相关机构和公共话语产生的影响及其相关性来透视交互新闻的实践环境。

皮埃尔·布尔迪厄(Pierre Bourdieu)的场域理论(field theory)研究是新闻领域变革的重要依据③。他将场域定义为一个独立的社会空间和"力量场"(field of forces),场域内和不同场域之间的代理人为改造或维护该场域而斗争。这种斗争源于构成异己一极的外部力量和构成自主一极的内部力量之间的冲突④。结构

① ABBOTT A.The system of professions:an essay on the division of expert labor[M].Chicago:University of Chicago Press,1988:93.

② ANDERSON C W.Apostles of certainty:data journalism and the politics of doubt[M].New York:Oxford University Press,2018.

③ KRAUSE M.Reporting and the transformations of the journalistic field:US news media,1890-2000[J].Media,culture & society,2011,33(1):89-104.

④ BOURDIEU P.The political field,the social science field,and the journalistic field[C]//BENSON R,NEVEU E.Bourdieu and the journalistic field.Cambridge:Polity,2005:30.

(structure)和智能体(agency)是场域内的一组相互对立且相互依存的概念①。结构关乎智能体需遵循的场域内规则或原则(doxa)(如新闻领域的新闻价值)。智能体既被结构或原则影响,又与习惯(habitus)密切相关。习惯是指智能体的背景和经验经积累形成的"一种肌肉记忆,知道场域中'活动是如何进行的'(how the game is played)"②。除了原则和习惯,智能体的行动和表现还受到资本(capital)的影响。资本是"特定场域所拥有的、在价值和角色上区别于其他场域的物质或非物质的财产(asset)"③,它允许智能体在场域中参与积累不同类型的资源。资本具有多种形式:经济(如金融资产)、政治(如知名度)、社会(如联系)、文化资本(如技能)④。不同类型的资本累加会增强该场域抵抗变革的力量,尤其是文化资本。它帮助场域保持独立并抵御外部影响,是将一个场域与另一个场域区分开来的重要力量⑤。一个场域除了受到外部施加的力量外,其内部的智能体也有能力改造或维护本场域。这种能力取决于智能体在该领域的主导地位⑥,而地位受他们的资本影响,如他们的社会资本(如人脉、社交媒体网络)、经济资本(如金钱和资产)或文化资本(如奖项、技能、教育水平)⑦。除了场域内现有的智能体,当"新进入者"(new entrants)与新场域内的原则规范相融合以适应该场域的现有规则,或者带来他们自己场域内的一套逻辑时,也可能转变或保存新入的场域⑧。新进入者往往有更强的改变"动机和能力",但他们对领域的影响通常与他们本身的资本、人口统计学和纯粹的数量有关,较少拥有这些的人则不太愿意"挑战现状"⑨。他们还需

① WALTHER M.Repatriation to France and Germany:a comparative study based on Bourdieu's theory of practice[M].Wiesbaden:Springer Gabler,2014.

② LOWREY W,SHERRILL L,BROUSSARD R.Field and ecology approaches to journalism innovation: the role of ancillary organizations[J].Journalism studies,2019,20(15):2134.

③ WANG Q.Dimensional field theory:the adoption of audience metrics in the journalistic field and cross-field influences[J].Digital Journalism,2018,6(4):472-491.

④ TANDOC E C.Five ways BuzzFeed is preserving(or transforming)the journalistic field[J].Journalism, 2018,19(2):200-216.

⑤ BENSON R.Field theory in comparative context:a new paradigm for media studies[J].Theory and society,1999,28(3):463-498.

⑥ BOURDIEU P.The political field,the social science field,and the journalistic field[C]// BENSON R, NEVEU E.Bourdieu and the journalistic field.Cambridge:Polity,2005:29-47.

⑦ DICKINSON R.Studying the sociology of journalists:the journalistic field and the news world[J]. Sociology compass,2018,2(5):1383-1399.

⑧ TANDOC E C.Journalism at the periphery[J].Media & communication,2015,7(4):138-143.

⑨ RUSSELL A.Digital communication networks and the journalistic field:the 2005 french riots[J]. Critical studies in media communication,2007,24(4):289.

得到政治、经济或技术变革等外部因素的支持,否则不会对进入的场域产生重大的影响①。

场域理论关注的是新进入者的流动对场域的潜在影响②。自 20 世纪初以来,新闻业一直在为公众提供当前的"事实"信息③,通过传播公共信息的专业知识来主张权威,但它缺乏真正的商业模式来持续获益,变成了一个"可渗透"的专业。技术公司及其技术工作者曾被视为新进入者、"闯入者"(inter-lopers)、"技术导向的陌生人"(technology-oriented strangers)和新闻业的局外人(outsiders to the journalistic field)④,而如今他们可能是"新闻生产的创新者和颠覆者"(innovators and disruptors of news production)⑤。然而,现有的新闻学研究缺少作为新进入者的技术专家的看法。深度访谈是获取内部人士或专家对一个新的或正在出现的现象的洞察的有效研究方法⑥,它已被用于关于新闻业的多个场域理论研究⑦。因此,一些学者选择对技术专家进行深度访谈,他们将这一群体定义为"在技术公司内工作,并负责塑造与技术领域相关的工具、规范和实践的有计算能力的行为者"⑧,他们尤其感兴趣的是生产适合新闻编辑室使用的沉浸式技术的技术专家,目的是通过这些专家的意见来确定沉浸式技术将引发的新闻领域的潜在转型或自我保护⑨。12 名在知名(按获奖数量、公司规模、项目的受欢迎程度等标准)沉浸式技术公司担任关键职位的技术专家接受了采访,他们从事虚拟现实(virtual reality,简称 VR)、增强现实(Augmented Reality,简称 AR)、混合现实(Mixed

---

① BENSON R.Field theory in comparative context:a new paradigm for media studies[J].Theory and society,1999,28(3):463-498.

② BENSON R.Field theory in comparative context:a new paradigm for media studies[J].Theory and society,1999,28(3):463-498.

③ ANDREW A.The order of professionalization:an empirical analysis[J].Work and occupations,1991,18(4):93.

④ WU S,TANDOC E C,SALMON C T.A field analysis of journalism in the automation age[J].Understanding journalistic transformations and struggles through structure and Agency,2019,7(4):428-446.

⑤ HOLTON A E,BELAIR-GAGNON V.Strangers to the game? interlopers,intralopers,and shifting news production[J].Media and communication,2018,6(4):70-78.

⑥ MARSHALL C,ROSSMAN G B.Designing qualitative research[M].Newbury Park:SAGE Publishing,1989.

⑦ TANDOC E C.Journalism is twerking? how web analytics is changing the process of gatekeeping[J].New Media & society,2014,16(4):559-575.

⑧ WU S,TANDOC E C,SALMON C T.When journalism and automation intersect:assessing the influence of the technological field on contemporary newsrooms[J]Journalism practice,2019,13(10):1238-1254.

⑨ WU S,TANDOC E C,SALMON C T.A field analysis of journalism in the automation age:understanding journalistic transformations and struggles through structure and agency[J].Digital journalism,2019,7(4):387-402.

Reality,简称 MR)和 360°视频的项目管理、设计、编辑和编程。他们对新闻的理解主要来自他们与新闻机构的合作以及他们自己对新闻的了解。以上公司仅限于工作室和内容生产商,而非纯粹的硬件和软件开发商①。

关于沉浸式技术对新闻业原则(包括客观性、准确性、透明度、平衡性和公平性等)②的影响,大多数被访者认为新闻业的本质一直没有改变,尤其是其讲真话的原则③。其他被访者讨论了新闻业不断变化的原则:①新闻业需要"建立自己的组合"(build their portfolio),利用不同的形式和平台来传递新闻,并使用酷和有趣的"新工具"来接触新的和年轻的用户。②新闻工作现在对用户的关注度上升,代表的是受众与信息的主动关系,它"更加个人化",允许用户体验或共同创造故事。③记者需转变"看"故事的方式,能够"通过别人的眼睛看问题",以确定必须拍摄的照片和视频④。关于沉浸式技术对记者的工作经验(习惯)的影响,被访者认为要考虑以下 3 个方面:①将沉浸式技术引入故事的必要性。沉浸式体验通常适用于"情感的""发自内心的""有吸引力的"的故事,以及涉及"遥远的地方"或"很难接近的内部空间"等复杂的主题。②要创设的环境和体验以及要捕捉的内容类型。尽量捕捉能够"把人们带入一个地方"的三维内容。③分配足够的时间、预算和资源来制作沉浸式报道。有被访者指出,一个互动式 VR 可能需要 3 到 10 个人花 2 周到 2 个月的时间来完成,成本高达 20 万美元;AR 和 360°视频可用相对较少的时间完成,但其成本至少是 1 万美元⑤。关于沉浸式技术对记者技能组合(资本)的影响,被访者一致认为,记者必须对讲故事的工具增加了解。对于沉浸式技术,记者需要提升看到一个场景就能凭直觉理解什么会使一个场景发挥作用的能力,他们还需要"以不同的方式可视化事物""理解场景的一部分""理解三维空间以获得模仿现实生活的体验"。然而,有被访者指出获得这些技能"需要很长的时间,这几

① WU S, TANDOC E C, SALMON C T. A field analysis of journalism in the automation age: understanding journalistic transformations and struggles through structure and agency [J]. Digital journalism,2019,7(4):387-402.

② MABROOK R.Between journalist authorship and user agency:exploring the concept of objectivity in VR journalism[J]Journalism studies,2021,22(2):209-224.

③ WU S, TANDOC E C, SALMON C T. A field analysis of journalism in the automation age: understanding journalistic transformations and struggles through structure and agency [J]. Digital journalism,2019,7(4):387-402.

④ WU S, TANDOC E C, SALMON C T. A field analysis of journalism in the automation age: understanding journalistic transformations and struggles through structure and agency [J]. Digital journalism,2019,7(4):387-402.

⑤ WU S, TANDOC E C, SALMON C T. A field analysis of journalism in the automation age: understanding journalistic transformations and struggles through structure and agency [J]. Digital journalism,2019,7(4):387-402.

乎是一个职业"。因此,多位被访者谈到的记者另一项技能是学会利用其他从业者的技能。在"多学科团队"中,记者应具备"用户如何与环境互动""什么是可能的""记者能做什么"的意识,以便与协助制作最终新闻产品的技术专家(如 3D 设计师和开发人员)沟通①。关于沉浸式技术对新闻业的改造,被访者指出,到目前为止,沉浸式技术公司已经进入新闻业,正在影响那些在新闻业占据主导地位的、资源丰富的新闻机构的工作。这些新闻机构往往更加开放,有更充分的时间、预算和资源来开展实验,VR 和 AR 的元素因此时常出现在它们的新闻中。然而,大规模的变革仍存在一些障碍:①预算、时间和资源的高要求。这意味着似乎只有大型新闻机构才有沉浸式报道的资源,而且这些报道不太可能是新闻周期(news cycle)内的突发报道。②VR 还未大众化,所以沉浸式报道的市场"非常小",其推广困难重重,投资回报似乎并不理想。③技术本身的问题。用户只有经过许多步骤才能获得信息。④新闻机构的心态问题。它们徒有伟大的想法和热情是不够的,必须创建多学科团队,战略性地雇用像开发人员这样的专业技术人员,让他们成为"协助记者的创造性伙伴"。尽管如此,被访者认为,AR 的发展及其在智能手机上的可及性将在未来 5 至 10 年内引领新闻业转型,沉浸式报道的市场有望进一步扩大②。上述研究结果表明,改造新闻业的外部力量与维护其自主性的内部力量之间存在着一场拉锯战。一方面,在一个场域内占据主导地位的智能体能够从内部推动变革③。主流新闻机构越会创新,反过来越能会增加它们在新闻业的资本(如赢得奖项、增加利润),从而进一步提高它们的主导地位。另一方面,场域竭力维护其原则和实践,以抵制外部影响④。如果沉浸式报道没有足够大的市场,如果它们不能在新闻周期内被及时制作出来,或者没有充足的预算和人力,以致被迫从当天的其他新闻报道中抽调资源,那么它们可能会损害公众及时了解社会真相的目的,故而受到新闻机构的反击和抵制。因此,沉浸式技术公司试图吸引记者,帮助他们更好地履行讲述真相的基本职责。

---

① WU S，TANDOC E C，SALMON C T. A field analysis of journalism in the automation age：understanding journalistic transformations and struggles through structure and agency［J］. Digital journalism，2019，7(4)：387-402.

② WU S，TANDOC E C，SALMON C T. A field analysis of journalism in the automation age：understanding journalistic transformations and struggles through structure and agency［J］. Digital journalism，2019，7(4)：387-402.

③ BOURDIEU P.The political field，the social science field，and the journalistic field［C］//BENSON R，NEVEU E.Bourdieu and the journalistic field.Cambridge：Polity，2005：29-47.

④ BOURDIEU P.The political field，the social science field，and the journalistic field［C］//BENSON R，NEVEU E.Bourdieu and the journalistic field.Cambridge：Polity，2005：29-47.

场域理论已被广泛用于讨论文化、经济和政治场域如何塑造新闻业①。其中，文化场域对新闻业的影响尤为突出。新闻业所面临的最显著的外部挑战是来自文化场域的日益增长的互动性网络需求。随着网络速度和技术的快速发展，人们现在使用网络的方式与以前完全不同。丰富的在线环境改变了用户对在线体验的期望值，0.1秒在1991年是用户感觉计算机反应时间的极限，23年后却成为用户感觉他们在"直接操纵"目标的体验极限②。用户期待更好的(和更具有交互性的)用户体验(user experience，简称UX)。不断优化的网络基础设施服务营造出持续的即时信息(instant-information)环境③和"知识的时代狂欢"④，迫使传统新闻业强调用户参与，"创造出某种持久、有用或者带有引导、定位作用的某种东西——或者制作出足够好的东西……从众多不同的在线内容中脱颖而出"⑤。随着大数据的兴起，数据的增长超过以往任何时期。"人类(和自然)活动产生的海量数字信息"以及"计算处理、机器学习、算法和数据科学的飞速发展"⑥使数据的收集和分发在一定程度上变得更加容易。公众需求和利用这些数据的能力给新闻业带来了挑战，新闻业作为处理这些数据的权威信息来源被迫成为海量信息和公众之间的中介，记者需要筛选更多的数据，挖掘更多的潜在故事，建立完善的问责制度。《纽约时报》(The New York Times)的数据记者德里克·威利斯(Derek Willis)提出一种探究的方式来"访问数据"(interview the data)⑦，即通过编程使数据库内的信息能被用户搜索并展示给用户，这改变了新闻工作的输出模式，也为交互新闻的出现奠定了基础。随着编码变得越来越复杂，新闻业不得不紧跟程序员推动的边界变化。这些技术的迅猛发展要求新闻业关注对速度的需求感受、更好的用户体验和设计、海量数据信息的获取和呈现，以及更好的编码成果。

塞斯·刘易斯(Seth C. Lewis)认为，新闻业还需应对来自行业内部的挑战，这些挑战包括财务状况，以及对权威和专门知识的一种管辖权声张。随着博客、播

① VOS T P，SINGER J B.Media discourse about entrepreneurial journalism：implications for journalistic capital[J] Journalism practice，2016，10(2)：143-159.
② 尼尔森.可用性工程[M].刘正捷，等译.北京：机械工业出版社，2004.
③ HARGITTAI E，NEUMAN W R，CURRY O.Taming the information tide：perceptions of information overload in the American home[J].Information society，2012，28(3)：161-173.
④ WEINBERGER D.Too big to know：rethinking knowledge now that the facts aren't the facts，experts are everywhere，and the smartest person in the room is the room[M].New York：Basic，2014.
⑤ 尼基·厄舍.互动新闻：黑客、数据与代码[M].郭恩强，译.北京：中国人民大学出版社，2020：14.
⑥ LEWIS S.Journalism in an era of big data：cases，concepts，and critiques[J].Digital journalism，2015，3(3)：321-330.
⑦ KING M.Dealing with data：be very，very skeptical；interviewing data：Derek Willis，the New York Times[EB/OL].(2014-04-05)[2019-05-05].https://ajr.org/2014/04/05/dealing-data-skeptical/.

客、社交媒体、直播、短视频等自媒体的出现,以及对科层制专业组织的不断质疑,参与性内容得到爆发式增长①,记者竭力维持的与公众的关联性实际上动摇了记者管辖权威和专门知识的能力和抱负。新闻业已经从担心用户生产内容会动摇其威权转变为尝试一种以"适应性和开放性"(adaptability and openness)为特色的开放性伦理(ethic of openness)②。

　　帕特里克·道森(Patrick Dawson)进一步指出:"一个专业的亚文化塑造其组织文化的能力不是静态的,而是随着时间不断发展的,这也反映了一个组织的文化成分与外部环境之间复杂的相互作用。"③因此,加强理解复杂问题是有必要的。自然科学早就把复杂性作为学术研究的一个关注点,因为人们意识到,牛顿式的、机械式的考虑宇宙的方法不足以解释我们周围的复杂世界,许多现象无法用简单的、线性的、一对一因果映射(one-to-one mappings of cause and effect)来解释,组合学(combinatorics)、不可预测性(unpredictability)和随机性(randomness)也是重要的成因。这一共识是复杂性研究的核心。复杂性"由系统内部以及系统与其环境之间各要素的相互关系(inter-relationship)、相互作用(inter-action)和相互连接(inter-connectivity)而产生"④。不仅如此,系统的跨时间行为(behavior across time)⑤是体现系统性变化(systemic change)的一个重要方面。复杂性的认识并不局限于自然科学,它是人文学、社会学等所有学科长期关注的问题。作为一个学术领域,复杂性是许多不同观点和方法的总称⑥。考虑到世界本就复杂,许多人尚不具备理解和处理复杂问题的能力,这些问题必须通过巧妙的方法传递给公众,以提高认识,打击虚假信息,并引发积极的行动。成功的复杂问题传播(complex issue communication,简称CIC)取决于多种因素,包括使用叙事来加强

①　BRADSHAW P.The online journalism handbook:skills to survive and thrive in the digital age[M].2nd ed.Abingdon:Routledge,2017.
②　LEWIS S C.Journalism in an era of big data:cases,concepts,and critiques[J].Digital journalism,2015,3(3):321-330.
③　BLOOR G,DAWSON P.Understanding professional culture in organizational context[J].Organization studies,1994,15(2):275-295.
④　LANSING J S.Complex adaptive systems[J].Annual review of anthropology,2003,32:183-204.
⑤　MATHEWS K M,WHITE M C,LONG R G.Why study the complexity sciences in the social sciences? [J]Human relations,1999,52:439-462.
⑥　KOENITZ H,BARBARA J,ELADHARI M P.Interactive digital narratives(IDN) as representations of complexity:lineage,opportunities and future work[C]//Interactive Storytelling:Proceedings of 14th International Conference on Interactive Digital Storytelling(ICIDS).Cham:Springer,2021:488-498.

参与(engage)和告知(inform)①。叙事可以用因果关系、时序和结果的多重可能性②来解释世界时空的复杂性③。这些解释符合复杂性理论的要义,从而有助于传播复杂的问题。叙事可以用精心构建的角色④唤起同理心,进而有效地说服受众,如果与受众的文化或意识形态相一致,说服力则更强⑤。然而,整体的说服力(persuasion effect)并不总是持久的,也并不总是导致行为的实质变化,这说明仅仅讲故事是不够的。

交互式数字叙事(Interactive Digital Narratives,简称 IDN)具有传统叙事所不具备的交互性⑥,它对于复杂问题的传播是有效的。交互式数字叙事把动态系统与叙事相结合,支持多视角、持续反馈、选择和呈现结果、涌现和重演⑦,促使人们积极探索复杂问题及其解决方案,进而提高了人们的理解力⑧和行动的积极性。与被动学习过程相比,这种主动学习过程能更有效地触发积极的行为和行动,增加学习收益⑨。"由系统(system)、过程(process)和产品(product)组成"的交互式数字叙事的理论模型是将动态系统理解为中心元素,并描述实例化叙事产品(instantiated narrative products)的交互过程⑩。该模型包含一个原型故事(protostory)的概念——即结合固定和动态元素的潜在叙事(potential narratives)空间,它的复杂性由规则和对立主张(contrasting claims)所构成的基础网络(underlying network)表现出来。发生在用户与原型故事的动态系统之间的互动

---

① ATMAJA P W,SUGIARTO.When information,narrative,and interactivity join forces:designing and co-designing interactive digital narratives for complex issues[C]//Interactive Storytelling:Proceedings of 15ᵗʰ International Conference on Interactive Digital Storytelling(ICIDS).Cham:Springer,2022:329-351.

② SIMONS J.Complex narratives[J].New review of film and television studies,2008,6:111-126.

③ CONSTANTINO S M,WEBER E U.Decision-making under the deep uncertainty of climate change:the psychological and political agency of narratives[J].Current opinion in psychology,2021,42:151-159.

④ KEEN S.Narrative empathy[C]//ALDAMA F L.Toward a cognitive theory of narrative acts.Texas:University of Texas Press,2010:61-94.

⑤ CROW D,JONES M.Narratives as tools for influencing policy change[J].Policy & politics,2018,46:217-234.

⑥ SIMONS J.Complex narratives[J].New review of film and television studies,2008,6:111-126.

⑦ KOENITZ H,BARBARA J,ELADHARI M P.Interactive digital narratives (IDN) as representations of complexity:lineage,opportunities and future work[C]//Interactive Storytelling:Proceedings of 14ᵗʰ International Conference on Interactive Digital Storytelling(ICIDS).Cham:Springer,2021:488-498.

⑧ KNOLLER N,ROTH C,HAAK D.The complexity analysis matrix[C]//Interactive storytelling:proceedings of 14ᵗʰ International Conference on Interactive Digital Storytelling (ICIDS).Cham:Springer,2021:478-487.

⑨ CREUTZIG F,KAPMEIER F.Engage,Don't preach:active learning triggers climate action[J].Energy research & social science,2020,70:101-779.

⑩ 详见本书第五章的相关内容。

促使叙事向前发展,推动个人对叙事体验的解释。上述模型与复杂性的三个独立方面相关,即环境(environment)(即现实世界的复杂性在原型故事中的体现)、表现(representation)(即产品的复杂性)和信息(message)(即解释的复杂性和用户的行为导致记录播放和复述①)②。交互式数字叙事提供的多线性和多视角的叙事(包括相互冲突的观点)会引发选择并唤起用户的思考——他们对当前叙事线索和交互机会的"双重阐释"(double hermeneutic)。在这个活动中,理解能力的提高表现为互动者的转变(transformation in the interactor)③:他们意识到其他的选择和放弃的选择,甚至在单次的游戏体验中或重播中也是如此④。这意味着交互式数字叙事设计必须考虑复杂性的不同方面,以适应用户作为互动者的新角色,以及由意想不到的组合学和互动者行为引入的不可预测性⑤。设计者需要考虑的其他因素包括:①用科学的方法处理复杂性,而且这些方法应该被翻译成普通用户可以理解的形式。②一旦了解交互式数字叙事的特殊能力,特别是其代表动态系统的能力,交互式数字叙事就有可能做到这一点。③为了让交互式数字叙事成为社会理解复杂性的工具,用户需要接受教育。④为了让交互式数字叙事成为新闻从业者理解和表达复杂性的工具,他们需要接受交互式数字叙事的培训,同时需要建立新的工作流程(如开发具体的评估方法来验证交互式数字叙事的复杂性设计的有效性⑥)和商业模式。⑤发挥研究在支持交互式数字叙事的开发和采用方面的显著作用⑦。

新闻和其他形式的非虚构叙事(如纪录片、教科书)在帮助公民了解他们周围的世界,以及帮助他们在私人生活中和作为政治行动者做出明智的决定方面发挥着关键作用。随着当代问题(如经济全球化、全球变暖、移民、大流行病、恐怖主义)

① ELADHARI M P. Re-tellings: the fourth layer of narrative as an instrument for critique[C]//Interactive Storytelling: Proceedings of 11th International Conference on Interactive Digital Storytelling(ICIDS).Cham: Springer,2018:65-78.

② KOENITZ H,ELADHARI M P,LOUCHART S,et al.INDCOR white paper 1:a shared vocabulary for IDN(Interactive Digital Narratives)[R/OL].(2020-11-07)[2023-07-04].https://arxiv.org/abs/2010.10135.

③ MURRAY J H.Hamlet on the holodeck: the future of narrative in cyberspace[M].New York: Free Press,1997.

④ MATEAS M A.Preliminary poetics for interactive drama and games[J].Digital creativity,2001,12:140-152.

⑤ BOSSOMAIER T R J,GREEN D G. Complex systems[M].Cambridge: Cambridge University Press,2000.

⑥ ROTH P C H.Experiencing interactive storytelling[D].Amsterdam: Vrije Universiteit Amsterdam,2016.

⑦ KOENITZ H.Towards a specific theory of interactive digital narrative[C]//KOENITZ H,FERRI G,HAAHR M,et al.Interactive digital narrative.New York: Routledge,2015:91-105.

的日趋复杂化,后现代社会(postmodern societies)需要更灵活的空间来应对这些复杂的挑战。研究复杂性的学者已经指出"复杂性需要新的叙事"①。新闻业为此一直在努力寻找表达复杂性的方式。例如,用链接源、多媒体内容、信息图表和交互式数据库等方式多角度核查事实并展示信息。这对报纸、电视、广播占主导地位的传统新闻业是一种挑战。当涉及表现复杂问题背后的动态系统时,这些传统的固定形式在结构上将处于不利地位。尽管真相仍具有重要价值,但当它不再由有限数量的意识形态所界定,而是潜在解决方案构成的复杂空间时,公众需要新的报道方式,其目的是建立和支持系统思维作为处理问题的标准方式。系统思维是复杂性的表征,是理解当代现象的动态本质的能力,对于理解复杂的主题和可能的解决方法是必要的②。然而,针对复杂问题传播创建一个交互式数字叙事的系统化过程极具挑战性。目前大多数针对复杂问题传播的交互式数字叙事都缺乏信息价值③、特定的叙事元素(如独特的角色)④、与问题相关的交互机制⑤。由于人们对基于复杂问题传播的交互式数字叙事越来越感兴趣⑥,研究这种叙事如何平衡信息、叙事和交互已变得十分迫切。

在实际生产中实施系统构建范式(system building paradigm),尤其是把交互式数字叙事整合到新闻机构的工作流程中,会带来巨大的挑战。尽管如此,新闻机构在这方面已经采取了一些措施。例如,JoLT 项目旨在探索游戏设计和新闻报道的结合,并收集有关这一主题的资源。它还强调,将新闻的"交互性"(interactives)视为"正常的新闻活动"(normal journalistic activity)的附属物。专注于叙事的交互式数字叙事也有潜力弥合游戏和传统新闻故事之间的鸿沟,但为了避免交互形式沦为廉价噱头,它要求成为一个标准的新闻活动,这需要(重新)培训记者并使它

① REJESKI D,CHAPLIN H,OLSON R.Addressing complexity with playable models[M].Washington:Wilson Center,2015.
② KOENITZ H,BARBARA J,ELADHARI M P.Interactive digital narratives(IDN)as representations of complexity:lineage,opportunities and future work[C]//Interactive Storytelling: Proceedings of 14ᵗʰ International Conference on Interactive Digital Storytelling(ICIDS).Cham:Springer,2021:488-498.
③ GALEOTE D F,HAMARI J.Game-based climate change engagement:analyzing the potential of entertainment and serious games[C]//Proceedings of ACM on Human-Computer Interaction. New York:ACM Press,2021:1-21.
④ GALEOTE D F,LEGAKI N Z,HAMARI J.Avatar identities and climate change action in video games:analysis of mitigation and adaptation practices[C]//Proceedings of 2022 CHI Conference on Human Factors in Computing Systems.New Orleans:ACM Press,2022:1-18.
⑤ GALEOTE D F,HAMARI J.Game-based climate change engagement:analyzing the potential of entertainment and serious games[C]//Proceedings of ACM on Human-Computer Interaction. New York:ACM Press,2021:1-21.
⑥ KOENITZ H.Towards a specific theory of interactive digital narrative[C]//KOENITZ H,FERRI G,HAAHR M,et al.Interactive digital narrative.New York:Routledge,2015:91-105.

们成为交互式数字叙事系统的建设者。此外,作为一种多线性和多变量的形式,交互式数字叙事还可以解决新闻游戏的缺点,特别是被迫"快速关闭和有问题的二元对立(好与坏的行为)"①以及"想赢"的倾向。让复杂性服务于公共话语还涉及伦理层面,故完善新闻业的行为准则是未来工作的重点。另一重点是如何为复杂性新闻产品的生产提供资金,可能的解决方案包括提供一种类似于公共广播服务的公共资金,以及类似于商业视频游戏或商业报纸所使用的商业模式。

　　交互新闻是新闻业在面对不断变化的外部和内部挑战而做出改变的一种产物,它有助于新闻业应对这些挑战。它以一种为处理新型信息而给出权威解释的方式提供信息,并且试着让新闻重新充满乐趣,为用户回归新闻提供另一种动因。交互新闻通过内部和外部的衡量标准来界定自身是否成功。外部标准被认为是真实的投资回报,它超越了现实新闻业的边界,能证明新闻业之外的交互新闻的有效性。互联网发展的初级阶段强调规模经济模式驱动下的流量之争②,网络流量遂成为投资回报的最显著指征。比如,《华尔街日报》(The Wall Street Journal)的交互新闻团队在墙上安装了流量屏幕以实时分析流量状况。其他的许多新闻编辑室密切关注着推文和分享。相比之下,5G 出现后的互联网发展新时期更强调产品对用户产生的实际意义,创造"黏性"——用户个体在某个特定网站的停留时间③,增加"眼球滞留时间"——网站忠诚度,让每个用户成为"硬核"用户——让用户留在网站,平均用户停留时长和转换率遂成为重要的测量方法④。内部标准被认为是新闻编辑室对交互新闻的需求,以及交互新闻相关组织及其会员的发展。虽然有一些交互新闻失败的教训,但许多新闻编辑室仍对交互新闻有着大量需求。随着交互新闻工作的日益标准化和一体化,交互新闻在某种程度上被视为日常在线新闻的常规部分。比如,在交互新闻工作者人数充足的《纽约时报》,几乎每个重大的新闻事件或特稿都会假设交互产品是故事的补充。《卫报》(The Guardian)的"数据博客"(DataBlog)每天都要更新供用户探索的数据内容。交互新闻对新闻编辑室的必要性还体现在生产独特的在线产品,这些产品经常需要处理更复杂的数据,这对于理解复杂的新闻故事尤为重要。交互新闻还会发展自己的内部群体来帮助界定专门的知识。美国计算机辅助报道研究所是与交互新闻高度相关的专业性组织之一,它的会员数在短短 25 年间激增了 4 284 名,它让会员们广泛学习并巩固

①　PLEWE C,FÜRSICH E.Are newsgames better journalism? empathy,information and representation in games on refugees and migrants[J].Journalism studies,2018,19:2470-2487.

②　喻国明.5G 时代传媒发展的机遇和要义[J].新闻与写作,2019(3):64.

③　马诺维奇.新媒体的语言[M].车琳,译.贵阳:贵州人民出版社,2021:163.

④　周嘉雯.交互新闻研究[M].北京:中国传媒大学出版社,2021:17.

抽象知识,形成独特的职业群体。

马修·鲍尔斯(Matthew Powers)进一步探讨了"基于技术的新闻工作"之于新闻业的 3 种定位:①作为连续性的样板(as examples of continuity);②作为附属的威胁(as threats to be subordinated);③新闻再造的可能性(as possibilities for journalistic reinvention)①。上述第 2 种定位反映了学界普遍认可的"威胁"观点。这种观点认为:随新技术而生的子群体(subgroup)们②会在更大的专业内为争夺特定工作的控制权而竞争,从而直接或间接地"威胁"专业领域的扩展③。事实上,外部压力造成的差异化子群体可以保障核心工作的运转以及与专业内广泛客户群的强关系,进而帮助专业生存④。此外,子专业可以成为非对抗性力量的产物,而不是基于专业性变化的专业性力量竞争系统的常规产物。交互新闻工作者的大部分实践所需的专业技术是编程(它在一定范围内可算作一个专业)。在从事公共服务的工作中,他们作为一个子群体虽然对知识做出了一种专门的声张,却并没有形成与新闻专业的主导性实践相悖的工作方式以及与主导性新闻群体定义的"标准"(normal)全然不同的价值体系以对抗新闻业的管辖权。尽管存在一些日常的实践性沟通问题,但他们亲和的创新力没有造成他们的背景和工作的规范性假设之间严重的文化冲突(cultural backlash)。可见,如果更大的专业能给予子群体足够的尊重和权力,子群体就有可能在无专业内竞争的(intraprofessional contest)状态下平和地显现,分享更大职业群体的价值观,为现有的主导性规范做出贡献,进而避免对专业性声张的对抗性竞争。现状表明,新闻业有能力为交互新闻的发展提供空间,会编程的交互新闻工作者因有能力建构计算的解决方案(computational solutions)而深受新闻业的欢迎,这种融入式的开放性(incorporating openness)使交互新闻在不必削弱原输出专业(如编程专业)权威的情况下扩展新闻业。随着子专业的拓展,新闻业几乎没有来源于外部职业的对抗性竞争。尽管有些其他类型的专业也通过交互产品和数据可视化增加公共信息,但它们没有在日常基础上(如一周 7 天 24 小时)回应新闻事件以开展社会现象的调查。

人们以前更关注作为一个专业的新闻,而忽视了新闻专业中的子专业。交互

---

① POWERS M."In forms that are familiar and yet-to-be invented":American journalism and the discourse of technologically specific work[J].Journal of communication inquiry,2012,36(1):24-43.

② ABBOTT A.The system of professions:an essay on the division of expert labor[M].Chicago:University of Chicago Press,1988:149.

③ LOWREY W.Word people vs. picture people:normative differences and strategies for control over work among newsroom subgroups[J].Mass communication and society,2002,5(4):428.

④ ERZIKOVA E,LOWREY W.Seeking safe ground:russian regional journalists'withdrawal from civic service journalism[J].Journalism studies,2010,11(3):343-358.

新闻不仅是一个物质对象,还是一种新闻类型——在更广义的新闻产品和新闻实践中所拥有的特定类型的管辖权(the specific form of jurisdiction)。它既包括以新闻应用程序、新闻 App 或常用软件等形式出现的产品,也包括创造这种产品的人、过程及其紧密相关的社会文化背景。本书的首要目标是通过展示交互新闻所涉及的人、他们要完成的工作以及他们拥有的知识,去多维度地探讨交互新闻作为新闻业的一个子专业如何产生并扩展了新闻业。这将有助于对新闻专业内外诸多子专业问题进行思考。

第二节 新闻与交互设计

机器智能的进步、更快的计算和更小的设备正在不断地重塑人与信息、人与人、人与环境的交互方式,技术将与我们的生活紧密地交织在一起,这是承诺——至少是前景①。大部分记者和新闻受众认为,使用科技公司开发的社交平台和数字工具②可以改进他们正在做的事情,或者让事情变得更方便:社交媒体将新闻推送给更多的人;移动网络强化了新闻的即时性;人工智能让记者从一些单调的报道任务中解脱出来。于是,记者和新闻编辑部开始采用新的形式,整合技术,试验商业模式,日渐依赖技术来促进沟通和管理工作,甚至允许计算机代表他们行事。这并不意味新闻没有适应新环境,笔者的意图也不是要贬低上述措施的重要性,而是要明确:这在很大程度上是一个适应而非创新的过程,换言之,让现有的流程和输出去被动适应新平台与一开始主动发明平台是不一样的。"世界上任何技术的实践从来都不像想象的那样简单、直接或理想化"③,现实网络是混乱的、零散的,它由不一致的基础设施、受限的权力以及各种法律、监管和社会影响组成,技术承诺和现实生活之间存在着脱节。

以谷歌为代表的搜索引擎和以 Meta(曾用名 Facebook)为代表的社交媒体重塑了内容流量格局。用户迁移到所谓的"平台媒体",源自谷歌和 Meta 的流量成为在线媒体最重要的曝光来源。Meta 的创始人马克 · 扎克伯格(Mark E. Zuckerberg)曾认可新闻内容的积极价值:提高平台的声誉、用户的留存和互动。

---

① ROGERS Y.Moving on from weiser's vision of calm computing:engaging ubicomp experiences[C]// International Conference on Ubiquitous Computing.New York:Springer,2006:404-421.

② BELL E,OWEN T.The platform press:how silicon valley reengineered journalism[M].New York:Tow Center for Digital Journalism,2017.

③ DOURISH P,BELL G.Diving a digital future:mess and mythology in ubiquitous computing[M]. Cambridge:MIT Press,2011:4.

Meta 为此一度提高新闻内容的推荐比重,让相关内容获得更多曝光。在 2006 年至 2016 年的 10 年间,社交媒体与新闻业迎来了一段蜜月期,共同缔造了"新闻业的流量时代"。皮尤研究中心(Pew Research Center)的一项研究表明,67% 的美国人或多或少从社交网络平台获取新闻。一大批数字媒体新贵趁机脱颖而出,比如,BuzzFeed 和 Vice Media Group,它们的业务模式正是以社交媒体的病毒式传播为基础。这些数字媒体吸引了巨大的流量和用户注意力,以及随之而来的风险投资。BuzzFeed 和 Vice Media Group 在鼎盛时期的估值分别高达 17 亿美元和 57 亿美元。过度依赖平台流量的新闻媒体实则极其脆弱,它们的兴衰存亡完全取决于平台的算法和规则。拥有平台的科技公司通过变现平台上传播的内容——而不是创造内容——从新闻工作者的劳动中获利。随着科技公司的实力日益强大,平台对故事设计的控制增强,它们不仅占据了新闻出版商的主导地位,它们的财务实力还意味着它们有能力领导研发和收购其他公司来补充现有服务[①]。科技公司由此控制了用户交流的硬件、软件和网络,并逐渐孤立了曾掌控着内容的创作、分发和盈利的新闻媒体[②]。正如哥伦比亚大学(Columbia University)的托尔数字新闻中心(Tow Center for Digital Journalism)创始主任艾米丽·贝尔(Emily Bell)所言,"社交网络平台常常打破不同素材间的传统界限,充斥着来自多种渠道的大量信息,并以此赚钱。过去,我们可以区分宣传、新闻公告、新闻报道和广告,但现在我们只有'信息',这些信息令受众难辨真伪。"[③]2016 年的美国总统大选期间,Meta 因被外界质疑利用算法操纵选举结果而宣布减少新闻内容的比重,并在 2020 年强化相关举措,大幅减少新闻内容和政治内容的推送[④]。随着社交媒体纷纷调整算法以减少新闻内容的曝光,广告商的广告投入也发生了转移,新闻业的经济回报减少了,陷入集体性的生存困境。2023 年,BuzzFeed 宣布关停旗下新闻业务 BuzzFeed News,Vice Media Group 宣布关闭新闻品牌 Vice World News,其主站也正在计划进行破产申请。VoxMedia、Insider、ABCNews 等媒体都进行了不同程度的裁员。这些媒体的共同问题是没有通过强化付费墙和订阅业务来积累用

---

① 2MOORE M.Tech giants and civic Power[M].London:King's College,2016.
② PAVLIK J V, BRIDGES F.The emergence of augmented reality(AR)as a storytelling medium in journalism[J].Journalism & communication monographs,2013,15(1):4-59.
③ 哥大新闻.数字时代下新闻业的未来[EB/OL].(2018-02-12)[2023-08-18].http://www.360doc.com/content/18/0212/20/7872436_729636482.shtml.
④ 腾讯研究院.拐点时刻:AIGC 时代的新闻业[EB/OL].(2023-08-29)[2023-09-18].https://new.qq.com/rain/a/20230829A07GRX00.

户基底,没有与用户建立更紧密的连接①。于是,人们呼吁将财富从科技公司重新分配到媒体公司之余②,也提出了关于记者在社会中的角色的重要问题。这里可以参考伊冯·罗杰斯(Yvonne Rogers)对人在普适计算中的作用的反思。她主张将"主动的计算"转变成"主动的人"——编程的计算机代表人们采取主动行动,计算应该"激发我们更多地学习、理解和反思我们与技术和彼此之间的互动"③,让人们更积极地参与他们已经在做的事情。为此,她指出:"我们需要设计新的技术来鼓励人们在生活中积极主动,做出更大的成就,扩展他们的学习、决策、推理、创造、解决复杂问题和产生创新想法的能力。"④按照罗杰斯的说法,记者需要想象与信息和人互动的全新方式。笔者认为,要利用新兴技术,记者应该积极主动地采取方法,将自己定位在对社会负责的设计过程的中心。

虽然有一种观点——"技术会变化,而新闻业不会"⑤,但现实表明技术变化太快以至于我们无法真正预测10年后我们将使用什么技术,也无法预测谁将发明或控制这些技术。未来新闻完全有可能不像或不需要记者们所熟悉的任何形式或结构:它们可能不是新闻报道,而是更多地激发人的体验,让用户从多个角度思考问题;或者记者建立公共接口,让用户了解如何应对减少排放污染物或解决慢性健康等问题。为此,思考新闻业的未来是必不可少的。这不仅涉及技术能力、如何为服务于公众利益的基础设施买单的问题,还涉及记者在实践和思维方面的改变。长期以来,新闻业一直依靠社会责任、真相和独立性的概念来证明其对社会和更广泛的民主的价值。2016年,唐纳德·特朗普(Donald Trump)当选第45任美国总统后,《纽约时报》等出版物的订阅量激增,表明读者重视这种传统的新闻角色。但这个故事并不完整:在美国优质报纸销量增加的报道发布后不久,澳大利亚的新闻编辑部又出现了一轮裁员。这说明记者和观众认为有价值的东西不一定相同。正如路透社新闻学研究所教授罗伯特·皮卡德(Robert G. Picard)所言,新闻在社会和民主方面的潜在价值是"好的",但这一价值不一定会转化为受众的价值,受众想从

① 腾讯研究院.拐点时刻? AIGC时代的新闻业[EB/OL].(2023-08-29)[2023-09-18].https://new.qq.com/rain/a/20230829A07GRX00.
② Bell E.Facebook and the press:the transfer of power[EB/OL].(2017-01-01)[2023-01-01].www.cjr.org/tow_center/facebook-and-the-press-the-transfer-of-power.Php.
③ DOURISH P,BELL G.Diving a digital future:mess and mythology in ubiquitous computing.Cambridge:MIT Press,2011:4.
④ ROGERS Y.Moving on from weiser's vision of calm computing:engaging ubicomp experiences[C]//International Conference on Ubiquitous Computing.New York:Springer,2006:412.
⑤ MARCONI F,SIEGMAN A,JOURNALIST M.The future of augmented journalism:a guide for newsrooms in the age of smart machines[M].New York:The Associated Press,2017:19.

新闻中获得功能性、情感和自我表达的好处①。这促使新闻实践创新,促使新闻媒体找到向受众提供新价值的方法②。

昆士兰大学的新闻学讲师斯凯·多尔蒂(Skyc Doherty)认为,记者们不应该让新闻业去适应新技术,或者为技术优化新闻;而应该把新闻的核心价值——不是生产过程、故事形式或社会指标——放在首位,考虑如何设计为公共利益等核心价值服务的技术,并重新设计所生产的新闻。更确切地讲,记者不应该把新闻推送到社交和移动平台上,而应该在创造平台和设备方面发挥更积极的作用。这可能意味着对社区的重新关注,也可能意味着设计工作室、科技公司以及媒体机构都在从事新闻工作。在多尔蒂看来,新闻设计是关于未来的——不是预测未来,而是想象和创造未来,即新闻可能会变成什么样子;新闻设计是关于建立新闻弹性的,即记者们如何重获工作的一些控制权,并利用他们的专业知识来确定技术及其带来的变化将如何重塑他们的未来③。换言之,新闻设计致力于解决新闻应该如何应对不断变化的技术和人类行为这一基本问题,并尝试理解用户如何在数字世界中获取新闻和与新闻互动,以及新闻机构如何更好地设计这种体验。约翰·帕夫利克(John V. Pavlik)认为,这不是一个激进的想法,因为新闻业的创新仍遵循公共服务的核心原则;但这是一个具有挑衅性的想法,因为它要求对技术有积极的看法,并愿意挑战既定的做法④。

广义的设计是指设计师通过草图、制作和观察来产生解决复杂问题的想法的创造性和迭代实践;它可以是探索性的、社会性的、挑衅性的或批判性的⑤。交互设计(Interaction Design,简称 IxD)是关于"创造使用体验,以优化人们工作、交流和互动的方式"⑥的设计。聚焦数字科技的趋势意味着交互设计与人机交互密切相关,所以这两个术语经常被交替使用。但它们所涉及的领域却大相径庭。人机互动大多出现在软件工程学和心理学中,而交互设计更坚定地定位于实践主导的创造性设计,其产物代表了一种可能的未来。不同于工程设计方法——假设问题

① DOHERTY S.Journalism design:interactive technologies and the future of storytelling[M].New York:Routledge,2018:2.
② CHRISTENSEN C M,SKOK D,ALLWORTH J. Breaking news:mastering the art of disruptive innovation in journalism[J].Nieman reports,2012,66(3):6-20.
③ DOHERTY S.Journalism design:interactive technologies and the future of storytelling[M].New York:Routledge,2018:3.
④ PAVLIK J V.Innovation and the future of journalism[J].Digital journalism,2013,1(2):181-193.
⑤ DOHERTY S.Journalism design:interactive technologies and the future of storytelling[M].New York:Routledge,2018:2.
⑥ ROGERS Y,SHARP H,PREECE J.Interaction design:beyond human-computer interaction.Hoboken:John Wiley & Sons,2011:9.

可以被解决,创造性设计侧重问题和可能性之间的相互作用:"在这种相互作用中,设计空间是通过创造许多并行的想法和概念来探索的。"为此,交互设计师采取了一种迭代的方法:对想法进行调查、设计、原型化,然后将原型部署给现实中可能使用它的人予以评估,设计师据此了解到当前需要(改变)什么才能使未来成为可能,再通过观察、画草图和构建等方法创造出有助于实现这些可能性的东西。例如,假设信息是通过咖啡壶传递的,或者是嵌入公共建筑的,那么信息的生产和传播将会发生怎样的变化,或者我们将如何理解和开发社会政策的有形平台。交互设计可以从技术和人的角度研究这些可能性,从而产生在特定环境下使用技术的想法:根据特定的情况,面向特定的人,出于特定的原因。这说明可以按照特定的值进行设计。学者和企业家都意识到以用户为中心的设计(User Centered Design,简称UCD)是解决问题和发明新事物的重要方法。这种专注于设计有用东西的模式和过程使个人、公司、初创企业和非营利组织有机会制造出满足其客户和客户需求的产品,因而对产品开发人员和企业家充满了吸引力。设计作为一门学术学科,强调设计实践作为一种探究手段和一种改变当下状况的方式,大量文献因而把设计与创新联系起来①。乔纳斯·洛夫格伦(Jonas Löwgren)和艾瑞克·斯托尔特曼(Erik Stolterman)把设计实践视为"思维工具"②,来帮助产生新的知识。设计师本身成为创作过程的一部分,他们在处理复杂情况时做出的决定和判断往往会影响创作的结果。相似地,新闻业是对人、情境、事实、混淆和谎言进行不可预测的多种组合的实践。为此,记者要对如何处理信息和人物、伦理道德冲突以及如何更好地为公众利益服务做出判断。尽管这些决定往往受到新闻机构的优先事项和生产过程的指导和约束,但它们终究是记者个人实践的产物。因此,实践可以作为一种研究方法的想法与新闻研究中的一些讨论产生了共鸣③。

新闻研究很少用设计方法作为调查手段。比起新闻研究者对设计的关注,设计师对新闻的关注往往更多。事实上,新闻和交互设计有很多共通之处:都关注人;都使用采访或观察的定性方法来理解情况;都采用创造性、反射性的实践来产生能在世界上使用的东西。但两者也存在一些区别:新闻扎根于当下、近期和不久的将来;而交互设计着眼于想象的可能性和理想的未来。换言之,记者们想象的是在某些情况下可能会发生的事情;而交互设计者想象的是人们想要什么以及如何将它变成现实,他们有能力挑战当下和未来,其产物是可能性的东西。因此,交互

---

① BROWN T.Design thinking[J].Harvard business review,2008,86(6):84-92.
② LÖWGREN J,STOLTERMAN E.Thoughtful interaction design:a design perspective on information technology[M].Cambridge:MIT Press,2004.
③ 3NIBLOCK S.Envisioning journalism practice as research[J]Journalism practice,2012,6(4):497-512.

设计在新闻实践和新闻研究上皆具价值。从这个意义上说,新闻的交互设计既是关于新闻的技术可能性,即如何把符合公共利益的故事设计成具有沉浸感、触感或位置等特性的交互性信息和体验;它也是关于科技的新闻可能性,即如何把公平性、知情权、社会责任和编辑判断等价值观引入技术开发。这更像是一个横向的转变,而不是对当前体系的颠覆①。这一转变表明,无论是对新闻业的未来,还是对通信技术的未来,记者都可以做出一些前所未有的、有意义的贡献。

交互设计与新闻业的合作突出了记者在社会项目发展中发挥积极作用的潜力。瑞典有两个此类的合作设计项目,旨在发展基层媒体:一个是文化活动的移动广播;另一个是为期一周的出于人道主义筹集资金的街头新闻实验。这两个项目都有着广泛的参与者,包括社区、商业组织、志愿者和设计研究人员。有一名专业记者参与了第一个项目,而第二个项目的利益相关者是一家电视台和一家广播电台。这些项目探索了分散的媒体实践和"在官方政治体系之外、在既定媒体格局的外部和边缘进行的公民政治参与"②。第一个项目与媒体机构合作,让嘻哈艺术家和文化工作者参与制作视频播客和移动直播内容,为实验和现实实践开辟了空间。媒体公司通过设计原型获得了关于移动视频和观众互动的见解,参与者也学习了新的制作技能。然而,媒体工作者和文化艺术工作者这两个群体的目标并不总是一致的。尽管所有参与的人都愿意"计划未知的领域和参与新的合作"③,但往往是嘻哈艺术家——而不是媒体专业人员——最愿意探索新的可能性。

除了瑞典的这两个项目外,还有一个是设计师和非专业记者在英国合作建立的有关开发社区技术的 Bespoke 项目。此项目在英格兰西北部 2 个资源不足的城市街区实施,鼓励当地居民将社区媒体与参与式数字设计相结合,创建并展出一系列"旧"和"新"的媒体产品。这些产品涉及捕捉有关当地问题的观点的 Viewpoint 系统,以及数字路标 Wayfinder,把新闻作为居民和设计团队之间的接口:公民记者收集信息、传播更新的信息和评估设计,在体现"建立关系和能力的过程"④的同

---

① DOHERTY S.Journalism design:interactive technologies and the future of storytelling[M].New York: Routledge,2018:4.

② BJÖRGVINSSON E. Collaborative design and grassroots journalism:public controversies and controversial publics[C]//EHN P,NILSSON E M,TOPGAARD R.Making futures:marginal notes on innovation,design,and democracy.Cambridge:MIT Press,2014:227.

③ BJÖRGVINSSON E. Collaborative design and grassroots journalism:public controversies and controversial publics[C]//EHN P,NILSSON E M,TOPGAARD R.Making futures:marginal notes on innovation,design,and democracy.Cambridge:MIT Press,2014:248.

④ TAYLOR N,FROHLICH D,EGGLESTONE P,et al. Utilizing insight journalism for community technology design[C]//Proceedings of the SiGCHI Conference on Human Factors in Computing Systems.New York:ACM Press,2014:3001.

时,形成了观察性新闻(Insight Journalism)①这一概念,即成为一种将公民和社会问题的设计过程民主化的方式。该项目对社区的关注非常强烈,视新闻报道为一种帮助设计师理解社会的方式,并且设计师要对他们所做的决定和所创造的技术负责。

瑞典的两个项目和英国的 Bespoke 项目都表明新闻实践的另一层价值:为社区利益而设计。它们通过新流程的实验和新构件的创建,提供了新的可能性并暗示了另一种未来,即新闻对基层文化生产的贡献。然而,对于 Bespoke 项目,有一种观点认为设计和新闻之间的联系是脆弱的,设计师"质疑他们到底在多大程度上从新闻中获得了真正的信息"②。造成这种怀疑的原因有两个方面:一方面,Bespoke 项目采用的是相对传统的新闻实践方法,即记者(尽管是业余记者)收集信息,并成为社区和设计团队之间的沟通渠道,记者实际上没有被整合到设计过程中。另一方面,项目中的一部分记者缺乏专业记者的自信和自我批判能力。可见,新闻设计将新闻视为一种以核心价值观为基础的创造性过程。当新闻与设计相结合时,就会产生一种新的实践形式,记者在其中扮演着非传统的角色。新闻设计可能与更传统的程序协同运作,但前者不是由后者定义的。这要求新闻探索可能发生的事情,而不是研究已经发生的事情的做法。

第三节　新闻研究

新闻研究没有统一的定义,主要是借助已有的实践实例来研究新闻是什么、它曾经在哪里、为什么它很重要。它的研究者包括新闻从业者、教育家、传播研究者、社会学家、历史学家和其他研究新闻生产、创造及其受众的人。新闻研究的方法有:芭比·泽利泽(Barbie Zelizer)的 5 种调查类型(社会学、历史、语言研究、政治学和文化分析)③、卡琳·沃尔-乔根森(Karin Wahl-Jorgensen)和托马斯·哈尼奇(Thomas Hanitzsch)的 4 阶段研究(规范、实证、社会学和全球比较)④、大卫·多

---

① BLUM-ROSS A, MILLS J, EGGLESTONE P, et al. 2013. Community media and design: insight journalism as a method for innovation[J] Journal of media practice,14(3):171-192.

② TAYLOR N, FROHLICH D, EGGLESTONE P, et al. Utilizing insight journalism for community technology design[C]//Proceedings of the SiGCHI Conference on Human Factors in Computing Systems.New York:ACM Press,2014:3001.

③ ZELIZER B. Journalism and the academy[C]//WAHL-JORGENSEN K, HANITZSCH T. The handbook of journalism studies.New York:Routledge,2009:29-41.

④ WAHL-JORGENSEN K, HANITZSCH T. Introduction: on why and how we should do journalism studies[C]//WAHL-JORGENSEN K,HANITZSCH T.The handbook of journalism studies.New York: Routledge,2009:3-16.

明戈（David Domingo）的建构主义工具包①。同时，马丁·康博伊（Martin Conboy）确定了新闻研究的政治、经济、历史、民族志和社会科学方法，并指出它们都具有有效性②。可见，新闻研究领域的学者倾向于使用分析或批判的方法来检验记者的态度、分析新闻产品或观察记者的行为。这些都是理解新闻业是什么以及新闻业为什么重要的好工具，但对于塑造新闻业的未来，仅仅依靠这些还不够。融合的媒体环境"为新闻从业者和学者带来了许多挑战和机遇，他们面临着方法和概念上的问题"③。在过去15年中，新闻研究的领域虽然变得多元化，但分析和解释新闻的焦点已然缩小，新闻研究的方法变得更加狭隘。正如尤金妮亚·米切尔森（Eugenia Mitchelstein）和巴勃罗·博茨科夫斯基（Pablo J. Boczkowski）所观察到的，新闻研究"继续应用现有的镜头来观察新现象"④。马丁·勒费尔霍尔茨（Martin Löffelholz）、迈克尔·卡尔森（Michael Karlsson）和杰斯珀·斯特贝克（Jesper Strömbäck）都认为，许多常见的新闻研究理论"不能且不愿充分地模拟变化的任务……（它们）不够灵活，无法适用于新媒体和不断变化的传播世界"⑤。因此，一些学者呼吁新闻研究方式的创新：新闻研究"不应该只是回顾性的，还应该有助于塑造新闻的未来"⑥。按照简·辛格（Jane B. Singer）的说法，"知识传统的潜在多样性需要重新获得"⑦，新的范式可能出现在对不同传统方法的组合中。新闻研究的跨学科性质意味着有必要"进一步拓宽理论视角和方法的范围"⑧。

一些学者认为，由于实践本身是一种有效的知识生产形式⑨，新闻可以通过实践进行研究，新闻实践的研究包括了机器人（简称 bot）、混合现实和环境计算的使

① DOMINGO D.Inventing online journalism：a constructivist approach to the development of online news ［C］//PATERSON C，DOMINGO D.Making online news.New York：Peter Lang，2008：15-28.

② CONBOY M.Journalism studies：the basics［M］.Oxon：Routledge，2013.

③ QUANDTT，SINGER J B. Convergence and cross-platform content production ［C］//WAHL-JORGENSEN K，HANITZSCH T.The handbook of journalism studies.New York：Routledge，2009：140.

④ MITCHELSTEIN E，BOCZKOWSKI P J.Between tradition and change：a review of recent research on online news production［J］Journalism，2009，10（5）：575.

⑤ KARLSSON M，STRÖMBÄCK J.Freezing the flow of online news：exploring approaches to the study of the liquidity of online news［J］Journalism studies，2010，11（1）：15.

⑥ KOPPER G，KOLTHOFF A，CZEPEK A.Research review：online journalism——a report on current and continuing research and major questions in the international discussion［J］.Journalism studies，2000，1（3）：511.

⑦ SINGER J B.Journalism research in the United States：paradigm shift in a networked world［C］//LÖFFELHOLZ M，WEAVER D. Global journalism research：theories，methods，findings，future. Malden：Wiley-Blackwell，2008：154.

⑧ STEENSEN S，AHVA L.Theories of journalism in a digital age：an exploration and introduction［J］. Digital journalism，2015，3（1）：13.

⑨ BACON W.Journalism as research［J］.Australian journalism review，2006，28（2）：147-157.

用。这种根植于实践概念的反思和行动产生知识的想法①，颠覆了传统新闻学界对研究和实践的划分，即"研究是为了获得新知识而进行的系统调查，而实践是在专业活动中使用的过程，它不以获得新知识为目标"②。萨拉·尼布洛克（Sarah Niblock）继而提出了新闻研究的两种方法：理论优先和实践优先。在理论优先的方法中，研究首先由一个问题驱动，再用适当的方法进行追问。在这种情况下，实践是用来说明一个观点或过程的；在实践优先的方法中，研究同样由一个问题驱动，却用实践来解决它，其主要输出物是新闻产品，研究是在实践中固有的。这两种方法都想提高关于实践或实践内部的知识。通过观察和分析现有的新闻实践实例，理论优先的方法虽然有助于了解记者做什么和为什么做，但对如何利用新兴平台开发新的实践助益有限。相比之下，实践优先的方法的好处在于"它允许在专业规范内进行实践，并提供了在实践中'测试'理论概念的空间"③。这种实验的概念和"想象还不存在的事物"的能力④是以实践为主导进行探究的优势，研究"可能是什么"而非"是什么"可以更好地解决新闻研究和实践中的一些挑战。像设计师要处理棘手的问题一样，记者要处理混乱、不可预测的情况；报道或撰写一篇可能涉及一系列来源和相互矛盾的信息的新闻报道；考虑一篇报道可能对消息来源造成影响的伦理，或者应对像诽谤这样的法律挑战；关注媒体的需求；考虑截止日期、预算、信息限制、可能的编辑议程或（和）接受采访的意愿程度对新闻工作的影响。

设计实践与上述新闻生产过程产生共鸣且密切相关的方面是反馈。一个好的设计过程是反思性的："为了回答情境的反问，设计师在行动中对问题的构建、行动的策略或现象的模型进行反思，这些都隐含在他的行动中。"⑤反思在新闻业中也是常见的：一个复杂的故事很少会顺利进行，记者经常要在既得利益、保密、紧张的消息来源和谎言之间穿行。当一条调查线索受阻或中断时，记者将在行动中反思，以决定下一步的行动——调整现有的调查方法或寻找新的方法来处理新闻。处理这些"终极细节"需要一定的创造力。在设计中，有很多关于设计师工作方式的文章。设计方法和框架使设计师能够适应各种因素，创造出新的东西。这样的实践框架在新闻界并不常见。与设计师一样，记者也拥有创造性，但这通常是在组织和

① SCHÖN D A. The reflective practitioner: how professionals think in action[M]. 2nd ed. Farnham: Ashgate, 1991.
② NIBLOCK S. Envisioning journalism practice as research[J]. Journalism practice, 2012, 6(4): 497-512.
③ NIBLOCK S. Envisioning journalism practice as research[J]. Journalism practice, 2012, 6(4): 497-512.
④ NELSON H G, STOLTERMAN E. The design way: intentional change in an unpredictable world[M]. 2nd ed. Cambridge: MIT Press, 2012: 12.
⑤ SCHÖN D A. The reflective practitioner: how professionals think in action[M]. 2nd ed. Farnham: Ashgate, 1991.

生产的严格限制下进行的。新闻工作是在结构、伦理和惯例中进行的,这些结构、伦理和惯例决定了故事样式、与消息来源的互动方式、容纳事实和观点的方法以及服务的利益对象。这些做法如此根深蒂固,以至于新闻界往往被认为"完全受规则和惯例的约束"①。珍妮特·富尔顿(Janet Fulton)和菲利浦·麦金太尔(Phillip McIntyre)认为:"创造力不能仅仅归因于个人,而是一个系统的产物,它根植于以前的作品,故存在约束和促成个人创作过程的结构。"②他们因此揭示了一种创造性的、几乎是设计师式的讲述故事的方法:结构、伦理、故事样式、新闻价值、公共利益、受众和媒体所有权等方面的惯例和约束都被用来促成记者完成工作,而不是限制他们的活动,允许记者在选择语言、写作风格、采访对象和问题内容等方面发挥创造力。

为了锻炼创造力,记者要学会做出决定和判断。哈罗德·纳尔逊(Harold G. Nelson)和艾瑞克·斯托尔特曼(Erik Stolterman)指出,判断"依赖于在复杂情况下做选择所带来的后果的经验积累"③,所以它是设计智慧的核心,是设计及其产生的知识的一个基本方面。他们还进一步区分了智力判断("可能导致对一般原则的理解")、创造性判断("导致新概念")和设计判断("导致特定情境中的特定理解和相应行动")④。设计判断没有使用特定工具的要求,设计师只需运用草图、原型和定性方法(如用户访谈或观察)等适合任务的工具来理解设计情况,并在更广泛的迭代框架中建立需求、设计、原型和评估,进而提出解决困境的想法。新闻判断(又称直觉)是一种"不证自明、不言自明的新闻价值感"⑤。新闻价值是一系列新闻标准,如影响力、知名度、重要性或惊喜。虽然有几个这样的名单⑥,新闻价值本身却不足以解释或指导新闻判断。迪尔德丽·奥尼尔(Deirdre O'Neill)和托尼·哈特卡普(Tony Harcup)指出:"如果不考虑职业惯例、预算、市场和意识形态,以

---

① FULTON J, MCINTYRE P.Journalists on journalism:print journalists'discussion of their creative process[J]Journalism practice,2013,7(1):21.

② FULTON J, MCINTYRE P.Journalists on journalism:print journalists' discussion of their creative process[J]Journalism practice,2013,7(1):18.

③ NELSON H G,STOLTERMAN E.The design way:intentional change in an unpredictable world[M]. 2nd ed.Cambridge:MIT Press,2012:39.

④ NELSON H G,STOLTERMAN E.The design way:intentional change in an unpredictable world[M]. 2nd ed.Cambridge:MIT Press,2012:12.

⑤ SCHULTZ I.The journalistic gut feeling:journalistic doxa,news habitus and orthodox news values[J]. Journalism practice,2007,1(2):190.

⑥ HARCUP T,O'NEILL D.What is news? galtung and ruge revisited[J]Journalism studies,2001,2(2): 261-280.

及更广泛的全球政治、经济和文化",就不可能以有意义的方式审视新闻价值。"①
与设计判断相似的是,新闻判断也是随时间推移而建立起来的,它从属于新闻背景
和获取新闻的方法,是新闻工作的基本组成部分。记者通常使用访谈、观察和文件
分析等定性工具来收集证据和事实,以构建故事。然而,就像设计一样,新闻方法
只是工具,而不是严格的过程协议,没有强制规定某些方法的使用。记者要对如何
在上下文中使用它们做出判断,选择适合自己工作的最佳方法。

综上,记者与设计师一样,也拥有创造性。更明确地讲,记者在研究和讲述故
事的方式上具有代理权,他们运用创造力、能动性和判断力来创作故事,并对每种
独特的情况做出反应;但新闻创作终究不是设计,它通常是在强大的文化和组织框
架内进行的,其目的是揭示新事物,而不是创造新事物。此外,新闻创作需要意识
到反映现实、为公众利益服务的内在要求。相比之下,设计可以更自由地想象可能
的未来,并提出建议,把它们展示给世界,然后观察会发生什么。正是在这两种实
践的结合中,新闻才能找到探索和发展的空间。因此,新闻研究人员应该更积极、
主动地研究技术的潜力,视技术为新型实践的助推者。他们还应该认识到,记者不
仅可以适应现有技术,也可以开发技术,使其以体现新闻价值的方式进行互动。交
互设计是一门创造支持人类行为体验的设计学科,它既关注技术的可能性,也关注
这些可能性如何符合人类行为和人类价值观,是技术和人的交叉领域。它借鉴了
设计实践和设计研究的其他领域,旨在创造平台、界面和其他数字产品,实现可能
性和实用性之间的平衡。因此,研究交互设计有利于理解记者是技术的推动者。

第四节　设计研究

像新闻一样,设计既是一种实践,也是一个研究领域。设计理论家理查德·布
坎南(Richard Buchanan)指出,当科学学科与理解原则、规律、规则和结构有关时,
设计的范围是普遍的,可以潜在地应用于人类经验的任何领域②。霍斯特·里特
尔(Horst W. Rittel)和梅尔文·韦伯(Melvin M. Webber)用"邪恶"(wicked)问
题这个术语来描述设计师所处理的问题。这类问题通常被理解为"情境"或"困
境",它们"足够复杂,不存在正确的解决方案"③,而且"有太多动态和相互关联的

---

① O'NEILL D, HARCUP T. News values and selectivity [C]//Wahl-Jorgensen K, Hanitzsch T. The handbook of journalism studies.New York:Routledge,2009:171.

② BUCHANAN R.Wicked problems in design thinking[J].Design issues,1992,8(2):5-21.

③ GAVER W B.What should we expect from research through design? [C]//Proceedings of SIGCHI Conference on Human Factors in Computing Systems.New York:ACM Press,2012:940.

约束,无法使用科学和工程中发现的还原论方法进行精确建模和控制"①。换言之,这类问题是复杂的、定义模糊的,它们没有明确的或单一的解决方案,解决问题的尝试会引发新的问题。不像科学家和工程师所处理的"驯服"(tame)问题,设计师所处理的问题不要求证明或反驳一个假设,或者产生一般化的理论。相反,设计领域的问题是生成的:"困境只能通过创造性的飞跃,通过超越当前的限制来解决。"②为了"超越当前的限制",设计师利用评估和迭代改进设计过程:先用访谈和观察等定性方法理解当前的情况,再基于了解的情况,通过草图和原型开发提出具体的、特定的想法(不是方案)。这个过程产出的不是某种普遍的东西,而是一些具有终极独特性的东西——"针对特定目的、特定情形、特定用户,具有特定功能和特征,在有限的时间和资源内完成的东西"③。终极特殊在科学中有着与真理同等的尊严和重要性,但它不能用科学的方法来创造,"因为科学是一个辨别抽象的过程,它适用于各种现象的类别或分类,而终极特殊是一个独特的组成或组合"④"设计在意的不是陈述现状,而是创造可能性。"⑤它代表了一种可能性,拥有其他方法所没有的优越,是"人造事物变化的开端"⑥。创造力或创造性思维是设计过程的基本要求之一。设计研究因此被描述为"对人类制造的人造物品的研究、研究和调查"⑦。

设计学界的文献虽然没有提出明确的设计理论,但对开创性的作品已达成一种共识:设计是一种独特的人类活动,值得用自己的智力去思考⑧。这表明设计与其他类型的智力探索不同,其实践导向的方法与更理性的方法对立。奈杰尔·克罗斯(Nigel Cross)认为,存在一种"设计师式"的工作方式和与环境的互动方式,并进一步讨论了"设计师式的认知方式",即设计师为解决问题带来的隐性知识以及

① FORLIZZI J,ZIMMERMAN J,EVENSON S.Crafting a place for interaction design research in HCI [J].Design issues,24(3):24.

② LÖWGREN J,STOLTERMAN E.Thoughtful interaction design:a design perspective on information technology[M].Cambridge:MIT Press,2004:17.

③ STOLTERMAN E.The nature of design practice and implications for interaction design research[J]. International journal of design,2008,2(1):59.

④ NELSON H G,STOLTERMAN E.The design way:intentional change in an unpredictable world[M]. 2nd ed.Cambridge:MIT Press,2012:31.

⑤ STOLTERMAN E.The nature of design practice and implications for interaction design research[J]. International journal of design,2008,2(1):55-65.

⑥ JONES J C.Design methods[M].2nd ed.New York:Van Nostrand Reinhold,1992:6.

⑦ BAYAZIT N.Investigating design:a review of forty years of design research[J].Design issues,2004,20 (1):16.

⑧ CROSS N.Designerly ways of knowing:design discipline versus design science[J].Design issues,2001,17 (3):49-55.

存在于设计工件中的知识①。虽然设计研究起源于科学,早期学者也采取了一种客观的、理性的、以过程为中心的观点,但这种科学性的设计(science of design)研究很快失去了吸引力,取而代之的是看待设计的多元角度,比如,把设计看成一门学科、一种思维方式和一种参与、合作的工作形式②。由于不确定设计研究是否可以像科学一样产生知识,以及设计研究是否算是科研设计,设计研究与科学之间的关系仍然较为紧张。彼得·唐顿(Peter Downton)指出,"采用非定量研究模式的领域必须反复论证设计研究在相关研究环境中的价值。"③不仅如此,"设计界内部存在对设计研究的性质和标准的质疑。"引起这种质疑的原因主要是缺少对质量的明确期望和缺少如何发展理论的指导方针。凯斯·多斯特(Kees Dorst)提出看待设计的两种不同方式:①以目标为导向地理性解决问题;②作为学习过程的反思性实践④。第一种方式更符合工程,假设问题可以解决;第二种方式源自唐纳德·舍恩(Donald A. Schön)的观点——行动可以产生知识。由此推断,行为(设计)的结果——产品——包含了知识⑤。

本书意图找到把新闻和交互设计结合起来以想象新事物的方法,这对新闻传播理论和实践的研究都将产生深远的影响。设计是一种以实践为主导的研究方法,其过程往往是反思的:设计师利用自己的知识和对工作环境的理解,反思他们自己工作时的行为反应⑥。这说明行动可以产生知识。通过实验和反思的设计方法,交互新闻的未来是可以想象的。

---

① CROSS N.Designerly ways of knowing[J].Design studies,1982,3(4):221-227.

② CROSS N.Designerly ways of knowing:design discipline versus design science[J].Design issues,2001,17(3):49-55.

③ DOWNTON P.Design research[M].Melbourne:RMIT Publishing,2003:71.

④ DORST K.The core of"Design Thinking"and its application[J].Design studies,2011,32(6):521-532.

⑤ SCHÖN D A. The reflective practitioner:how professionals think in action[M].2nd ed.Farnham:Ashgate,1991.

⑥ SCHÖN D A. The reflective practitioner:how professionals think in action[M].2nd ed.Farnham:Ashgate,1991.

第二章　交互新闻工作者

第一节　引　子

　　交互新闻工作者是为实现交互新闻首要目标而联合起来的拥有特定技能的群体,他们具备特定的功能,可以生产新闻编辑室里其他人无法生产的某类独特产品,对创造交互新闻有所贡献,对"新闻"(journalism)敏感并对该词有着共同理解,要求可以和新闻业及其相关机构背景的人沟通交流,参与制作有关公共利益的公众消费的新闻,共享已被接受的主导性新闻规范。

　　本章的一个目标是:基于背景和自我认知,对交互新闻工作者进行概念分类。这种分类会让交互新闻这个子专业的兴起变得更加明晰,从而突显新闻专业加强适应性的必要性。自我认知有助于了解交互新闻工作者在思维方式上的相似和相异之处,从而明确他们对扩展新闻专业的抽象知识的具体贡献。而他们在背景等方面的天然差异有助于探查交互新闻内部凝聚力的发展路径,从而界定交互新闻的核心要义及其专业管辖权。

　　根据背景信息和自我认知,从事交互新闻工作的人员大致分为四类:黑客记者、会编程的传统记者、数据新闻记者、视觉记者。前两者和后两者可以分别统称为程序员记者和数据可视化记者。值得一提的是,这些群组并非各自独立的明确分类。在某些情况下,它们的背景或处理新闻的方式甚至相互交叉。

　　黑客记者有编程的背景,在新闻编辑室从事编写代码的工作。他们中的一些人还有署名权或(和)从事数据分析。随着他们融入编辑工作流程、创建新闻交互产品、学会与其他记者沟通,他们的记者身份才逐渐被自己和同行所接受。把黑客记者纳入"谁是记者"的讨论是十分必要的,因为他们从编程领域带来了他们以前的取向和实践,是创建交互新闻产品不可或缺的一部分,是拓展交互新闻这个子专业的重要推手。

　　无编程背景的记者经过培训和(或)自学成为拥有编程技能的程序员记者。他们首先把自己看作是记者,让代码服务于故事,并且经常从事数据工作——尽管他们在数据上所花时间不及真正的数据记者。他们的输出物是交互新闻产品。这些产品独立地服务于故事,并对传统的新闻报道进行补充。了解这些程序员记者有助于知悉当代记者如何学习超过传统新闻工作考虑范围的不同技能和方法。

　　擅长编写代码的数据记者可以同时算作程序员记者。但是,数据记者并非都具备熟练的编码技能。在不会编程的数据记者中,一些人近似传统的计算机辅助报道记者,他们依靠计算机产生对故事的想法,致力于交互产品的数据定量分析;另一些人为了可视化更多数据,经常使用网络应用程序和软件来创建交互新闻产品,他们对在线组件的关注使其与交互新闻领域产生了紧密的关联。在一些大型的新闻机构中,一些视觉记者也参与到交互新闻产品的制作中,他们擅长数据可视化却不擅长编程——尽管他们有时也从事一些基础的编程工作。

　　目前,没有任何迹象表明这些专业之间存在严重的冲突。编程专业没有对公共服务事业声张管辖权,只是提供给个体有关其社区的知识。记者从编程专业学习技巧和思维方式并悄然付诸实践。这无疑违背了传统的专业发展观念——不同专业之间必然有潜在的竞争。新闻编辑室广泛接纳交互新闻工作者,也许是因为这些机构意识到这类新型记者会对新闻的未来产生不可估量的影响。

　　除了上述从事交互新闻的四类专业人群,传统记者也可以雇佣开发者(技术人员)或与开发者合作生产交互新闻。本章提供了找到所需开发者并判断候选者是否合适的若干办法。值得一提的是,只靠开发者是不够的,还需配有新闻应用编辑、项目经理等技术管理人员。

第二节　新闻程序员

　　自 20 世纪 80 年代以来,美国西北大学(Northwestern of University)梅迪尔新闻学院的里奇·戈登(Rich Gordon)教授长期致力于新闻与计算的融合。他曾尝试用"计算机辅助报道"(computer-assisted reporting,简称 CAR)技术来处理一个名为"Lotus123"的电子表格,并且在 20 世纪 90 年代初接触互联网后开始探索新闻与编程的结合。在 20 世纪 90 年代中期,他因给所在的新闻编辑室配备了一名程序员而被高层指责"浪费资源"[①]。曾就职于《劳伦斯日报》(*The Lawrence Journal-World*)和《华盛顿邮报》(*The Washington Post*)的阿德里安·霍洛瓦蒂(Adrian Holovaty)被认为是首个真正的"新闻程序员"(news programmer)——掌握编程并视其与新闻工作知识同等重要的"混合体"(hybrid)。"他主修计算机科学和新闻学,因而兼具对技术的见解和对人类社会重要议题的敏感性,能够从数据中发掘故事,使数据对媒体消费者产生更大价值。"[②]他从 2005 年起利用业余时间

---

① 尼基·厄舍.互动新闻:黑客、数据与代码[M].郭恩强,译.北京:中国人民大学出版社,2020:78.

② 尼基·厄舍.互动新闻:黑客、数据与代码[M].郭恩强,译.北京:中国人民大学出版社,2020:78.

创建了第一个新闻"混搭"(mashup)网站——芝加哥犯罪网站(Chicagocrime. com)。他编写的脚本(scripts)于每个工作日从芝加哥警察局公开的数据库中抓取犯罪统计数据,然后用 Ajax 在谷歌地图上实时呈现这些数据并提供多种互动体验①。地图视角便于用户通过多种标准在线查看和追踪社区街道的犯罪情况,比如,用谷歌地图界面定位你所在区域,由此推测附近的巡警数量;芝加哥的每个街区都有详细的页面介绍,内含最新的犯罪情况以及在 1、2、3、5 或 8 街区内的犯罪链接;每个街区以及相关巡警会收到 RSS 源(RSS feeds)。该网站将一个站点可获取的公开数据与另一个站点所提供的数据地图相融合,一度成为新闻业最复杂却最好用的交互产品,开创了在地图上绘制数据的新方式。《纽约时报》在 2005 年的思想版中称赞它为"年度最具影响力的混搭"②。霍洛瓦蒂因此获得 2005 年的巴滕奖(Batten Award),并接受了《编辑与出版人》(*Editor and Publisher*)、《美国新闻评论》(*The American Journalism Review*)、《在线新闻评论》(*The Online Journalism Review*)等媒体采访。2008 年,霍洛瓦蒂将此网站转变成名为 EveryBlock 的创业公司,之后被美国全国广播公司(National Broadcasting Company,简称 NBC)收购。《芝加哥论坛报》(*Chicago Tribune*)坚信 EveryBlock "有助于定义新闻业的未来"③,这包括必须正视编程对新闻工作的互补、必要、关键的作用。

对于如何发挥这种作用,当时的共识是把程序员引入新闻团队。得出此观点的假设是,多数记者编辑缺乏生产交互产品所需的较高编程能力,而程序员有助于给新闻编辑室带来最好的技术创新。此外,程序员所特有的实验和迭代的思考方式(mindset)可以弥补新闻编辑的单一④。因此,许多报纸编辑室考虑邀请程序员加入新闻团队,让他们提供技术支持或从事网络分类工作等⑤。一些程序员也恰好愿意到新闻编辑室工作,这是因为他们大多有在商业信息技术领域的工作经历,这些纯商业性质的编程工作往往更看重客户层面(client-side),只要求程序员"解决心头之痒"(scratch the itch)——为问题找到一种解决方案,这无疑限制了程序员的创造性表达。而他们在新闻领域可以通过探索问题或提出创新性的解决方案

---

① HOLOVATY A. Announcing chicagocrime. org [EB/OL].(2005-05-1)[2023-10-27]. http://www. holovaty.com/writing/chicagocrime.org-launch.
② O'CONNELL P L. Do-it-yourself cartography [EB/OL].(2005-12-11)[2023-10-27]. http://www. nytimes.com/2005/12/11/magazine/doityourself-cartography.html.
③ JOHNSON S.Cyberstar[EB/OL].(2008-08-17)[2023-10-27].http://articles.chicagotribune.com/2008-08-17/features/0808110560_1_cyberstaruser-generated-programmers.
④ 尼基·厄舍.互动新闻:黑客、数据与代码[M].郭恩强,译.北京:中国人民大学出版社,2020:14.
⑤ 尼基·厄舍.互动新闻:黑客、数据与代码[M].郭恩强,译.北京:中国人民大学出版社,2020:78.

来协助阐释关于公共利益的社会议题和问题。可见,他们关于公共利益的信仰有机融合了新闻业自身更大的总体目标,他们进入新闻编辑室后无须更改目标,新闻业特有的创造性自由和公众服务精神对他们产生了比薪酬更大的吸引力。霍洛瓦蒂曾在博客中写道:"当然,金钱报酬和直接的技术性工作不能相提并论,也没有极客(geek)的名望。但这是一个在自己的社区中值得去创造和体现不同的好机会。······你更愿意成为机器上的某个齿轮,还是发出独立的声音呢?"布莱恩·博耶(Brian Boyer)在成为"奈特基金会新闻挑战赛"(The Knight Foundation's News Challenge Grant)首批成员之前,从事为一些小诊所设计医疗记录软件以及为保险公司提供电子解决方案的工作[①]。在厄舍对他的专访中,他表示厌倦了为商业目的制作软件,而新闻业向他提供了前所未有的构建新项目的机会。他认为:"······新闻就是关于使人们可以做得更好、让人们自治的东西,我说我想做那个······让我们提供给民众信息,并从基层建立起民主。"[②]同为"奈特基金会新闻挑战赛"获奖者的黑客记者瑞安·马克(Ryan Mark)也认为:"······在媒体和新闻领域,人们真正在乎他们的工作,真正在乎做正确的事情,这和许多工厂式的软件开发公司的情况完全相反。"[③]正如英国《卫报》的记者阿拉斯泰尔·丹特(Alastair Dant)所言,"之前在旧金山的 Javascript 工作实则为一个赚钱丰厚的无聊事业,选择《卫报》是因为据说它有很多自由的声音······不断尝试做高质量的新闻。"[④]卡塔尔半岛电视台(Al Jazerra)英语频道记者穆罕默德·哈达德(el Haddad Mohammad)一毕业就从事现在的工作。他对 MediaShift 谈道:"我很幸运能在 2011 年加入半岛电视台,当时是中东的大新闻多发期······不久之后我就看到了传统媒体与技术的结合如何真正改变人们······这足以影响阿拉伯地区数以亿计的人们。"[⑤]英国广播公司(British Broadcasting Corporation,简称 BBC)的黑客记者詹原(Tsan Yuan)也认为:"新媒体及其技术正以一种不同的方式重塑新闻······这里有着巨大的影响力。"[⑥]

　　不同规模的新闻编辑室对交互新闻团队的需求各异,较小的新闻编辑室可能只有一个交互新闻工作者,他们甚至可能不是专业人员,只是为机构涉足该领域提供一些技术支持。较大的新闻编辑室可能设有专门的交互新闻部门,这些部门有

① 尼基·厄舍.互动新闻:黑客、数据与代码[M].郭恩强,译.北京:中国人民大学出版社,2020:14,78.
② 尼基·厄舍.互动新闻:黑客、数据与代码[M].郭恩强,译.北京:中国人民大学出版社,2020:78,97.
③ 尼基·厄舍.互动新闻:黑客、数据与代码[M].郭恩强,译.北京:中国人民大学出版社,2020:78,103.
④ 尼基·厄舍.互动新闻:黑客、数据与代码[M].郭恩强,译.北京:中国人民大学出版社,2020:78,104.
⑤ 尼基·厄舍.互动新闻:黑客、数据与代码[M].郭恩强,译.北京:中国人民大学出版社,2020:104.
⑥ 尼基·厄舍.互动新闻:黑客、数据与代码[M].郭恩强,译.北京:中国人民大学出版社,2020:14.

各种名称：互动新闻技术团队（Interactive News Technologies Team）、新闻应用程序团队（News Applications Team）、视觉团队（Visual Team）、新闻专题团队（News Specials Team）、数据新闻团队（Data Journalism Team）等。团队中的工作者有多种类型，比如兼具开发者和设计师技能的"交互记者"、从用户角度优化新闻编辑的"用户互动编辑"（其前身是"社交媒体编辑"）、通过数据分析制定用户增长策略的"持续增长编辑"等①。在新闻编辑室内的"平台"（desks）上，他们被安排与指定的编辑合作生产原创、独立的交互新闻内容，抑或是在更具服务特性的平台（service desk）上为其他记者提供支持。新闻实践虽对这些概念达成某种共识，但这些区分实际上是随意的或重叠的。即便是霍洛瓦蒂和博耶，他们也曾在添加自己的工作标签时陷入窘境，"新闻是编程"（journalism as programming）只是他们用来描述其工作本质的一种方式。长期的事务性工作使实际的新闻工作者很难从更大的概念范畴方面思考。

相比之下，学者有着天然的优势——与概念保持一定距离，他们用不同的术语描述交互新闻工作者。特里·弗克（Terry Flew）、克里斯蒂娜·斯珀吉翁（Christina Spurgeon）和安娜·丹尼尔（Anna Daniel）从交互新闻起源的角度，认为计算机科学家是交互新闻记者的重要组成部分②。西尔万·帕拉奇（Sylvian Parasie）和埃里克·达吉拉尔（Eric Dagiral）对《芝加哥论坛报》进行民族志研究，他们用"程序员记者"（programmer journalists 或 coder-journos）来描述与博耶提出的"黑客记者"相似的人，但他们把这些人与数据驱动（data-driven）新闻工作者混淆③。辛迪·罗亚尔（Cindy Royal）对《纽约时报》的交互新闻团队开展了为期一周的田野调查，她发现这个团队的一部分成员曾在科技公司工作，其他成员则长期从事新闻工作而且具有新闻学背景，他们共同服务于新闻业。还有一些学者对交互新闻从业者展开类型化研究。威比克·韦伯（Wibke Weber）和汉尼斯·拉尔（Hannes Rall）把这些从业者分成三类：程序员（programmer）、设计师（designer）、统计员（statistician）④。以上术语如此不同，是因为它们有着构成其身份和实践的特定历史和文化假设，交互新闻工作者通过谈论他们的背景和看法来定义自己（define themselves）。而概念的清晰性是基于一种对模式（patterns）的分析。因

① CHERUBINI F.The rise of bridge roles in news organizations［EB/OL］.（2017-12-01）［2019-05-05］. https://www.niemanlab.org/2017/12/the-rise-of-bridge-roles-in-news-organizations.
② FLEW T，SPURGEON C，DANIELS A. The promise of computational journalism［J］. Journalism practice,2012,6(4):157-171.
③ PARASIE S，ERIC D.Data-driven journalism and the public good:"Computer-assisted-reporters"and "programmer-journalists"in Chicago［J］.New media and society,2013,15(6):853-871.
④ 尼基·厄舍.互动新闻：黑客、数据与代码［M］.郭恩强，译.北京：中国人民大学出版社,2020:14.

此,厄舍通过搜集全球 14 个不同的新闻编辑室的经验数据,提出分析性的区分框架。这种区分有利于提升交互新闻工作者在新闻业话语中的持久力,以及更全面地理解他们的工作路径和思维方式。笔者将借鉴厄舍提出的区分框架,对交互新闻工作者的身份和实践进行界定。

第三节　黑客记者

在奈特基金会看来,黑客或程序员是"问题解决者""过程向导""建造者"(builder);传统记者是"宏观思考者"(big picture thinker)、"故事讲述者"(storyteller)、"文字匠人"(wordsmith)、"反对者"(contrarian)、"调查者"(investigator)。这两类人的结合将产生"记者 2.0"(Journalist 2.0)版本,即"翻译者"(translator)、"信息提炼者"(info distiller)、"锻造者"(impactor)、"数据可视化开发者"(data visualizer)、"实用主义者"(pragmatist)①。与"记者 2.0"相似的是,博耶创造出的"黑客记者"这个术语是指有编程基础之后在新闻学院进修,或者有传统新闻工作体验现正式加入新闻编辑室的一类人②。在现今的新闻编辑室中,黑客记者只占会编程记者总体的少数。值得注意的是,这里的"黑客"并不等同于有反社会(anti-social)邪恶意图的黑客。后者通过侵入他人设备或窃取密码,非法获取机构数据或信用卡信息;而前者只在极端情形下解密他们相信公众理应知道的机密文件。即便如此,隶属于新闻集团(News Corp)的《华尔街日报》仍对"黑客"一词的使用极为谨慎③。"黑客"行为(hacking)是一种具有革新和创造传统的亲社会(pro-social)技艺(technical craft),它秉承开源软件社区的"不作恶"(do not harm)原则,④意图运用代码来改善社会。这一价值观来自 20 世纪 60 年代美国麻省理工学院(Massachusetts Institute of Technology,简称 MIT)的早期计算机文化——社区(community)、开放(openness)、参与和试验的精神⑤。黑客行为的价值观还受到另一种文化的影响,即作为解决问题的一种方案,用最轻松的方法来实现事物的正常运转。

---

① 尼基·厄舍.互动新闻:黑客、数据与代码[M].郭恩强,译.北京:中国人民大学出版社,2020:14.
② GORDON R.A "programmer-journalist" contemplates careers[EB/OL].(2008-07-01)[2019-05-05]. http://mediashift.org/2008/07/a-programmer-journalist-contemplates-careers005/.
③ 尼基·厄舍.互动新闻:黑客、数据与代码[M].郭恩强,译.北京:中国人民大学出版社,2020:109.
④ KELTY C M.Two bits:the cultural significance of free software[M].Durham:Duke University Press, 2008.
⑤ LEWIS S C, USHER N.Open source and journalism:toward new frameworks for imagining news innovation[J].Media,culture and society,2013,35(5):602-619.

《卫报》的黑客记者斯蒂恩·德布鲁沃尔（Stijn Debrouwere）认为黑客记者的思想与上述两种文化有关，并由此提出了黑客记者思考新闻的两种典型方式——信息（information）思维和代码思维（code-based thinking）①。其中，信息思维就是把新闻当信息。不同于传统记者的故事视角，黑客记者视新闻为一种"信息"组件，把组成信息的各个元素看作一连串代码，新闻因此可以脱离叙事和更长的时间背景，实现自由移动、分解和重组，之后成为其他项目的脚手架（scaffolding），但它最终能否形成故事是不确定的。代码思维就是把新闻看作可以被解决的"问题"或者可以被"黑"到（be hacked）的东西。正确的代码和方法能够提升新闻生产的效率，并且轻松解决生产过程中出现的问题。德布鲁沃尔认为这两种思维方法是一套有价值的技能组合（skillset）。他解释道："记者习惯于手工操作，每天浏览相同的法院数据库，查看是否有任何新的文件，手动研读大量的文档，不断重复相同的计算，或者他们可能事实上要放弃一些故事，因为一些挑战是无法克服的。一个软件开发者永远不会做以上这些事。他们会写一个小的应用程序来避免重复性工作。而且这种收获也并非一次性的，因为一些应用程序可以供其他报道者在不同的环境下使用，还有一些可以被开放并重新应用到新闻客户端上供人分享。"②

黑客记者的第三种思维是把新闻工作当作一件有趣的、好玩的事情。他们乐于不断试验，通过调整和改变来优化实际结果，并分享来自不同角度的不同观点，尽管可能遭遇失败，但他们享受以传统新闻业没有的新方式来完成新闻的过程。美国联合通讯社（The Associated Press，简称 AP，又称美联社）的黑客记者乔纳森·斯特雷（Jonathan Stray）认为这种"玩"（play）的态度是制作者（makers）文化的直接体现。他在《制作者的新闻》（*Journalism for Makers*）这篇博文中写道："制作者文化借鉴了精通技术的黑客传统、被朋克（punks）完善的 DIY 美学，以及全球反抗文化（counter-culture）中最具颠覆性的趋势，这无疑是对喜欢了解非常复杂的系统而且热衷瞎捣鼓（tinker）的那群人的思想总结。"③

随着编程在日常新闻工作中愈发重要，这种"充满激情和创新性的技能"④除了引入新的平台——软件，还可能——改变新闻工作的流程。《西雅图时报》新闻应用程序团队的负责人劳伦·拉拜诺（Lauren Rabaino）在西弗吉尼亚大学（West Virginia University）举办的一个专题讨论会上表明："相较于僵化的传统新闻工作

① 尼基·厄舍.互动新闻：黑客、数据与代码[M].郭恩强，译.北京：中国人民大学出版社，2020：107.
② 尼基·厄舍.互动新闻：黑客、数据与代码[M].郭恩强，译.北京：中国人民大学出版社，2020：106.
③ STRAY J.Journalism for makers[EB/OL].（2011-09-22）[2019-05-05].http://jonathanstray.com/journalism-for-makers.
④ 尼基·厄舍.互动新闻：黑客、数据与代码[M].郭恩强，译.北京：中国人民大学出版社，2020：107.

流程,敏捷开发流程(agile process)有着无可比拟的优势;无论是短期还是长期的项目,及时评估其主要参与者的报告进展就能使原型(prototype)在快速循环中被开发出来。"①这种创造性解决问题的思维启发了一批非"黑客"背景的记者。《华尔街日报》的记者乔恩·基根(Jon Keegan)提出:"想看一看新闻以这种新方式去做到底能走多远。"②基根的助手萨拉·斯洛比(Sarah Slobin)则表示:"从黑客记者的工作中学到了必须具备自己动手解决问题的意识。"③

黑客记者的第四种思维是想与更广泛的公众分享用代码服务新闻的这种方式。正如美国纽约公共广播电台——纽约公共之声(WNYC)——的数据新闻团队负责人约翰·基夫(John Keefe)所说:"黑客记者有这样一种意识,那就是认为自己在做好事。"④斯特雷曾用以下提问来考察技术专家成为记者的潜质:"你是否会写代码?是否擅长帮助人们了解他们所处的世界?你认为软件用于公民媒体是否可能有助于某种民主的或社会的公益并让世界变得更美好?"⑤

厄舍访谈过的多数黑客记者都表示非常关心新闻工作,他们渴望了解新闻业,愿意尊重、接受以及希望帮助新闻业实现更大的目标。然而,程序员和网络开发者长期以来被认为与编辑工作无关,是"非记者"(non-journalists)和"不同的群落"⑥。甚至他们自己起初也不认同自己的"新闻记者"(journalists)的身份,认为自己只是在新闻编辑室里工作的程序员,与寻找和撰写故事的传统记者不同,没有能力融入日常新闻生产编辑的流程。正如《卫报》的一名黑客记者所说:"作为一个开发者,我觉得我对于内容生产和故事的贡献在于对技术知识、网络文本以及超文本标记语言(Hyper Text Markup Language,简称 HTML)的应用,这使更多完整的互动产品变成某种可视化的东西,并且使某些东西变得具有互动性……我认为我正在做新闻,但从背景来看我不是一个记者。"⑦哈达德起初也有着同样的看法,但这个看法在 2014 年后悄悄发生了改变。他解释道:"我早先不会称自己是一个记者,但编程和新闻工作中遇到的诸多新难题使我意识到学习新闻知识的必要性,

---

① REED M,COESTER D.Coding for the future:the rise of hacker journalism[EB/OL].(2013-05-02)[2019-05-05].https://mediashift.org/2013/05/coding-for-the-future-the-rise-of-hacker-journalism/.
② 尼基·厄舍.互动新闻:黑客、数据与代码[M].郭恩强,译.北京:中国人民大学出版社,2020:108.
③ 尼基·厄舍.互动新闻:黑客、数据与代码[M].郭恩强,译.北京:中国人民大学出版社,2020:108-109.
④ 尼基·厄舍.互动新闻:黑客、数据与代码[M].郭恩强,译.北京:中国人民大学出版社,2020:109.
⑤ STRAY J.Journalism for makers[EB/OL].(2011-09-22)[2019-05-05].http://jonathanstray.com/journalism-for-makers.
⑥ POWERS M."In forms that are familiar and yet-to-be invented":American journalism and the discourse of technologically specific work.Journal of communication inquiry,2012,36(1):24-43.
⑦ 尼基·厄舍.互动新闻:黑客、数据与代码[M].郭恩强,译.北京:中国人民大学出版社,2020:110.

我之后将'新闻记者'这个标签写入了简历。"①程序员和记者在交互新闻的语境下真正地融为一体,程序员不仅用编程辅助新闻工作,通常还需要挖掘数据、收集信息,判断新闻,从宏观层面理解新闻需求,为新闻消费行为做准备,以及直接创建有形的、可视的、可用的交互新闻产品。这些都是新闻工作的重要组成部分,也是黑客记者实为记者的重要依据;如果没有他们的参与,最终的交互新闻就不可能完成。因此,把黑客记者称为"记者"其实是非常重要的声张,只有以记者这个带有象征性力量的词语去认知他们,才能发现他们带给新闻工作流程的真正价值。在交互新闻的生产过程中,他们还必须带着一种新闻敏感性与其他记者同事交流,这突显出他们融入新闻编辑室的必要性;如果不能跨部门沟通,他们的工作就难以顺利进行。

按照专业界定的传统标准,接受专业化教育是某领域就业的基本要求。虽然基金资助和培训教育不是进入交互新闻领域的必要条件,但它们确实有助于此领域内记者和程序员的专业化,从而进一步明确交互新闻作为子专业与其他类型新闻工作的不同,也有利于避免程序员和编辑记者之间的文化冲突。梅迪尔新闻学院的一年制新闻学硕士项目从 2008 年起开始培训有意获得新闻学硕士学位的程序员,并向他们提供奖学金。这个项目每年都会录取几十个缺少或毫无新闻从业经验的学生(如计算机科学专业的本科毕业生),通过培训使他们了解编辑工作流程、要求和期望(比如,如何报道犯罪、诽谤法是什么),并且让他们能按照新闻规范去沟通交流,为他们将来进入新闻业实习和工作做好准备。"奈特基金会新闻挑战赛"(The Knight Foundation's News Challenge Grant)是戈登教授于 2006 年申请的一个项目。它预计提供约 1 200 万美元的津贴奖励,用于鼓励有才华的程序员参与新闻实践,找出融合编码和新闻的有效路径。此项目的诸多获奖成员后来在交互新闻领域都发挥了重要作用。比如:①博耶曾是《芝加哥论坛报》的非典型新闻报道团队——"芝加哥新闻应用团队"(The Chicago News Applications)的负责人,他们的目标是用数据分析和可视化制作工具为基于文本的传统叙事创建软件,探索新类型的叙事方式,他还声称创造了"黑客记者"(hacker journalists)这个术语,用以描述从事新闻工作的程序员,并且拥有 hackerjournalism.net 这个域名②;②瑞安·马克(Ryan Mark)继博耶之后担任"芝加哥新闻应用团队"的领导;③有人是"叙事科学"(Narrative Science)公司的联合创始人;④还有人是首批用算法

① 尼基·厄舍.互动新闻:黑客、数据与代码[M].郭恩强,译.北京:中国人民大学出版社,2020:110.
② GORDON R.A "programmer-journalist" contemplates careers[EB/OL].(2008-07-01)[2019-05-05].
http://mediashift.org/2008/07/a-programmer-journalist-contemplates-careers005/.

生成新闻的创作者之一。

第四节　会编程的传统记者

大部分会写代码的交互新闻记者都不是编程专业出身，他们在接触编程之前大多有新闻领域工作经验，或者（而且）有新闻学或其他人文领域专业的教育背景。他们中的一部分有幸能够在学校获得编程启蒙，米歇尔·明科夫（Michelle Minkoff）便是其中的一个代表。她在英语专业本科毕业时还不知道计算机代码或编程。正如她在 2014 年 8 月的一条推文中描述的那样："2008 年！我正准备从布兰迪斯大学毕业，对代码和未来茫然无知。"[①]她在梅迪尔新闻学院读研究生期间，选修了一门名为"报道的数字框架"（Digital Frameworks for Reporting）的课程，恰恰是这门与众不同的课程彻底改变了她的学习和工作方向。她表示："那天起，生活将不再一样。"[②]与明科夫有着相似经历的《华盛顿邮报》前记者魏思思（Sisi Wei）在与厄舍的交谈中表示，她在梅迪尔新闻学院学习期间选修过一门只面向非（编程）专业学生的编程入门课；在此之前，她对编程的了解仅限于一个新闻学课上有关 Flash 编程的简短介绍[③]。随着越来越多的学生学习含有编程的核心新闻学课程，给课程加入某种形式的编程内容在美国几乎所有的新闻学院流行开来，兼修新闻学与计算机科学似乎变得更加容易。哥伦比亚大学于 2011 年开设新闻学和计算机科学专业联合培养的硕士课程，这些课程在新闻、人文和社会科学的框架中开展关于数据技术的实践培训，授课对象是缺少或没有受过计算和数据方面正规训练的学生。梅迪尔新闻学院从 2012 年起允许新闻学与计算机科学双学位的获取。除了上述学位课程，哥伦比亚大学于 2014 年创建里德项目（Lede Program），提供为期 12 周或 24 周的非学位课程，针对的是有计算机科学基础却缺乏编程技能的新闻记者，目标是提高"把数据转化成叙事的计算技能"。布朗媒体创新研究所（Brown Institute for Media Innovation）帮助哥伦比亚大学的建筑、规划与保护研究生院（Graduate School of Architecture，Planning and Preservation）设立了一门课程，教授学生如何利用地图进行报道和组织构建知识。布朗媒体创新研究所的（美国）东海岸地区负责人马克·汉森（Mark Hansen）强调："我们生活中的太多东西、太多经验都正在转化为数据，所以我们要让即将毕业的记者们接受数据方面

---

①　尼基·厄舍.互动新闻：黑客、数据与代码[M].郭恩强，译.北京：中国人民大学出版社，2020：114.
②　尼基·厄舍.互动新闻：黑客、数据与代码[M].郭恩强，译.北京：中国人民大学出版社，2020：114.
③　尼基·厄舍.互动新闻：黑客、数据与代码[M].郭恩强，译.北京：中国人民大学出版社，2020：114.

的训练。每个人都应该知晓如何编程,哪怕略知一二,也能更好地理解那些信息处理系统。"①布朗媒体创新研究所还为探索新闻工作新方式(的机构或个人)提供价值约 15 万美元的"魔法拨款"(Magic Grants)。哥伦比亚大学新闻学院专业实践教授玛格丽特·霍洛韦(Marguerite Holloway)得到"魔法拨款"的资金支持来设计一种算法,帮助记者用恰当的语言来介绍最新的科学研究②。FreeTech Academy 是一个将记者和技术人才的培训集于一体的德国培训机构。它在其网站上声明:"技术和新闻是一体的,其目标是培养推动媒体创新并加强数字新闻未来的技术人才,这些人才可以供职于欧洲媒体和科技公司。"它推出的数字项目荣获了包括德国的亨利·南恩奖(Henri-Nannen-Preis)、世界报纸协会欧洲媒体奖(European Media Award der World Association of Newspapers)和格里姆在线奖(Grimme Online Award)等在内的众多奖项。

学习编程的记者与黑客记者在处理编程和思考新闻工作的方法上有所差异,甚至可能由此产生一些冲突,并且工作流程确实会因谁来管理团队而变化。学习编程的记者大多更侧重寻找编程过程和传统新闻生产过程之间的关联。在魏思思看来,新闻关乎知识与新信息,编程关乎解决方案的创新,故而草稿、编辑等传统新闻生产环节与实验、快速建立原型等有关编程的设计方法高度相关,甚至相类似③。这意味着黑客记者与学会编程的传统记者在更大职业子群体的发展中具有某种一致性。明科夫也深有同感,她认为敏捷开发流程与传统新闻例会流程本质上别无二致。她解释到:"新闻是快速迭代的,尤其是在她所供职的美联社的环境里。美联社的新闻写作模式是,首先你会得到一个新闻提示,然后你有一个故事梗概——70 个单词的故事,你要在短时间内完成对它的扩写。这类快故事(fast story)的速写初稿与科技产品的速写初稿极其相似——可能都不是最终产品。"④厄舍却指出,敏捷开发流程强调快速开发以及在最终产品之前发布实验性的测试版本,而美联社推出的快故事通常不能有任何差错,这种将不完美的产品创意推给受众进行消费的行为故而可视为一种对新闻规范的偏离⑤。从这个角度看,敏捷开发流程与传统新闻例会流程有所不同。相比之下,黑客记者大多更关注技术解决方案而非新闻输出,他们对技术创新和解决新问题的热情明显高于在已经开创

① 哥大新闻.数字时代下新闻业的未来[EB/OL].(2018-02-12)[2023-08-18].http://www.360doc.com/content/18/0212/20/7872436_729636482.shtml.
② 哥大新闻.数字时代下新闻业的未来[EB/OL].(2018-02-12)[2023-08-18].http://www.360doc.com/content/18/0212/20/7872436_729636482.shtml.
③ 尼基·厄舍.互动新闻:黑客、数据与代码[M].郭恩强,译.北京:中国人民大学出版社,2020:118.
④ 尼基·厄舍.互动新闻:黑客、数据与代码[M].郭恩强,译.北京:中国人民大学出版社,2020:118.
⑤ 尼基·厄舍.互动新闻:黑客、数据与代码[M].郭恩强,译.北京:中国人民大学出版社,2020:118.

的领域里工作。杰里米·鲍尔斯(Jeremy Bowers)在美国公共广播电台(National Public Radio,简称NPR)解决交互项目技术问题时发现:"学习编程的记者更喜欢解决新闻价值较高但难度较低的技术问题,对可重复的软件有更高的容忍度;相反,黑客记者更喜欢不重复自己,并因此想要构建'平台'或其他应用广泛的工具。"①这也证实了厄舍等人的观察,在传统新闻向在线新闻转型的过程中,传统记者适应新技术挑战的能力并不总是最强的。

　　随着技术的不断进步,科技领域的产品与服务推陈出新,使用的程序语言也随之快速更迭,这要求程序员记者在业余时间自学大量有关编程的新知识,具备随时应对新技术挑战的适应能力。部分记者对编程保持着长期的兴趣,比如,基夫"在孩童时期就开始接触编程",他在担任美国纽约公共广播电台的传统新闻业务主管时,利用业余时间思考把编程引入新闻叙事的方法,而且得到了编程会议和纽约其他同行的帮助②。有些记者出于学习或工作目的自学编程,比如,明科夫花费大量课后时间自学编程,她的博客记录了她自学过程中的收获,包括"进行编程式的思考",用"重构"(refactoring)的方法检查更加复杂的实验工作,或者改进代码设计来简化复杂的实验工作③。鲍尔斯来自政治学和英语专业,他是在进入《纽约时报》工作后才开始自学编写专门的软件④。美国公共广播电台的程序员记者丹尼·德贝利斯(Danny Debelius)认为自己在科罗拉多大学(University of Colorado)学习新闻学期间没有掌握太多的数字化技能,他是在2004年后才开始自学编程⑤。据魏思思观察,"新闻编辑室存在一个普遍的问题"——大部分程序员记者是无计算机科学学位的自学成才者,他们不会"自信地说他们是开发者(developer)"⑥,尽管她认为"自信"一词有着丰富的释义。厄舍在她的著作《互动新闻:黑客、数据与代码》中补充道:"事情已经有了变化,作为程序员的记者现在变得更加自信。"⑦比如,《华盛顿邮报》的程序员记者埃米莉·周(Emily Chow)并不是来自编程专业,却能自信地称自己为"记者——开发者"(journalist-developer)。

　　尽管学习编程的记者尝试着用编程的态度和思考方式来工作,但他们对新闻有着比黑客记者更加清晰的认识。他们始终坚信自己首先是记者,然后才是程序

①　尼基·厄舍.互动新闻:黑客、数据与代码[M].郭恩强,译.北京:中国人民大学出版社,2020:117.
②　尼基·厄舍.互动新闻:黑客、数据与代码[M].郭恩强,译.北京:中国人民大学出版社,2020:115.
③　FOWLER M, BECK K, BRANT J, et al. Refactoring: improving the design of existing code[M]. Westford:Pearson Education,1999.
④　尼基·厄舍.互动新闻:黑客、数据与代码[M].郭恩强,译.北京:中国人民大学出版社,2020:115.
⑤　尼基·厄舍.互动新闻:黑客、数据与代码[M].郭恩强,译.北京:中国人民大学出版社,2020:115.
⑥　尼基·厄舍.互动新闻:黑客、数据与代码[M].郭恩强,译.北京:中国人民大学出版社,2020:114.
⑦　尼基·厄舍.互动新闻:黑客、数据与代码[M].郭恩强,译.北京:中国人民大学出版社,2020:133.

员,确信自己时刻处在日常新闻生产的流程之中;并且他们一直专注于新闻,视新闻为传统理想化的东西加以强调。斯科特·克莱因(Scott Klein)向厄舍描述了他所认识的那些学习编程的记者的普遍态度:"软件是外在于他们的,而记者是内在于他们的……他们主要是作为记者在工作。"①魏思思的看法也证实了这一态度,"(我)不仅是一个开发者……我也要用编辑的思维思考问题,而成为一名记者很可能是我最在乎的。"②明科夫陆续在《洛杉矶时报》(Los Angeles Times)的数据部门、美国公共电视网(Public Broadcasting Service,简称 PBS,又称公共广播协会或美国公共电视台)和美联社分别担任数据开发者(实习记者)、数据生产者和互动产品制作人。尽管她的后两个头衔并未提及"记者"或"报道者",但她认为首先需要讲述关于公共信息的故事,再思考如何用代码来更好地讲述故事。她在与厄舍的访谈中提到:"没有人看代码,人们看的是分析。通过数据和应用程序为人们制作故事……从而便于人们在线找到可以放大和深究的东西。"③她在一篇博文中描述了如何把学习编程和做新闻的重要性等同起来,以便进一步推动新闻流程。"我每天既不单独花时间在新闻方面,也不单独花时间在编程方面——我一天的大部分时间都花在为实践新闻而进行的编程上。我也做其他事情——写文件、提供想法、参加例会。但是我一直在服务于新闻。"④

第五节　数据新闻记者

数据新闻是与交互新闻有关的一个重要群组。尽管它来自计算机辅助报道这个更大的传统,但它已经演化成一种思想方法,泛指用各种工具或媒介收集、清洗、组织、分析、可视化和发布多种类型的数据(包括数字、名称、类别、文档等),以便为新闻服务的行为⑤。其实践者被称为数据(新闻)记者。根据《纽约时报》交互新闻团队的负责人阿伦·皮尔霍夫(Aron Pilhofer)所述,自 20 世纪 60 年代起,计算机辅助报道一直是新闻业的重要组成部分。20 世纪 70 年代或 80 年代的数据新闻近似于传统的计算机辅助报道——依靠计算机去分析数据以产生一些对故事的重要想法⑥。保罗·布拉德肖(Paul Bradshaw)在《数据新闻手册》(Data Journalism

①　尼基·厄舍.互动新闻:黑客、数据与代码[M].郭恩强,译.北京:中国人民大学出版社,2020:116.
②　尼基·厄舍.互动新闻:黑客、数据与代码[M].郭恩强,译.北京:中国人民大学出版社,2020:133.
③　尼基·厄舍.互动新闻:黑客、数据与代码[M].郭恩强,译.北京:中国人民大学出版社,2020:114.
④　尼基·厄舍.互动新闻:黑客、数据与代码[M].郭恩强,译.北京:中国人民大学出版社,2020:114.
⑤　HOWARD A.The art and science of data-driven journalism[EB/OL].(2014-05-01)[2023-08-18]. http://towcenter.org/wp-content/uploads/2014/05/Tow-Center-Data-Driven-Journalism.pdf.
⑥　尼基·厄舍.互动新闻:黑客、数据与代码[M].郭恩强,译.北京:中国人民大学出版社,2020:122-123.

Handbook）的前言中写道："当时数据记者能处理的唯一一种数据是数字集合，它们大部分是在电子数据表（如 Microsoft Excel）上收集的。"①数据记者通过分析内部数据库的一些关键细节（数据点）来寻找采访案例并撰写相关故事②。随着制图学的兴起，图形展示领域得到进一步的发展，数据记者开始接触除数字以外的其他跨越社会生活的数据载体形式，如分类的数据、基于文档的数据等，而不再依赖质化的方法解释新闻。与此同时，随着可获取的数字信息的范围不断增大，如今的数据新闻比传统的计算机辅助报道更重视在线的组件，它致力于使用网络应用程序或软件（如 Tableau）来更全面地计算和可视化面向公众的数据——尽管网络应用程序没有明确的方法指南。为了让人们较容易地获取所有的数据点或尽可能多的数据集，或者至少让人们能以系统的方式检查所有的数据点，从而形成对数据活动的总体性分析；数据新闻的输出物很多时候不是静态的故事，而是"信息过滤"（information filtering）后的"生产性制品"（productive artifact）③——即交互新闻产品。关于维基解密（WikiLeaks）的报道可能是在数据新闻中引入交互形式的首次实践：《卫报》《纽约时报》《明镜周刊》（德语：*Der Spiegel*）都发布了可搜索的互动数据库和地图，供用户选择浏览海量的战争日志和之后的外交信函④。在欧洲，"数据新闻"不仅用来描述和数据处理有关的工作，还可以用来从总体上描述交互新闻⑤。交互新闻、计算新闻（computational journalism）、数据新闻这三者所需知识都关乎代码（code），它们还与监督式新闻（watchdog journalism）密不可分，它们皆为公共利益与新闻业的更大目标提供双重服务，即通过"整合社会科学中的算法、数据和知识，以补充新闻业的责任性功能"⑥，并且"记者需要让算法实际上负有责任"⑦。数据新闻与交互新闻之间的密切关联表明，把数据新闻纳入交互新闻的范围对增加交互新闻的认知有着一定的积极作用。

　　为了创建交互新闻产品，数据记者必须在代码领域里工作。他们中的一些人确实学习了有关代码的基础知识（如 JavaScript 或 Python），以便更有效地输入数据、从网站抓取数据、校准交互产品。如果他们能更熟练地掌握代码，就有机会成

① BRADSHAW P.Introduction：what is data journalism？［C］//Gray J，Chambers L，Bounegru L.The data journalism handbook.Sebastopol：O'Reilly Media，2012：1-2.
② 尼基·厄舍.互动新闻：黑客、数据与代码［M］.郭恩强，译.北京：中国人民大学出版社，2020：123.
③ 尼基·厄舍.互动新闻：黑客、数据与代码［M］.郭恩强，译.北京：中国人民大学出版社，2020：121.
④ 尼基·厄舍.互动新闻：黑客、数据与代码［M］.郭恩强，译.北京：中国人民大学出版社，2020：120.
⑤ 尼基·厄舍.互动新闻：黑客、数据与代码［M］.郭恩强，译.北京：中国人民大学出版社，2020：124.
⑥ HAMILTON J T，TURNER F.Accountability through algorithm：developing the field of computational journalism［C］//Report from the center for advanced study in the behavioral sciences summer workshop.Stanford：Duke University in association with Stanford University，2009.
⑦ 尼基·厄舍.互动新闻：黑客、数据与代码［M］.郭恩强，译.北京：中国人民大学出版社，2020：114.

为程序员记者。每年的美国计算机辅助报道研究所人会都会设置有关编程的工作坊,旨在帮助数据记者更熟练地使用代码来分析数据和展示故事。在 2014 年的会议议程中,一个工作坊承诺用 4 个小时的时间帮助参与者在其笔记本电脑上完成设置可能的编程附加组件,它们包括:"VirtualBox、Ubuntu/Xubuntu、csvkit、Python、Git、Django、SQLite、MySQL、PostgreSQL、PostGIS、PANDAS、Ilene、virtualenv/virtualenverapper、QuantumGIS、Node. js、NPM、Ruby、Rails、RVM、Bower、Grunt、Fabric、Yeoman、CIR 新闻应用程序模板。"①其他的分组会议议题包括:新闻训练、初用数据可视化、绘图迷你训练、PyCar 迷你训练。它们的宣传语有"ArcGIS、QGIS、PostGIS、TileMill、GDAL、GeoDjango 以及可能还有额外添加的更多缩写词"和"(我们)使用 Python 语言来教给新闻记者基本的编程概念"②。另一些数据记者虽然依赖于现有网站顶层的附加代码,却根本不会创建代码,他们所使用的代码通常已在既有软件中完成程序化。比如:《卫报》的"数据博客"负责人西蒙·罗杰斯(Simon Rogers)将自己视为数据记者,而非程序员或开发者。他收集大量数据集,利用免费的谷歌融合(Google Fusion)和电子表格创建交互产品,为用户提供更易获取、搜索、交互的数据。他对此解释道:"我不会编写代码,而谷歌融合提供了用于制作图表、地图等的所有现成代码。"

在很多时候,程序员记者可能会被视作数据记者,他们甚至也可能这样自称。这是因为许多软件的原料是数据,程序员记者需要知道怎样输入自己或同事收集的数据,以及如何输出这些数据为一个未结构化而叙事清晰的软件产品——尽管他们的最终目标是用交互产品创建故事。正因如此,他们中的许多人从事着作为数据新闻关键组件的工作:数据获取、图形设计和统计分析③。德国的"时代在线"(Zeit Online)的数据记者萨沙·费诺尔(Sascha Venohr)也认为:"程序员记者看似从事编程工作,实则利用数据从事交互新闻产品的工作。"④事实上,程序员记者与数据记者之间仍存在明显的界限。"真正的数据记者"并不从事任何复杂的编程工作,他们优先考虑的总是数据,会花费大部分的时间(若不是全部时间)在清洗、排序和解释数据上,不太关注数据可视化和交互展示——尽管他们可能已经做了一些相关工作,这似乎更接近对传统计算机辅助报道记者的描述。《卫报》因而对数据记者与程序员记者做了区分:数据记者从事有关获取公开数据的工作并撰写

① 尼基·厄舍.互动新闻:黑客、数据与代码[M].郭恩强,译.北京:中国人民大学出版社,2020:127.
② 尼基·厄舍.互动新闻:黑客、数据与代码[M].郭恩强,译.北京:中国人民大学出版社,2020:127.
③ FINK K, ANDERSON C W. Data journalism in the united states: beyond the "usual suspects"[J]. Journalism studies,2015,3(3):1-15.
④ 尼基·厄舍.互动新闻:黑客、数据与代码[M].郭恩强,译.北京:中国人民大学出版社,2020:124.

博文;程序员记者侧重用代码制作复杂的交互产品——尽管该工作也涉及数据。在《卫报》的现实核查博客(Reality Check Blog)工作的数据记者莫拉·查拉比(Mona Chalabi)表示,尽管她有时用谷歌融合来实现数据的可视化,但那是为了便于人们接触数据。她强调:"作为一个数据记者,我认为我向其他人解释这份工作的方式,是我利用数字进行工作,这才是最重要的。"①英国广播公司的表现与《卫报》相似,它把"数据记者"和"程序员记者"都放在其新闻专栏团队(News Specials Team)的介绍中。马特·斯泰尔斯(Matt Stiles)是美国公共广播电台新闻应用程序团队(NPR News App Team)的成员,他曾被博耶称为"真正的数据记者"。他对此解释道:"我可以用 JavaScript、Python、SQL、R 写一些基本的代码,但我不是一个经过培训或拥有技能的程序员,⋯⋯我确实制作互动图形,但是我不能胜任建造一个复杂的网络应用程序。我需要别人的帮助才能做到这一点。即使使用像 CSS 或 HTML 这样的基本代码,我的速度也比很多程序员记者要慢。我和他们(之中的)一些人的区别在于,我有过 10 年的传统新闻报道经验,我有作为记者的天然敏感性,我是那种在工作台上必须配备电话的人。我也是支持《信息自由法案》的一员,我是获取数据的记者。"②综上所述,数据记者能否成为交互新闻记者取决于自我认知和感知到的处理数据的数量③。只有当数据记者聚焦于网络应用程序、软件和(或)互动性时,他们才可以被纳入交互新闻的范围内,进而与程序员记者产生更直接的关联;否则,他们似乎更接近于专门从事数据输入和统计分析工作的计算机辅助报道记者。

第六节　如何找到合适的开发者

对于没有任何编程经验的传统记者,找到一个技术人员来帮助完成交互新闻其实没有想象的那么难。无论是想雇佣一名技术人员,还是想在预算有限的情况下寻求合作的可能,具有公民意识的黑客和数据管理人员通常都愿意与记者取得联系。可见,这不是一个单向的寻找过程,而是一种共生关系。更何况记者是数据驱动工具和技术服务的高级用户。从开发者的角度看,记者是在开发者没有考虑过的环境中应用这些工具和服务,他们的反馈可以帮助开发者跳出常规思维,在环

①　尼基·厄舍.互动新闻:黑客、数据与代码[M].郭恩强,译.北京:中国人民大学出版社,2020:127.
②　尼基·厄舍.互动新闻:黑客、数据与代码[M].郭恩强,译.北京:中国人民大学出版社,2020:126.
③　尼基·厄舍.互动新闻:黑客、数据与代码[M].郭恩强,译.北京:中国人民大学出版社,2020:125.

境构建和项目讨论中提升技术的价值①。

记者该如何找到所需的技术人员呢?《纽约时报》交互新闻团队负责人菲尔霍夫建议说:"你所在的新闻机构可能已经拥有你所需的技术人才,但他们不一定恰好在你的新闻编辑室。四处逛逛,参观一下信息技术部门,你就有可能碰到他们。当然,学会欣赏程序员的文化也很重要,这样才有可能达成合作……"②找到技术人员的其他方法有:①如果记者明确知道需要哪(几)种编程语言的支持,就可以在这些语言的技术交流社区(如 Python Job Board)内发布招聘信息;②使用相关技术人员的邮件列表(如数据驱动新闻邮件列表);③根据具体任务目标,联系相关组织以寻求人选,例如,如果想在网上清理或搜集数据,可以联系一个名为Scraperwiki的组织,他们有一个通讯簿,内含值得信任且愿意提供技术支持的程序员;④加入相关的社交团体或网络,留意那些旨在团结记者和技术人员的倡议;⑤快速搜索你所在地区的技术专业领域,例如,搜索"JavaScript"+"Shanghai",像Meetup 这样的网站也是一个很好的起点;⑥不管有没有奖金,编程马拉松(hackathon)、应用程序竞赛、可视化竞赛等通常都是建立联系的有效场所;⑦一个极客往往和另一个极客在一起,口口相传永远是找到好同事的好方法。

普通开发者和优秀开发者的生产效率有着天壤之别。那么,记者该怎么判断找到的开发者是否合适? 如果你对此缺乏经验,审查候选人将会非常困难,再加上新闻机构能够支付的薪水有限,你将面临巨大的挑战。《卫报》首席交互技术专家丹特认为,优秀的开发者应具备以下特质:①最好掌握多种编程语言,以便从容面对开发时间紧迫的情况,而且新闻应用程序往往有数据处理、动态图形等多方面的技术要求;②具有全局思维,偏向叙事价值而非技术细节;③能讲好一个故事,叙事性表达需要在时间、空间上合理安排事物的能力,让程序员谈一谈其最自豪的项目是如何建成的——这能显示出他们的技术理解能力和沟通能力;④重同伴,愿意协商,具有良好的沟通能力,因为无法预见的障碍往往需要快速重新规划和集体妥协;⑤愿意按需学习新东西,自学进步很快,科技日新月异,跟上科技的脚步需要不懈努力,项目的快速迭代需要不断适应新工具、新语言和新话题③。

值得注意的是,只雇佣技术人员或与技术人员合作是不够的。一个单枪匹马

---

① CHAMBERS L.How to hire a hacker[C]//Gray J,Chambers L,Bounegru L.The data journalism handbook.Sebastopol:O'Reilly Media,2012:41-43.

② CHAMBERS L.How to hire a hacker[C]//Gray J,Chambers L,Bounegru L.The data journalism handbook.Sebastopol:O'Reilly Media,2012:41-43.

③ CHAMBERS L.How to hire a hacker[C]//Gray J,Chambers L,Bounegru L.The data journalism handbook.Sebastopol:O'Reilly Media,2012:41-43.

的开发人员(尤其是那些刚毕业且缺少行业经验的人)可能会在工作中做出许多糟糕的决定。即使是优秀的技术人员,当缺乏约束时,他们也可能选择技术上有趣的工作,而不是做对新闻用户来说最重要的事情。因此,技术管理(technical management)是必要的,相关职位有新闻应用编辑(news applications editor)、项目经理(project manager)等,这些从业者会说服技术人员按时完成项目任务①。

---

① CHAMBERS L.How to hire a hacker[C]//Gray J,Chambers L,Bounegru L.The data journalism handbook.Sebastopol:O'Reilly Media,2012:41-43.

第三章　交互新闻编辑室

第一节　引　子

国内外许多新闻编辑室正尽可能地增加交互新闻工作者的数量,尽管它们仍在探索与这些新型成员相适应的生产节奏和流程。社会学家阿伯特认为,通过研究被客观定义的工作任务和对专业知识的主张,可以设法了解工作管辖权。可见,研究人们如何工作以及做了什么可以增进对专业主义的理解。交互新闻的类型往往因新闻编辑室的不同而不同:有些是数据驱动的,但它们的数据收集方式与分析复杂程度有所差异——有的数据需经过仔细搜索或申请调阅文件才能获取,有的来自公共数据库,有的由数据记者自己统计;其他的则未必由数据驱动,而是用讲故事的不同方式(如视觉形式的故事叙述)来呈现。为了更全面地分析这些差异的产生原因,本章把厄舍的田野调查结果(2011 年~2015 年)与笔者近年来收集的研究材料有机结合起来,选取了卡塔尔半岛电视台英文频道、美国公共广播电台的新闻应用程序团队、《华尔街日报》的交互图形团队(Interactive Graphics Team,后改名为新闻应用程序团队)、《纽约时报》的交互新闻团队、《芝加哥论坛报》的芝加哥新闻应用团队、美联社(纽约分社和华盛顿特区分社)、《卫报》的数据新闻项目团队、英国广播公司的新闻实验室(BBC News Labs)、西班牙国家广播电视台(Radio Television Espanora,简称 RTVE)的实验室、澳大利亚广播公司(Australian Broadcasting Corporation,简称 ABC)的数据新闻项目团队这 10 个颇具代表性的新闻编辑室作为考察重点。我们看到交互新闻记者如何在以上工作地点利用他们的能力对"特定的工作类型"[1]——交互新闻产品——做出特定的声张。不同于以往的新闻产品,这些产品涵盖了计算器、小测验、嵌入视频的故事、地图、数据库等,已远超传统的文本、照片或图形故事。比如:①卡塔尔半岛电视台英文频道创建的一个基于地图的交互新闻涉及代码和音视频;②美国公共广播电台创建的一个检索"游乐场"的基于地图的数据库;③《华尔街日报》的交互新闻包括一个视觉化的交互数据库和一个可点击的计算器;④《纽约时报》的交互新闻涉及数据、图片和音

---

[1]　ANDREW A.The order of professionalization:an empirical analysis[J].Work and occupations,1991,18(4):64.

频;⑤《芝加哥论坛报》的交互新闻主要是各种新闻应用程序;⑥《卫报》的交互新闻包含图表、地图和数据;⑦澳大利亚广播公司借鉴了《卫报》的"数据博客",其交互新闻大多是以数据驱动的,文本、交互式地图和数据可视化是其常用的叙事手段;⑧美联社(纽约分社)的交互新闻在急速运转的日常项目中解释数据,而美联社(华盛顿特区分社)制作面向内部记者的调查报道项目(及其工具)以适应于突发新闻;⑨英国广播公司的新闻实验室利用新技术创造工具,以提高交互新闻的质量;⑩西班牙国家广播电视台除了研发工具,还为西班牙电视节目开发跨媒介产品,探索网络纪录片(webdocs)、新闻游戏、360°视频和 VR 等交互形式。这些产品体现了交互新闻工作者的专业技能和新闻编辑室的社会化需求。尽管每个产品的目标有所差异,但它们大多都是基于软件制作的解释性新闻。

　　本章的目标是:通过人、流程、融合这三方面所构成的分析框架来比较来自不同新闻机构的交互新闻团队的异同,以及推测造成他们不同工作方式的潜在原因。人是指交互新闻团队的构成,这主要表现为团队的领导者和成员的背景经历。流程是指交互新闻团队所面临的时间压力,即新闻周期对于交互新闻团队来说是迟缓的还是快速的,团队面临的截稿时间是即刻的还是自己控制下的且不紧迫的。这主要表现为交互新闻人员关注的是日常新闻生产的工作还是以项目生产为主导(projected-oriented)的工作。融合是指交互新闻团队如何与新闻编辑室的其他人员交流。这主要表现为交互新闻团队是服务性的还是独立性的,前者是指交互新闻产品需要更广泛的编辑参与,即产品是由交互新闻工作者与其他部门的同事配合完成;后者是指交互新闻工作者独立制作交互新闻产品而不依赖部门之外其他同事的帮助。

　　对于一个交互新闻团队而言,其领导者的背景经历某种程度上会影响该团队的工作方式。例如,作为卡塔尔半岛电视台英文频道的唯一黑客记者,哈达德擅长用编程技能解决新闻问题。同为黑客记者的博耶则是《芝加哥论坛报》的"芝加哥新闻应用团队"和美国公共广播电台新闻的"应用程序团队"的负责人,这两个团队在他的管理下更像是关注产品而非故事的软件开发团队。博耶表示:"我认为引入技术意识是好事情······报纸团队不知道如何制作软件没什么好羞愧的,但是我们知道如何制作软件。"①尽管如此,博耶领导的这些团队仍具备新闻意识。对美国公共广播电台新闻的"应用程序团队"而言,这主要是因为一个数据记者和一些会编程的传统记者构成了该团队的主力,他们的确会影响该团队对最终产品的关注点,他们协同开发的"游乐场"交互新闻项目就是以数据为主导的。《芝加哥论坛

① 尼基·厄舍.互动新闻:黑客、数据与代码[M].郭恩强,译.北京:中国人民大学出版社,2020:173.

报》的"芝加哥新闻应用团队"则是由一群深入新闻编辑室的技术专家组成的。他们中的一些人在为企业编码几年后获得了新闻学硕士学位。他们愿意为记者提供技术支持,以便从中找到项目灵感,从而更好地研究、报道和解释新闻。即便美联社纽约分社的交互团队负责人斯特雷也是一名黑客记者,但由于该团队成员的数量较少且团队构成多元化,他们还是必须生产大量的短期项目,以满足新闻编辑室的日常需求。《卫报》的"数据博客"建立者罗杰斯曾经是一名传统记者,所以交互新闻中的故事元素——日常故事——是他的关注点。不管怎样,交互新闻把不同背景经验的人粘合在一起,使他们协同生产有益于新闻编辑室的多种项目,这本身就证明了这个子专业对更大新闻业的独特贡献。BBC 新闻实验室的领导麦肯齐和伯尼分别是记者和工程师,他们全权负责"1+1"系统,共同决策并审查所有项目。他们的紧密合作表明团队的跨学科倾向,同时,他们不对成员做专业分类,要求成员是"多任务人员,知道实验室所掌握的所有工具"①。麦肯齐强调,这样的团队是保持前沿必要条件,成员的所有工作必须结合起来,而不是各自为政②。RTVE 实验室负责人埃尔南茨清晰地知道 RTVE 实验室是作为一个小部门来运作的,对 RTVE 其他部门的影响有限,所以专注于创新叙事形式③。

　　除了负责人的背景经验,新闻流程也是影响交互新闻团队如何工作的潜在因素,进而影响他们融入新闻编辑室的程度。对于卡塔尔半岛电视台英文频道和美国公共广播电台,两者的交互新闻工作的运转速度都较为缓慢,这使得它们的交互新闻工作者有充足的时间去发挥他们服务职能的全部潜力。这些交互新闻工作者可以和其他部门的同事一起召开多次协同会议,以保证交互产品拥有正确的新闻角度,交互新闻团队因此被纳入新闻编辑工作的流程。美联社华盛顿特区分社和《华尔街日报》的节奏同样缓慢,它们的交互团队有充分的时间与他人合作,输出更多实质性的长期项目。这其中的部分项目可以被使用、重组和更新,以满足内部记者适应突发新闻报道的需要。在《华尔街日报》,独立项目反而更受欢迎。相比之下,美联社纽约分社的交互团队、《卫报》的数据新闻团队、《纽约时报》的交互新闻

① ZARAGOZA-FUSTER M T, GARCíA-AVILéS J A. The role of innovation labs in advancing the relevance of public service media:the cases of BBC news labs and RTVE lab[J].Communication and society,2020,33(1):45-61.

② ZARAGOZA-FUSTER M T, GARCíA-AVILéS J A. The role of innovation labs in advancing the relevance of public service media:the cases of BBC news labs and RTVE lab[J].Communication and society,2020,33(1):45-61.

③ ZARAGOZA-FUSTER M T, GARCíA-AVILéS J A. The role of innovation labs in advancing the relevance of public service media:the cases of BBC news labs and RTVE lab[J].Communication and society,2020,33(1):45-61.

团队、《芝加哥论坛报》的芝加哥新闻应用团队的流程都是快节奏的,但他们融入新闻编辑室的程度不同。急促的运转周期使美联社纽约分社的交互团队处于最终的服务岗位,无暇控制其制作的交互产品。芝加哥新闻应用团队的工作重点是为新闻编辑室提供帮助,通过与记者、编辑的交流获得应用程序的开发思路。鉴于其服务性定位,该团队应用了"敏捷"开发流程。他们每周大致会开发一、两个应用程序,然后暂时搁置它们。之后,他们在与记者的分享中学到新的东西,继续投入新项目的开发。大多数项目的制作时间不会超过一周,但对于耗时较长的项目,该团队会进行为期一周的迭代,并每周向利益相关者(通常是记者和编辑)展示项目进展。《卫报》的"数据新闻团队"虽然从事更大型的日常和长期的故事报道,但他们仍坚持在《卫报》的"数据博客"中每日发布并更新数据,因为快速的新闻周期可以突显"数据博客"独特性,进而维持数据新闻团队在《卫报》中的独立性。速度对于像《纽约时报》这种的大型机构仿佛不太重要,它们不管快慢都能运行。《纽约时报》的"交互新闻团队"认为来自其他部门创意的项目更成功,所以他们自愿作为服务部门被整合入新闻编辑室的流程之中。相似地,BBC 新闻实验室和 RTVE 实验室都通过转让创新成果来提高公共服务的普遍性。BBC 新闻实验室利用新技术为用户提供更高质量的产品,同时促进 BBC 各部门专业人员的工作。RTVE 实验室不仅以创新方式生产社会关注的文化、科学和戏剧等方面的内容,还尝试提高在线产品的质量。然而,这两个实验室将研究成果转移到所在机构的其他部门的水平是不均衡的。BBC 新闻实验室将其所有研究成果转移到 BBC 的新闻编辑室,如 BBC 新闻产品和系统部(BBC News Product & Systems)、BBC 研究和开发部(BBC Research & Development)、BBC 广播电台(BBC Radio)和 BBC 世界部(BBC World)。BBC 新闻实验室尤其支持 BBC 世界部的服务,其研发的许多工具旨在帮助记者以不同语种开展工作。该实验室与 BBC 其他创新部门的关系也较为密切,如 BBC 连线工作室(BBC Connected Studio)和 BBC"在线实验室"(BBC Taster)①。相比之下,RTVE 实验室几乎是一个专注于自己项目的孤立部门。它虽然制定了创新政策作为 RTVE 的承诺,却很少与 RTVE 的创新和技术部门相协调,而是专注于 RTVE 的内容创新。除了与现有少量的西班牙电视台(TVE)节目合作开发跨媒介产品,RTVE 实验室很少与其他新闻编辑室合作,因

---

① ZARAGOZA-FUSTER M T, GARCíA-AVILéS J A. The role of innovation labs in advancing the relevance of public service media:the cases of BBC news labs and RTVE lab[J].Communication and society,2020,33(1):45-61.

此其研究成果的转移有限①。作为其公共服务角色的一部分,它启动了"网络纪录片工厂"(Webdocs Factory),以增加与外部公司的合作生产②。而 BBC 新闻实验室的外部合作更加广泛,它凭借与大学和国际公司的合作伙伴关系来促进技术产业③。

此外,总体性关系、新闻编辑室的实际需求、过去项目的成功率、交互新闻工作者独立工作的能力、媒体的无形资产等都会影响新闻流程及其结果。新闻流程中的混合程度可能也与交互新闻工作者在新闻编辑室里的物理位置有关。比如,美联社华盛顿特区分社的"交互新闻团队"、《卫报》的"数据新闻团队"、卡塔尔半岛电视台英文频道的黑客记者都经常按照截稿时间工作,前两个团队的座位刚好都处于新闻编辑室的其他部门的中间,而哈达德与英文频道的在线团队坐在一起。《华尔街日报》和美国公共广播电台的"新闻应用程序团队"都对流程有着相对更多的自主权,这两个团队成员的座位都离新闻编辑室中心较远。然而,对于像《纽约时报》一样的庞大机构而言,物理上的接近性可能并不是团队之间相互融合的关键。在那里工作的人如此之多,以至于几乎没有人能真正靠近他们的同事。《纽约时报》的交互新闻团队虽然坐在离其他同事很远的地方,但他们仍在很大程度上参与了日常工作的流程。尽管如此,同样作为大型媒体机构的 ABC 仍坚持通过同地办公来加强跨学科团队的合作能力建设以及促进交互新闻选题的诞生。新闻机构的商业模式似乎与新闻流程和融合没有直接的关联。理论上,卡塔尔半岛电视台英文频道、美国公共广播电台和《卫报》的新闻编辑室都是慈善性的或非营利的。其中,卡塔尔半岛电视台英文频道由卡塔尔王室赞助,《卫报》由非营利的信托公司管理,美国公共广播电台、BBC 新闻实验室和 RTVE 实验室都是提供公共服务的新闻机构。《华尔街日报》《纽约时报》等都是上市公司(publicly owned),十分看重利润。交互团队的新闻流程和融合看起来并没有因商业模式的不同而产生明显差异。

传统的新闻流程关注最终完成的产品,追求产品在发布前就达到完美,而许多

① ZARAGOZA-FUSTER M T,GARCíA-AVILéS J A.The role of innovation labs in advancing the relevance of public service media:the cases of BBC news labs and RTVE lab[J].Communication and society,2020,33(1):45-61.

② ZARAGOZA-FUSTER M T,GARCíA-AVILéS J A.The role of innovation labs in advancing the relevance of public service media:the cases of BBC news labs and RTVE lab[J].Communication and society,2020,33(1):45-61.

③ ZARAGOZA-FUSTER M T,GARCíA-AVILéS J A.The role of innovation labs in advancing the relevance of public service media:the cases of BBC news labs and RTVE lab[J].Communication and society,2020,33(1):45-61.

交互新闻团队乐于展示尚未完成的产品——测试版。很少有证据表明,这种创造性的实验方法所造成的紧张关系会阻碍交互新闻团队与新闻编辑室的融合。这也许得益于新闻编辑室对实验创新的宽容和接纳。尽管精通技术的交互新闻工作者拥有巨大的潜力和受欢迎的成果,他们与关注叙事的传统记者之间仍存在语义转换的问题,他们不能真正了解彼此的能力、局限以及合作的潜力,他们在沟通看法时存在一定困难。马克描述了他在《芝加哥论坛报》碰到的一些沟通挑战:"我认为最大的挑战是人们对我们所做的事情不太了解。对很多人来说,我们似乎在某种程度上是魔术师,我们可以让电脑做事情。要说清做一些事情需要花多长时间是很难的······在软件开发中有很多要灵活处理的部分。有太多软件了。你会遇到一些你从未见过的奇怪的问题,并且必须花时间去处理。当人们对我们做出像'你整天戴着耳机坐在那里,我不知道你在做什么'之类的评论时,我们要试着在日常的基础上去表达我们所做的事情。就像我坐在那里,电脑桌面上有一些开着的窗口,窗口里面有一堆彩色的单词,人们只是不知道我们正在做什么。"[1]甚至对于凭借《降雪:隧道溪的雪崩》(*Snow fall:the avalanche at tunnel creek*,国内常见译名是《雪崩》)(见图 3-1)获得普利策奖(Pulitzer Price)的交互新闻记者而言,他们的努力确实值得尊重和嘉许,他们与《纽约时报》新闻编辑室里的其他同事之间也没有既定想法的冲突,但他们的职业记者身份仍存在被误解的嫌疑。这与交互产品未能被有效融入日常工作有关。在处理《雪崩》的交互性时,新闻编辑室对该产品的预期远高于其实际能力,最终只能采用赶时髦和随机择优挑选的方式完成它,从而削弱了它的新闻意义[2]。因此,编程被认为不总是对新闻编辑室有意义,交互新闻也被看成是只包含神奇电脑语言的小把戏。事实上,交互新闻也是新闻,而不是仅作为一种提供故事讲述多样性的方式。明科夫曾在博客上征询意见:"请告诉我向新闻机构的传统编辑表达这些想法的最好方式是什么。我们如何才能说明交互技术不是一个华丽的工具,也不是让人从新闻本身分心而出的消遣,而是一种拓展我们技能的方式?"[3]同时,有些黑客记者不太了解新闻编辑室的基础实践,他们中的一部分甚至从未进入过新闻编辑室,故不太熟悉新闻机构的规范和文化。斯特雷也表示:"外来的编码员往往没有很强的新闻敏感性。他们在新闻编辑室没有任何经验,对编辑室有一种近乎刻板的、比较简单的想法。"[4]尽管如此,交互新闻团队

① 尼基·厄舍.互动新闻:黑客、数据与代码[M].郭恩强,译.北京:中国人民大学出版社,2020:173.
② BRANCH J.Snow fall:the avalanche at tunnel creek[R/OL].(2019-12-20)[2023-10-27].http://www.nytimes.com/projects/2012/snow-fall/#/?part=tunnel-creek.
③ 尼基·厄舍.互动新闻:黑客、数据与代码[M].郭恩强,译.北京:中国人民大学出版社,2020:179.
④ 尼基·厄舍.互动新闻:黑客、数据与代码[M].郭恩强,译.北京:中国人民大学出版社,2020:179.

仍遵循新闻编辑室的主导性规范,这是因为他们致力于让产品服务于新闻,这一使命与新闻编辑室更大的项目和抱负相协调。而交互新闻团队在美联社纽约分社遭遇的困境更多是受到组织文化的影响。

图 3 - 1 《降雪:隧道溪的雪崩》

当交互记者通过他们的时间线以及与他人协作来定义彼此的关系时,"实际的劳动分工经由协商和惯例建立起来了"[①]。新闻专业的边界随之变化,以接纳交互新闻这个子专业。在一些新闻编辑室,新闻业几乎可以无缝地兼容交互新闻。考虑到新闻业对日新月异的数字技术的快速响应,本章描述的很多具体情况可能已经发生改变,所以读者看到的不是确定性描述,而是媒体组织的特定快照。即便如此,本章内容依然颇具价值,它从整体性的时间、组织、结构的工作中梳理出一些模式和过程,这些模式和过程有助于了解交互新闻人员如何建立起他们的工作管辖权,交互新闻与更大专业之间的关系,以及交互新闻所引起的更广泛变化的趋势,进而有助于总结出他们在工作时形成的某种规范性暗示,即他们带给新闻业的抽象知识。

① ANDREW A.The order of professionalization:an empirical analysis[J].Work and occupations,1991,18(4):64.

第二节　卡塔尔半岛电视台英文频道

半岛电视台英语频道的交互新闻团队十分精简,最初只有一位名叫哈达德的全职黑客记者。他不是完全独立地工作,而是与基于文本的传统记者密切合作。技术领域与内容领域之间的这种伙伴关系是该机构能够输出大量交互新闻的显要条件。此频道生产的交互新闻大多为长期项目,虽没有日常截稿的压力,却仍关注新闻周期,以便及时反映新闻事件。在厄舍走访半岛电视台英语频道期间(2012年6月),哈达德的主要工作是与萨姆·博利尔(Sam Bolier)合作,制作一个帮助解释欧洲债务危机的互动式欧元地图。博利尔是一个以文本为中心的网络记者,其主要工作是报道欧洲和美国。尽管如此,他已经开始思考如何做交互新闻报道,甚至开始参与制作。此次项目是他使用谷歌融合来制作交互产品的首次尝试①。他视这种探索为新闻职责的延伸,而非日常工作的附加或不必要的方面。他们的分工明确:①博利尔主要负责做报道,收集并计算政府网站上的债务统计数据,寻找可供项目使用的国家标志性照片和每一个国家的视频包(video packages),甚至完成一些有关交互性的基础工作。②哈达德则主要负责在 iPad 上测试视觉元素,确保它们是"好的和不丑的";寻找合适的 YouTube 嵌入代码(embed codes)。他们一起整合最终版本的交互产品,并通过尽可能多地点击选项和路径来校验产品②。他们的合作过程并非一帆风顺。对于博利尔来说,他的诸多挑战来自互动性设计。这些挑战在他与哈达德的持续沟通中变得愈加清晰,甚至一度引发哈罗德对他设计改进工作的不满。比如,博利尔提议设计一个导向谷歌地图的意大利菲亚特(Fiat)公司总部的按钮,而哈罗德认为这可能不美观而且与内容的相关性较弱。对于哈达德来说,他所面临的巨大挑战是以一种持续相关的和可更新性的方式去构建交互产品。他告诉厄舍:"这个项目的工作不会是一次性的,而是定时更新的,以便用户获得更多信息。"③在大多数情况下,哈罗德会与博利尔一起思考解决办法。比如,博利尔担心用户能否理解这个交互新闻,哈达德建议他为读者写出 3 种形式的指令,并解释说:"很多看交互新闻的人不知道要做什么。所以我们必须把指令放入一个大的文本中,或者我们应该让它们醒目点。"④

相互学习是开展这类合作的前提。哈达德有计算机科学背景和设计的视野,

①　参见本书第二章的相关内容。
②　尼基·厄舍.互动新闻:黑客、数据与代码[M].郭恩强,译.北京:中国人民大学出版社,2020:144.
③　尼基·厄舍.互动新闻:黑客、数据与代码[M].郭恩强,译.北京:中国人民大学出版社,2020:144.
④　尼基·厄舍.互动新闻:黑客、数据与代码[M].郭恩强,译.北京:中国人民大学出版社,2020:144.

拥有的技能大多是技术性的,也并不总是很了解新闻的立场是什么。为了理解同事想从合作项目中获得的新闻敏感性,他学着向记者那样去沟通,以编辑的视角思考项目,了解用交互形式传达新闻组件的方法,熟悉日常的新闻工作规则①。他还经常在网上寻找灵感,以便不断完善他的交互新闻产品。比如,他通常以浏览Visual.ly制图软件开始一天的工作,以求找到最合适的静态信息图形。这种从本行业和其他新闻机构寻找灵感的行为表明,那些服务于交互新闻的人会因一个共同的知识库(knowledge base)聚集在一起。而传统记者必须准备好乐于听从交互新闻记者的建议,以便了解如何更好地整合已有材料。半岛电视台英语频道的在线记者达尔·贾马尔(Dar Jamal)解释了他欣赏哈达德的原因:"(哈达德)对我很有帮助。我告诉他我需要一张突出的、显眼的地图,他就能提出一个大致的实现方法。哈达德是个优秀的人,作为记者,无论他给我什么……都是非常酷的。他会制作一个交互地图,而这个地图就是新闻。他确实为我们所做的事情增加了一个整体的新维度。"②记者巴斯马·阿塔斯(Basma Atassi)与哈达德合作生产过一个有关叙利亚动乱的时间线交互新闻产品。她表达出对哈达德所做贡献的认可:"我欣赏(哈达德)的原因是他能理解新闻……而且他了解新闻工作。"③来自传统记者的赞誉和信任有助于交互新闻记者融入其他部门的编辑工作流程。比如,哈达德和网络新闻团队一起参加例会,确认当天的优先事项,听取报道什么和如何报道的新闻选题指令,商讨交互新闻项目的最新方向。在厄舍旁听的一场网络新闻例会中,在线编辑威尔·索恩(Will Thorne)在讨论完如何分析希腊债务危机的困难之后,询问哈达德是否可以做一个解释希腊债务危机的交互新闻,来进一步讨论欧盟是否会与希腊达成借贷关系或提供有效财政援助④。

第三节　美国公共广播电台新闻应用程序

　　美国公共广播电台"新闻应用程序团队"的每日例会(scrum)是应用"敏捷"软件来开发管理技术的编辑会议。团队成员在会上讨论之前的工作做了什么,当天将要做什么,以及会有哪些障碍,符合软件开发中的"敏捷"开发、"冲刺"(sprints)(或用迭代的推力去完成项目)、回顾性会议(retrospective meetings)等流程⑤。项

① 尼基·厄舍.互动新闻:黑客、数据与代码[M].郭恩强,译.北京:中国人民大学出版社,2020:146.
② 尼基·厄舍.互动新闻:黑客、数据与代码[M].郭恩强,译.北京:中国人民大学出版社,2020:146-147.
③ 尼基·厄舍.互动新闻:黑客、数据与代码[M].郭恩强,译.北京:中国人民大学出版社,2020:147.
④ 尼基·厄舍.互动新闻:黑客、数据与代码[M].郭恩强,译.北京:中国人民大学出版社,2020:147.
⑤ 尼基·厄舍.互动新闻:黑客、数据与代码[M].郭恩强,译.北京:中国人民大学出版社,2020:149.

目完成和流动状态的这种植入性(built-in)促使团队成员关注每日进展、相互负责和保持进步感。不同部门团队会在项目状态(state-of-the-project)会议中一起讨论新闻更大方面问题的技术解决方案①。比如,新闻应用程序团队与调查报道团队合作开发一个关于《无障碍游乐场》的项目。它不是传统意义上的调查报道,而是一个(全国性的)有地图的可搜索数据库,旨在帮助人们找到附近符合《美国残疾人法案》(ADA)要求的、包容性更强的无障碍游乐场。这是一个典型的公共广播电台驱动(public-radio-inspired)项目,用来帮助人们熟悉自己所在街区。各团队在合作过程中借助自身优势为该项目做出应有的贡献。比如,调查报道团队设计新闻提要,新闻应用程序团队则思考 URL 问题——如何挑选名称并注册到美国公共广播电台;新闻应用程序团队从各地收集关于可使用的游乐场的数据,调查报道团队则考虑如何分类这些数据并从中筛选出他们和用户可能需要的数据②。新闻应用程序团队的负责人博耶在会上展示了其团队的工作,以便于调查报道团队了解项目的最新进展并适时做出自己的贡献。然后,这两个团队就项目的一些问题展开充分讨论。比如,针对博耶提出的完善游乐场类别指标(名字、地图、图片、特征描述、官方描述)的想法,一名从事调查报道的记者承诺找到每个游乐场的更多信息——地面坡道、秋千、便利性特征等。新闻应用程序团队对此回应,会尝试把这些信息转换为简略的表达(如使用可搜索的各种标识)③。博耶还提供给调查报道团队一份备忘录,内含已完成的任务、未完成的任务、遇到的问题、接下来的计划等内容的清单(见图 3-2)。

　　备忘录上的内容几乎都与传统新闻无关,没有涉及故事本身的讲述问题,而是聚焦在开发应用程序方面,比如,创建更好的导引系统,创建一个主页展示平台,解决数据输入等。可见,新闻应用程序团队更接近一个软件团队,他们视项目输出为一个运转的产品。为了维持产品的运转,他们还对数据进行收集、清洗和排序。博耶解释道:"我们的工作是在新闻编辑室进行协作并提升工作效率……或提出我们的鬼点子。"④此外,备忘录上的内容使用技术语言表达,这一方面导致了语义转换的困难,使调查报道团队难以理解;另一方面表明交互新闻记者确实为各种项目注入了特殊的技能和知识,强调了他们与传统记者的差异。比如,博耶在项目状态会议上用技术语言描述数据中的错误地址:"数据有时会给出错误的地址。经纬度可能是解决方案。但对于华盛顿地区的某条街而言,这可能是一个模糊的地址。我

① 尼基·厄舍.互动新闻:黑客、数据与代码[M].郭恩强,译.北京:中国人民大学出版社,2020:150.
② 尼基·厄舍.互动新闻:黑客、数据与代码[M].郭恩强,译.北京:中国人民大学出版社,2020:150.
③ 尼基·厄舍.互动新闻:黑客、数据与代码[M].郭恩强,译.北京:中国人民大学出版社,2020:150-151.
④ 尼基·厄舍.互动新闻:黑客、数据与代码[M].郭恩强,译.北京:中国人民大学出版社,2020:154.

#我们已经完成的工作：

重组搜索框。

修复搜索地图。

贴一个搜索大头针，突出结果。

提高搜索的准确性。

为桌面提供风格化的搜索结果页面，包括舍弃一些描述。

在桌面上移动地图更新搜索。

重新排列主页标题和栏目。

制作数据下载 UI（下载链接现在还未生效）。

对一些游乐场进行地理再编码。

在 iOS 和 Android 系统的本地应用程序中开启驱动方向。

修复位置编辑器。

重新安排添加游乐场的功能。

没有名字的游乐场现在可以出现了。

对添加/编辑的行为设计感谢信息。

对它进行命名。

#我们还没做的工作：

没有完成主页涂底——需要更多照片，可能需要去编辑副本。

提交照片的用户与我们的评论提供者仍然有分歧，这可能无法解决。没有完成桌面尺寸大小的样式化。

#问题：

需要解决我们如何把产品投放到各个站点，以及产品是否/如何在网站上被展示的问题。

#接下来要做的工作：

桌面样式。

站点投放。

内部用户体验测试。

主页复制。

挑选名字，得到一个自定义 URL。

图 3-2　新闻应用程序团队分发的备忘录

资料来源：尼基·厄舍.互动新闻：黑客、数据与代码[M].郭恩强，译.北京：中国人民大学出版社，2020：151-152.

们可以使用谷歌应用程序编程接口（Application Programming Interface，简称
API）提供的经纬度，但它会产生错误的地址，这样的地址会让你走错方向，所以我
们需要精确到街道的楼层。"鲍尔斯回应说："也许我们可以做反向经纬度。"博耶为
此向旁听会议的厄舍道歉说："对不起，我们正在谈论技术上的事情。"①新闻应用
程序团队成员斯泰尔斯负责收集数据。他通过电联全国各地的市政局、搜索网络、
与收集此类数据的积极分子合作，整理出一份初步数据。但数据仍被认为是此项
目的薄弱环节。博耶因此提出让用户编辑数据：提供游乐场名称、特征，甚至添加
新游乐场——部分原因是用户更加熟悉这些游乐场。博耶认为美国公共广播电台
的忠实用户可以提供高质量的内容以服务于公共利益②。

　　《游乐场》项目没有规定截止时间，调查报道团队与新闻应用团队因而有充足
的时间专注于此项目。他们讨论后对该项目的发布日期达成一致，对完成日期却
持有不同的看法。新闻应用程序团队认为，尽管此项目的数据尚不完整，其平台也
还有缺陷，但可以在它完成之前发布其测试版，而不是等到做出完美版本才发布。
正如博耶所说："我认为我们将不会在本周末（发布日期）之前准备好《游乐场》项
目。"③新闻应用团队会在发布交互产品的一周后召开迭代会议。此会议将围绕用
户设计问题、技术问题、编程重点、技术提升要点等方面，探讨过去一周的任务、未
来一周的目标，以及成功、抱怨和失败。不同于黑客记者的这种实验意愿，传统的
调查报道团队只有等故事编辑完成后才发布。他们表示："我们将设定截稿编辑时
间，（所有考虑的事项）都将回应脚本。两个故事已经写成。"④

第四节　《华尔街日报》

　　《华尔街日报》的新闻应用程序团队的主要工作是依靠代码进行数据的收集、
清洗和可视化，以便发现一些模式。这种数据可视化的方式对于找出故事有着极
其重要的作用。新闻应用程序团队的负责人基根指出，每个数据集会因数据大小
和规模的不同而不同，只有把这些数据可视化，才能得知它可否揭示故事⑤。这表
明数据分析始于实际发现而非一种假设，数据有时可能并没有模式。正如《华尔街
日报》的一位记者所言："我们寻找和发现数据中的模式，就像头版编辑为思考新闻

① 尼基·厄舍.互动新闻：黑客、数据与代码[M].郭恩强，译.北京：中国人民大学出版社，2020：152.
② 尼基·厄舍.互动新闻：黑客、数据与代码[M].郭恩强，译.北京：中国人民大学出版社，2020：153.
③ 尼基·厄舍.互动新闻：黑客、数据与代码[M].郭恩强，译.北京：中国人民大学出版社，2020：153.
④ 尼基·厄舍.互动新闻：黑客、数据与代码[M].郭恩强，译.北京：中国人民大学出版社，2020：153.
⑤ 尼基·厄舍.互动新闻：黑客、数据与代码[M].郭恩强，译.北京：中国人民大学出版社，2020：157.

报道可能思考的那样……通过数据集,我们能使一些东西可视化,并且可以挑选我们能尝试访问的数据……但是我们可能找不到故事。"①对于找出更大的故事(如果确实有的话),这种可视化的过程尤为重要。由于海量数据可能无法用容易的方法对其排序,创建可搜索数据库、清洗数据和可视化数据有助于发掘人们未知的故事或至少是不易被梳理出来的故事。在《华尔街日报》,数据可以来自传统记者的文本,也可以来自传统记者与新闻应用程序团队的协作,或者来自新闻应用程序团队自己寻找。因此,新闻应用程序团队有两种不同的编辑工作流程。

一种是新闻应用程序团队直接对接新闻编辑室的编辑工作流程,帮助其他记者同事找到传统故事的数据新闻点。这种合作无需固定工作方式或流程,双方的合作意愿才是关键。比如,新闻应用程序团队与 2 名传统的计算机辅助报道记者——汤姆·麦金蒂(Tom McGinty)和马克·梅尔蒙特(Mark Maremount)——共同开发一个名叫《喷气飞机追踪者》(Jet tracker)的项目。这个项目企图通过私人飞机的飞行记录来追踪企业的动向,进而弄清关于某次旅行的费用、揭示潜在的渎职行为、精确定位关键的贸易谈话或并购前的会议②。麦金蒂和梅尔蒙特花费四年时间才获得登记起飞和降落的私人飞机机尾编号数据,他们还需申请获取飞机所有者的名字。新闻应用程序团队不仅帮助他们整理和清洗数据,还为这个项目创建了一个交互地图,让数据变得可搜索和视觉化。用户通过这个地图可以精确定位公司动向并看到飞行模式。记者可以在这个地图上自己探究数据,以便获得大量新发现,持续为延伸故事带来灵感。

另一种是新闻应用程序团队独立地研发运作自己的交互产品。这些产品以具体编辑目标为导向,与新闻编辑室的日常需求无关,故不被纳入传统的新闻故事生产流程,不受日常新闻周期的约束,留给新闻应用程序团队充足的时间去挖掘长期的新闻故事数据。这突显出新闻应用程序团队的独立性以及他们为新闻产品所做的独特贡献。《手机账单计算器》便是新闻应用程序团队在手机上独立制作的一个交互新闻产品。它是一个价格方案计算器,能够提供基于个人利率方案生成有关生活成本的详细账目,用户可以用它处理一些数据或进行游戏③。这种消费者财经新闻远超传统新闻业的故事讲述模式,其本质是信息提供者,可以引发新闻与公共信息的更广泛讨论,其自身价值在没有故事相伴的情况下仍具有实用性和面向

① 尼基·厄舍.互动新闻:黑客、数据与代码[M].郭恩强,译.北京:中国人民大学出版社,2020:156.
② Wall Street Journal.Jet tracker database[EB/OL].(2011-06-16)[2023-10-27].http://online.wsj.com/news/articles/SB10001424052748704904604576336194411640185.
③ BOSTOCK M,CARTER S,TSE A.Is it better to rent or buy? [EB/OL].(2014-09-06)[2023-10-27].http://www.nytimes.com/interactive/2014/upshot/buy-rent-calculator.html.

公众的服务性。可见,新闻应用程序团队不单是一个等待协助其他部门的服务团队,他们还可以开辟传统新闻编辑室过去鲜少涉足的领域,至少在《华尔街日报》工作的交互新闻记者能够独立运营他们自己的成功项目。

第五节　《纽约时报》

《纽约时报》的交互新闻团队被纳入新闻编辑室的总体目标,他们与编辑工作流程的融合度远超许多其他的新闻编辑室。厄舍在田野调查中发现,在没有多少提示的情况下,《纽约时报》的交互新闻团队很快就能清晰地表达他们为这份报纸的产品做了哪些贡献①。正如该团队的程序员记者埃里克·布西(Eric Buth)所言:"我们可以快速(制作新产品),可以追求速度,也可以做小型的和长效的东西。"②交互新闻团队与新闻编辑室的国际版团队合作报道叙利亚危机的过程便体现了这种灵活性——不断演化的关系催生出快速周转的交互新闻产品。记者马克·拉瓦列(Mark Lavallee)解释道:"我们制作了一张有关奥巴马可能准备去的所有四个方向的地图——保证我们可以按期交付产品。"③皮尔霍夫指出随时准备满足报纸实际新闻需求的重要性:"因为某种原因,报纸只能创造'每日奇迹'。难以做长期的计划是客观规律。"④为了应对这一挑战,交互新闻团队建立起各种可以重新组合和更新的特定内部工具,以便在快速转换中完成新内容的调整。他们还构建出与《华尔街日报》相似的服务于新闻故事的计算器、数据库。相较于手工检测数据的方式,这些工具能更细致、更系统地搜索不同数据集之间的数据,以便快速找出更多延伸故事主题。比如,交互新闻团队成员蔡斯·戴维斯(Chase Davis)创建了一个便于政治记者搜索竞选财务数据的数据库,他还考虑把机器学习应用于政治事务的报道。

此外,交互新闻团队以多种方式参与到更长生产周期的项目中。方式之一便是与个别记者和编辑定期合作,报道更有深度的专题故事。该团队经常查看故事的草稿来确认是否值得制作相匹配的交互新闻,以起到完善和提高以文本为主的故事的作用。同时,与团队合作的记者和编辑会提出对这些交互新闻的要求。皮尔霍夫对此表示理解:"不可避免,如果我们成功地做了某事……有人就会要求也

---

① 尼基·厄舍.互动新闻:黑客、数据与代码[M].郭恩强,译.北京:中国人民大学出版社,2020:160.
② 尼基·厄舍.互动新闻:黑客、数据与代码[M].郭恩强,译.北京:中国人民大学出版社,2020:162.
③ 尼基·厄舍.互动新闻:黑客、数据与代码[M].郭恩强,译.北京:中国人民大学出版社,2020:162.
④ 尼基·厄舍.互动新闻:黑客、数据与代码[M].郭恩强,译.北京:中国人民大学出版社,2020:161.

要那样……这太难了,因为每个人都会说'我想要那样'。"①交互新闻团队在2013年已有约20人。即使在报纸的困难时期,皮尔霍夫也坚持添加程序员记者、数据记者等不同种类的成员,以增加交互新闻的深度。这证明交互新闻团队有实力报道重大突发新闻和需要解释的现象,以及它们对新闻编辑室总体目标的贡献能力,他们生产的交互新闻是日常新闻故事的重要组成部分。

除了为新闻编辑室的所有部门服务,交互新闻团队也与其他部门合作生产他们自己的复杂交互产品。这些产品的主题涵盖政治、文化、艺术、体育等领域,它们提供可玩的、可点击的和沉浸式的有趣体验,这些体验有时与后台的数据库结构无关。它们包括:来自时装周的交互幻灯片②,它邀请用户发送照片;投手马里亚诺·里维拉(Mariano River)如何支配击球手的3D效果展示③;根据人们家乡话水平准确判断他们家乡是哪的小测验④;以《雪崩》为代表的故事讲述类产品。其中,《雪崩》荣获了普利策奖,评委们盛赞它是"通过巧妙地整合多媒体元素而增值"⑤的产品。它开启了一种基于沉浸式体验的(experience-based)讲故事新方式:借助喀斯喀特山脉(Cascade Mountains)的一个3D旋转视图,用户可以自由点击和探索地图。当他们用鼠标滚动页面进行浏览时,视频会自动展现而且与音频相配,感觉就像玩一个视频游戏。这个数字化专题报道与《纽约时报》网站的其他部分完全分离,却给该网站带来了巨大的流量:访问量曾高达290万次,页面浏览量曾超过350万次。根据《纽约时报》当时的执行编辑吉尔·艾布拉姆森(Jill Abramson)的统计,这个报道在峰值时吸引了2.2万人同时在线,其中三分之一是以前从未访问过《纽约时报》网站的新用户⑥。这表明交互新闻对增强新闻网站的关联性有着重要的作用。尽管如此,新闻交互团队的独立项目的浏览量并不都很高。比如,一个关于美国橄榄球联盟战术手册的交互产品仅有几千的浏览量。皮尔霍夫对此解释说:"新闻需要告知所要达到的目标。你必须和新闻编辑室的意向

① 尼基·厄舍.互动新闻:黑客、数据与代码[M].郭恩强,译.北京:中国人民大学出版社,2020:163.
② New York Times.Street fashion:from the closet to the pavement[EB/OL].(2013-4-1)[2023-10-27]. http://www.nytimes.com/interactive/fashion/fashion-week-user-photos-interactive.html#index.
③ ROBERTS G,CARTER S,WARD J.In 3-D:how mariano rivera dominates hitters[EB/OL].(2013-04-13)[2023-10-27].http://www.nytimes.com/interactive/2012/04/13/sports/baseball/mariano-rivera-3d.html.
④ KATZ J.How y'all,youse and you guys talk[EB/OL].(2013-12-20)[2023-10-27].http://www.nytimes.com/interactive/2013/12/20/sunday-review/dialect-quiz-map.html.
⑤ HAUGHNEY C.Times Wins four pulitzers:brooklyn nonprofit is awarded a reporting prize[EB/OL].(2013-04-15)[2023-05-10].http://www.nytimes.com/2013/04/16/business/media/the-times-wins-four-pulitzer-prizes.html.
⑥ 尼基·厄舍.互动新闻:黑客、数据与代码[M].郭恩强,译.北京:中国人民大学出版社,2020:162.

保持一致。"①因此,他有意避免交互产品的独立制作,更强调与其他部门同事合作来扩大影响力。这也意味着无论交互产品质量好坏,即便它们是长期项目,也难以作为主要项目受到特别关注,而是只能作为新闻周期和故事的附属物被淹没在网络中。厄舍在《〈纽约时报〉是如何做新闻的》(*Making News at the New York Times*)一书中也提到了这个观点:"由于一天中有更多的新产品出现在主页和各部分网页上,交互产品会受到网站上越来越多内容的挤压,很容易被掩盖。一个花费三个月制作的交互产品可能只在主页上存在了几个小时。"②然而,在皮尔霍夫看来,这不是交互新闻特有的,而是在任何新闻故事上都可能发生的事情,这只是新闻周期的问题③。

第六节　《芝加哥论坛报》

《芝加哥论坛报》的"芝加哥新闻应用团队"是由一群深入新闻编辑室的技术专家组成的。他们中的一些人在为企业编码几年后获得了新闻学硕士学位,其他人则是从开放性政府社区(open government community)借调过来的。对他们来说,新闻工作是一种职业转变。他们在编辑部的大部分工作是为记者提供帮助,比如,挖掘数据、抓取网站数据、将 PDF 文件转换成电子表格,或者将非数据内容转化为可以分析的东西。他们在《芝加哥论坛报》的新闻编辑室建立了强大的个人关系和专业关系,当编辑室中的记者或编辑需要技术支持时,就会找该团队帮忙。团队成员表示,他们喜欢提供这些服务,因为他们能够提前了解新闻编辑室正在进行的工作,通过与记者面对面的交谈来找到值得做的工作④。其中的一些工作变成了一个新闻应用程序——一张地图、一张表格,或者有时是一个更大规模的网站。这有点像亏本出售的商品——确保该团队从一开始就能发现适合他们制作的潜在项目。应用程序开发的所有创意都来自记者和编辑,这种做法显然不同于其他经常自己产生创作想法的交互新闻团队。

芝加哥新闻应用团队应用了"敏捷"的软件开发流程。为了确保成员进度的同步性,该团队每天早上都要开一个 5 分钟左右的站立会议(stand up meeting)。他们还经常开展成对编程——两个开发人员在一个键盘上一起工作通常比分开工作

① 尼基·厄舍.互动新闻:黑客、数据与代码[M].郭恩强,译.北京:中国人民大学出版社,2020:162.
② 阿瑟.《纽约时报》是怎么做新闻[M].徐芳芳,译.上海:上海译文出版社,2019.
③ 尼基·厄舍.互动新闻:黑客、数据与代码[M].郭恩强,译.北京:中国人民大学出版社,2020:163.
④ BOYER B. How the news apps team at chicago tribune works[C]// GRAY J,CHAMBERS L,BOUNEGRU L.The data journalism handbook.Sebastopol:O'Reilly Media,2012:32-33.

更有效率。大多数项目的制作时间不会超过一周,但对于耗时较长的项目,该团队会进行为期一周的迭代,并每周向利益相关者(通常是记者和编辑)展示项目进展。"快速放弃"是该团队奉行的重要原则:如果做错了,就要尽快知道错误的原因。尤其是当项目面临截止的时候,快速迭代有一个巨大的好处:工具包得到不断更新。该团队每周大致会开发一、两个应用程序,然后暂时搁置它们。之后,他们在与记者的分享中学到新的东西,继续投入新项目开发①。

　　过去,芝加哥新闻应用团队将新闻文章链接到新闻应用程序,应用程序的访问量却没有因此增多。如今,在《芝加哥论坛报》网站顶部运行的应用程序可以链接到新闻,使这一情况得以改观。此外,该网站的一个板块专门介绍了芝加哥新闻应用团队的工作,访问量却不大,毕竟用户直接访问制作者的情况并不常见。芝加哥新闻应用团队负责人博耶表示,页面浏览量和同行的赞誉的确会让人大受鼓舞,但这些不是该团队的初衷。他们工作的动力是他们的新闻产品能对人们的生活、法律、政客的责任等造成影响,帮助受众找到属于他们自己的个性化故事②。因此,芝加哥新闻应用团队的终极目标是:①研究和报道故事;②在线解释故事;③为芝加哥人民构建经久不衰的网络资源③。

第七节　美联社

　　2012 年,交互技术编辑斯特雷领导的美联社纽约分社交互团队仅有包括数据记者、程序员记者、侧重于设计的记者等六人,加上分散在世界各地的美联社交互新闻工作者,共计约 30 人,却需要满足一个拥有超过 3 400 名员工的庞大组织每日对交互新闻的巨大需求。纽约分社交互团队的主要常规工作是为"当天的热门故事提供包括自然灾害地图、故事的时间线、竞选民意测验等在内的可点击的日常交互产品,并且他们要在早上对这些产品内容达成一致"④。这些产品既有面向公众的,也有为满足报纸和门户网站的内部需要而生产的。尽管该交互团队的确能够在一些产品中表达自己的观点和建议,但快速的运转周期和持续的截稿压力致使他们没有足够的时间去做真正有创意的长期项目,也难以追踪项目的最终结果,

① BOYER B. How the news apps team at chicago tribune works [C]//GRAY J, CHAMBERS L, BOUNEGRU L.The data journalism handbook.Sebastopol:O'Reilly Media,2012:32-33.
② BOYER B. How the news apps team at chicago tribune works [C]//GRAY J, CHAMBERS L, BOUNEGRU L.The data journalism handbook.Sebastopol:O'Reilly Media,2012:32-33.
③ BOYER B. How the news apps team at chicago tribune works [C]//GRAY J, CHAMBERS L, BOUNEGRU L.The data journalism handbook.Sebastopol:O'Reilly Media,2012:32-33.
④ 尼基・厄舍.互动新闻:黑客、数据与代码[M].郭恩强,译.北京:中国人民大学出版社,2020:169.

交互产品似乎只能服务于更广泛的编辑产品和成员新闻网站的点击策略，它们能否为新闻报道增加任何真正有价值的东西都令人起疑。这导致纽约分社交互团队根本无法融入更广泛的编辑沟通流程，美联社新闻编辑室对他们的实际支持也十分有限。厄舍甚至把该团队与美联社其他部门之间的交流视为一种无效的协作①。他们对自己制作的交互产品拥有较少的控制权，是美联社的成员机构决定了它们如何被使用。尽管如此，交互产品仍然被看成日常新闻输出的重要组成部分。

　　与纽约分社交互团队相比，华盛顿特区分社的交互团队侧重大型调查报道和长期项目的工作，摆脱了日常工作流程的挤压。由于华盛顿特区分社的新闻故事通常是数据驱动的，他们利用数据和代码制作的交互产品，成为讲述故事的一个重要手段。比如，交互团队成员马特·阿普佐（Matt Apuzzo）做了一个有关大学体育竞赛中使用类固醇的调查报道。他收集球员、教练、专家的采访内容以及类固醇销售的法庭记录，利用搜索播放器指南和媒体工具包收集运动员在整个大学球队期间的体重情况②，整理超过 6 万条关于运动员在过去 10 年的每年体重增长情况的记录。这些数据帮助交互团队得出调查结论：类固醇的使用是美国全国大学生体育协会（NCAA）面对的主要问题③。鉴于数据对报道的重要作用，阿普佐表示："只要有足够的编程（就可以了）这种想法是危险的。"④明科夫、杰克·吉勒姆（Jack Gillum）、凯文·维尼斯（Kevin Vineys）等交互团队的其他成员也一致认为他们自己首先是记者，然后才是程序员，他们很少用技术术语解释他们的工作⑤。他们生产的交互新闻产品对于公众的确是有意义的，但这些产品并非都是面向公众的，他们创建的选举地图、人口普查数据库等长期项目同样也可以作为面向内部的工具。当有突发新闻时，这些项目可以被使用、重组和更新，以应对截稿时间的压力。明科夫解释道："我们做了很多长线工作来支持突发新闻报道，但是突发新闻对我们所做的事情也是至关重要的。所以必须要有一个聪明的方法把日常的和长期的工作任务结合起来。"⑥厄舍在田野调查中发现，华盛顿特区分社的交互团

① 尼基·厄舍.互动新闻：黑客、数据与代码[M].郭恩强，译.北京：中国人民大学出版社，2020：169.
② ORESKES M.AP reporters find steroid crackdown ineffective[EB/OL].（2013-01-04）[2023-05-10]. http://www.ap.org/Content/Press-Release/2013/AP-reporters-use-data-bases-to-show-HGH-crackdowns-ineffective.
③ ORESKES M.AP reporters find steroid crackdown ineffective[EB/OL].（2013-01-04）[2023-05-10]. http://www.ap.org/Content/Press-Release/2013/AP-reporters-use-data-bases-to-show-HGH-crackdowns-ineffective.
④ 尼基·厄舍.互动新闻：黑客、数据与代码[M].郭恩强，译.北京：中国人民大学出版社，2020：170.
⑤ 尼基·厄舍.互动新闻：黑客、数据与代码[M].郭恩强，译.北京：中国人民大学出版社，2020：170.
⑥ 尼基·厄舍.互动新闻：黑客、数据与代码[M].郭恩强，译.北京：中国人民大学出版社，2020：171.

队与基于文本的记者有着密切的合作,他们比纽约分社的交互团队更好地融入了美联社的日常编辑工作流程。交互团队成员象征性地坐在政治新闻部门的中心位置,他们与政治新闻工作者至少在物理空间内是相邻的。团队成员明科夫告诉厄舍:"我们过去被安置在视频和多媒体团队旁边,习惯于附近有电视,但是……我们想要……在新闻编辑室里有座位,我现在就坐在政治编辑的对面。"①

第八节 《卫报》

《卫报》的数据新闻团队所承担的项目是数据密集型的。他们的目标是:清洗、排列和可视化数据以加强公众对新闻事件的理解,并尽可能快地将数据传输给更多的人。《卫报》的首席数据记者罗杰斯在2009年还创立了"数据博客"。他的数据新闻团队定期(不一定每天)更新该博客中的数据新闻,其中的大部分内容是交互性的。但他们始终关注数据,而不是需要编码技能的复杂交互产品。长期的沉浸式产品项目会交由《卫报》的一个独立的交互产品团队来完成。从这个角度看,编码知识对数据记者不是必需的,他们知道如何借助现成的工具来制作交互新闻产品。厄舍在田野调查中发现,《卫报》的数据新闻团队经常使用谷歌工具套件。在"数据博客"的"关于我们"(About)的板块说明中,对这些工具的使用甚至被纳入数据新闻团队的使命:"我们每天都与来自世界各地的数据集打交道。我们必须检查这些数据,并确保能从最可靠的来源得到最好的数据。我们现在使用的是谷歌文档(Google Docs),而不是将电子表格上传到我们的服务器。这意味着我们可以轻松快速地更新事实,确保用户获得最新的统计数据,就像我们得到这些数据一样迅速。"②由此可知,《卫报》数据新闻团队的工作是建立在数据新闻和计算机辅助报道的基础上。团队成员丽莎·埃文斯(Lisa Evans)因此把她的工作与计算机辅助报道区别开来:"我们只做描述性的数据统计,因为我们不是有数学学位的软件工程师。"③罗杰斯也表示:"我不是一个程序员,我过去是一个新闻编辑。"④

"数据博客"虽然是以独立单位运行的,但还是完全融入了《卫报》的日常在线新闻内容之中,因为长期项目的许多想法来自突发新闻事件。当数据新闻团队的记者配合《卫报》新闻编辑室的其他记者开展工作时,他们就嵌入了其他部门的日

---

① 尼基·厄舍.互动新闻:黑客、数据与代码[M].郭恩强,译.北京:中国人民大学出版社,2020:166.
② 尼基·厄舍.互动新闻:黑客、数据与代码[M].郭恩强,译.北京:中国人民大学出版社,2020:167.
③ 尼基·厄舍.互动新闻:黑客、数据与代码[M].郭恩强,译.北京:中国人民大学出版社,2020:167.
④ ROGERS S.Recycling rates in England:how does your town compare? [EB/OL].(2011-11-04)[2023-05-10].https://www.theguardian.com/news/datablog/2011/nov/04/recycling-rates-england-data.

常工作流程之中。比如,罗杰斯帮助一名基于文本的记者制作一个地图,用来展示政府发布的关于英格兰地区不同城市垃圾回收率的记录①。罗杰斯提供概览,而该记者"寻找一些亮点"。他在一个小时内两次找罗杰斯讨论这些数据——他发现什么以及罗杰斯又发掘出什么。这种直接、频繁的沟通表明数据记者融入了日常新闻周期。对于如何应对截稿时间的压力,罗杰斯认为:"快速有效的方法是迅速地进行数据分析……我们没有《纽约时报》的资源,但我们仍可以快速行动……这立竿见影。"②埃文斯也认为她的工作需要快速集中注意力③。比如,伦敦和英格兰的其他地区在2011年发生过骚乱,当时的公众迫切地想知道骚乱参与者是谁、骚乱发生在哪以及骚乱者居住的地方发生了什么。《卫报》从被捕人员的法院记录中得到1 300名骚乱参与者的姓名和住址,但数据量确实太庞大,而且这些数据都在PDF格式的文件中,很难存入容易使用的电子表格。所以埃文斯用谷歌融合表格整理和及时更新数据,再据此快速绘制地图并用谷歌融合测试,以确认贫穷是否是骚乱的一个起因,这极大地压缩了公布数据所需的时间④。

第九节　英国广播公司新闻实验室

英国广播公司(BBC)不仅是欧洲公共服务媒体(Public Service Media,简称PSM)组织的重要成员,也是推动技术创新的关键角色。正如1922年《皇家宪章》(Royal Charter)第65条所规定的,追求创新(pursuit of innovation)是BBC公共服务职能(public service function)的一部分,也是其研究和发展的目标之一。BBC需要"专注于技术创新,以支持英国的公共服务、非服务性活动和世界服务",通过与大学、企业和其他媒体机构合作,将获得的知识转移到更广泛的创意产业⑤。BBC的技术创新主要是由其研究和发展部门(Research and Development Department)负责的。该部门雇用了200多名来自不同专业领域的专业人员(如工程师、科学家、设计师和制片人等)。独立咨询公司DotEcon评估了BBC研发部门的项目在2007至2016年间的经济影响,发现每投资1英镑就能获得平均5~8英镑的净效益,一些项目甚至产生高达34英镑的净效益。BBC研发部最感兴趣

---

① ROGERS S.Recycling rates in England:how does your town compare? [EB/OL].(2011-11-04)[2023-05-10].https://www.theguardian.com/news/datablog/2011/nov/04/recycling-rates-england-data.

② 尼基·厄舍.互动新闻:黑客、数据与代码[M].郭恩强,译.北京:中国人民大学出版社,2020:165-166.

③ 尼基·厄舍.互动新闻:黑客、数据与代码[M].郭恩强,译.北京:中国人民大学出版社,2020:166.

④ 尼基·厄舍.互动新闻:黑客、数据与代码[M].郭恩强,译.北京:中国人民大学出版社,2020:166.

⑤ COLLINS R.The BBC and'public value'[J].Medien & Kommunikationswissenschaft,2007,55(2):164-184.

的领域之一是创造自动化工具。它与 BBC 新闻实验室在这方面展开合作,推动专门针对记者需求的技术创新①。BBC 新闻实验室是由阿德里安·伍拉德(Adrian Woolard)领导的研发部门与其未来体验技术处(Future Experience Technologies Section)于 2012 年 5 月合作建立的。该实验室位于伦敦 BBC 广播大楼中央实验室(Central Laboratory of Broadcasting House)。它致力于创新新闻服务,其基本功能是为网络新闻消费创造新颖有效的工具,增强公共服务的职权范围。正如伍拉德所言:"简化记者在不同媒体中的生产任务和设备,以改善其新闻的用户体验,并探索新闻、技术和数据的交叉点。"②连线工作室的负责人劳拉·哈里森(Laura Harrison)进一步解释说:"建立实验室是为了创建一个开放的社区、改变组织的工作方式和新闻的制作方式。它会把研发部门的成果传播到整个 BBC 新闻(BBC News)中,成为两个部门之间的纽带。它与 BBC 研发部门的创新专业人员以及负责新闻技术部分的 BBC 新闻产品和系统(BBC News Products and Systems)的技术人员密切合作。约一半的实验室资金来自 BBC 新闻,另一半资金来自 BBC 的设计与工程(Design & Engineering)。"③BBC 新闻实验室主任罗伯特·麦肯齐(Robert McKenzie)表示,BBC 新闻实验室的主要目标是"利用 BBC 的人才和创造力来推动创新,为以故事为基础的新闻业创造机会,支持创新向生产转移,提升与媒体合作的标准,增加 BBC 新闻的创新价值"。他还强调,BBC 已将这些优先事项战略性地纳入其公共服务,因为"BBC 承诺改进,预算却正在下降,我们需要增加受众"④。

该实验室拥有一支由 18 名专业人士组成的多学科团队。作为该团队的领导,麦肯齐和迈尔斯·伯尼(Miles Bernie)分别是记者和工程师,他们共同决策并审查所有项目。研发部门的负责人安迪·康罗伊(Andy Conroy)解释说,他们实施了一个麦肯齐和伯尼全权负责的"1+1"系统。伯尼向技术部门汇报,麦肯齐向出版

① RODRíGUEZ-CASTRO M,GONZáLEZ-TOSAT C.Journalism's cruise control:how can public service media outlets benefit from AI and automation? [C]//GARCíA-OROSA B,PéREZ-SEIJO S,VIZOSO Á.Emerging practices in the age of automated digital journalism:Models,Languages,and Storytelling. London:Routledge,2022:93-104.

② ZARAGOZA-FUSTER M T,GARCíA-AVILéS J A.The role of innovation labs in advancing the relevance of public service media:the cases of BBC news labs and RTVE lab[J].Communication and society,2020,33(1):45-61.

③ ZARAGOZA-FUSTER M T,GARCíA-AVILéS J A.The role of innovation labs in advancing the relevance of public service media:the cases of BBC news labs and RTVE lab[J].Communication and society,2020,33(1):45-61.

④ ZARAGOZA-FUSTER M T,GARCíA-AVILéS J A.The role of innovation labs in advancing the relevance of public service media:the cases of BBC news labs and RTVE lab[J].Communication and society,2020,33(1):45-61.

部门汇报。实验室的所有成员中,两名是记者,一名是社交媒体经理,其余都是软件工程师,他们同时也是项目经理、设计师和开发人员。根据麦肯齐的说法,实验室主要寻找"多任务专业人员——尽管尽量不对任何人进行分类",所以实验室的团队是"流团队(stream teams)或临时团队,它们不专注于某个领域,却知道实验室所掌握的所有工具"。"若想保持前沿,就必须拥有这样的团队,否则工程师和记者都只会按照自己的方式做一些非凡的事情。如果他们没有结合起来,他们所有的工作都将是徒劳的。"①

　　实验室还与研发部门一起开发"工作包"(work packs)形式的项目。研发部门含有 200 名工作人员,他们分布在伦敦的南方实验室(South Laboratory)和中央实验室(Central Laboratory)总部,以及索尔福德(Salford)的北方实验室(North Laboratory)。鉴于合作所涉人员如此庞杂,生产流程的协调就变得至关重要。实验室和研发部门共同发起这些项目,让管理者和员工都能够随时提出自己的想法并做出贡献。他们主要在创新软件和创建内容的项目里进行丰富内容、识别面部或语音、语言技术和重用不同格式的内容等活动。麦肯齐表示,实验室的工作流程是灵活和敏捷的,以便专业人员决定他们将要尝试的内容类型和格式,或者每个项目的最佳工具是什么。工作流程还要求定期召开会议来评估项目的状态。项目组每天举行一次非正式会议,每周举行一次正式会议,组织年度会议来评估项目的进展情况,以及与研发部门一起审查结果。项目开发所采用的标准是改善用户体验、产品质量和机构声誉。BBC 新闻实验室的专业人士认为,他们的工作受到经济、市场和技术等外部因素的制约。每个项目的结果会通过资格认证系统、测试和演示进行内部评估,其中的许多结果会通过 BBC "在线实验室"分发给观众进行测试和评估②。

　　2015 年,BBC 推出在线用户测试平台"在线实验室",让用户对研发过程中的内容创意、产品创意、技术和服务等进行"尝试、打分、分享",再根据用户的反馈来改进,从而提升 BBC 的创新能力和规避创新风险。具体的测评过程是:用户先收看或收听内容,再从 1 颗星到 5 颗星中选择评价,给出自己的整体满意度,前后共需要 7 个步骤来完成对某个项目的具体用户调查。以针对移动终端开发的图片合

① ZARAGOZA-FUSTER M T, GARCíA-AVILéS J A. The role of innovation labs in advancing the relevance of public service media:the cases of BBC news labs and RTVE lab[J].Communication and society,2020,33(1):45-61.
② ZARAGOZA-FUSTER M T, GARCíA-AVILéS J A. The role of innovation labs in advancing the relevance of public service media:the cases of BBC news labs and RTVE lab[J].Communication and society,2020,33(1):45-61.

成游戏类项目《吉姆的名人大杂烩》(*Jims Celeb Blender*)为例,7 个调查步骤依次为:①询问用户年龄;②询问性别;③提问"我们应该制作更多这样的内容吗?"④提问"它有趣、有娱乐性吗?"⑤提问"它适合在移动设备上收看或收听吗?"⑥提问"它使用起来便捷吗?"⑦请求用户分享或添加评论。在测试页面,有详细的项目介绍供用户了解,用户还可以发送邮件到 taster@bbc.co.uk 进行反馈①。截至 2017 年 10 月,BBC"在线实验室"已经对约 250 个项目进行了在线用户测试,例如:BBC1 台(Radio 1)的"R1OT"项目允许听众通过在线平台投票来决定广播中播放的内容,让听众感觉自己是电台的一部分②。欧洲广播联盟(European Broadcasting Union,简称欧广联或 EBU)媒体战略与发展部(Media Strategy & Development)主任马迪亚纳·阿瑟拉夫(Madiana Asseraf)评价 BBC 新闻实验室为国内外创新的先驱,因为"它有一种植根于组织内部的创新文化,并获得了受众的认可"③。

伍拉德认为,实验室应该增加增量创新(incremental innovation),即为了给现有产品添加新功能而持续进化。技术的不断发展迫使 BBC 保持持续创新的状态,持续创新则会引起提供给用户的产品及其自身生产过程标准、生产流程、知识等的深刻变化,然而,伍拉德指出:"创新可以迅速产生,但其应用通常是缓慢的。"④这是因为 BBC 需要确保这种变化不会受到受众类型的制约,并在过渡时期负责维持以前的质量,因此风险较大,也更耗时。为了加速创新的应用,BBC 新闻实验室与连线工作室合作创建了一个名为新闻实验室工具包(News Labs Toolkit)的内部网站,展示 BBC 工作人员正在使用的原型。实验室还与 50 多个外部学术或专业实体合作,以促进科技产业的国际化。

截至 2020 年,BBC 新闻实验室已开发出 54 个项目:27 个活跃、9 个不活跃、18 个关闭⑤。表 3-1 展示了 27 个活跃项目的具体类型:①8 个项目具有与技术和信息产业互动的机会;②12 个项目是开发帮助记者的工具;③10 个项目是提供讲故

① 张晓菲.英美广播实验室模式研究[R/OL].(2018-07-12)[2023-08-03].https://www.fx361.com/page/2018/0712/3816557.shtml.

② WILLIAMSON C.BBC launches BBC taster,radio 1 R1OT[R/OL].(2015-01-26)[2023-08-03].https://www.musicweek.com/news/read/BBC-launches-BBC-taster-radio-1-r1ot/060669.

③ ZARAGOZA-FUSTER M T,GARCíA-AVILéS J A.The role of innovation labs in advancing the relevance of public service media:the cases of BBC news labs and RTVE lab[J].Communication and society,2020,33(1):45-61.

④ ZARAGOZA-FUSTER M T,GARCíA-AVILéS J A.The role of innovation labs in advancing the relevance of public service media:the cases of BBC news labs and RTVE lab[J].Communication and society,2020,33(1):45-61.

⑤ ZARAGOZA-FUSTER M T,GARCíA-AVILéS J A.The role of innovation labs in advancing the relevance of public service media:the cases of BBC news labs and RTVE lab[J].Communication and society,2020,33(1):45-61.

事的新方法;④3 个项目是将内容翻译成外语;⑤6 个项目是自动生成元数据(metadata)和标签;⑥2 个项目是监测社交网络的多语种传播;⑦1 个项目是识别不同平台中的内容。上述项目及其类型如表 3-1 所示。

表 3-1 BBC 新闻实验室的活跃项目的名称和类型

项目类型 / 项目名称	新闻和技术	记者工具	叙事新方法	翻译成外语	元数据和标签的自动生成	多语种社交网络传播监测	不同平台的内容识别
NewsHacks	√	√					
360°video/VR			√				
ALTO				√			
Atomised News			√				
Audiogram Generator		√					
BBC for Voice User Interfaces			√				
BBC Rewind		√	√		√		
Bots			√				
Connected Studio-World Service	√		√			√	
External Links Manager					√		
Gifenator		√					
Data Journalism in India	√						
Language Technology	√	√		√			
News Switcher		√					
News in Space							√
OCTO					√		
Radio Reader		√					
SCRIPT				√			
SUMMA						√	

（续表）

项目类型　　项目名称	新闻和技术	记者工具	叙事新方法	翻译成外语	元数据和标签的自动生成	多语种社交网络传播监测	不同平台的内容识别
Sticht			√				
Structured Journalism	√	√	√				
Suggest	√	√	√				
Juicer	√	√			√		
News Slicer			√				
Trust Project Challenge	√						
Transcriptor		√				√	
Window on the Newsroom		√				√	

资料来源：Zaragoza-Fuster M T，García-Avilés J A.The role of innovation labs in advancing the relevance of public service media：the cases of BBC news labs and RTVE lab[J].Communication and society，2020，33(1)：45-61.

　　BBC 新闻实验室的主要任务之一是开发便于新闻工作的工具。例如，实验室探索如何在不同的智能扬声器（smart speakers）上收听 BBC 新闻，为用户在这些设备上访问 BBC 内容创建格式。实验室的项目"BBC for Voice User Interfaces"生成音频格式，以便用户从亚马逊（Amazon）Alexa 和谷歌 Home 等语音平台（voice platforms）获取新闻内容。另一项目"ALTO"虚拟画外音工具（virtual voice-over tool）通过把文本转换为语音，让视频内容转换为多种语言。"BBC Rewind Bots"项目使搜索 BBC 档案变得更加容易和快捷。"Gifenator"项目允许记者从 BBC 直播的任何事件中捕捉图像，并以 GIF 的形式在社交网络上发布。2016 年，实验室为 Meta(曾用名 Facebook)、Twitter 和 Telegram 创建了机器人。2017 年 3 月，实验室在会话界面（conversational interface）推出了一款聊天机器人（Chatbots）①。随着语音识别②的进步，它们经过编程可以对某些关键词做出不同的响应，或者使用机器学习技术，根据用户查询中包含的单词来调整响应③，从而增加了与用户的互动。还有一些项目促进了新闻创新方面的合作。例如，11 个有组织的"NewsHacks"活动推广了实验室支持下的最佳开发提案。新闻实验室和连线工作室一起组织活动，在其他国家推广 BBC 世界服务，并利用当地行业的人才设计联合项目。比如，"Data Journalism in India"项目帮助记者使用开放数据来讲述关于印度的故事。2014 年，实验室启动了几个关于语言技术的项目，以便用不同语言推广 BBC 新闻的内容。这些项目推出的一些工具为记者制作信息提供了便利，并允许用户以他们的母语接收新闻。例如，"News in Space"项目基于新闻的共同点，使用链接和标签将不同主题和格式的新闻联系起来。"Radio Reader"项目允许记者提取和发布电台广播的音频片段。"Scalable Understanding of Multilingual Media"（SUMMA）项目建立了一个多语种自动监测平台（multilingual automatic monitoring platform），通过语音识别、自动翻译和主题识别来追踪国际媒体上的多语种新闻④。实验室还推出了"Elastic News""Atomised News""Transcriptor"等一系列项目，帮助组织新闻中的信息，以便在任何设备上发布。"Juicer"项目开发了一个内容搜索引擎，通过应用程序界面、新闻聚合和内容提取来工作。这些工具简化了新闻从业者的工作，他们不再需要抄写而只要查看 BBC 每天广播的材料即可。实验室未来工作的重点是人工智能、语音技术和机器人的使用，以提高作品的质量和分发效率。

第十节　西班牙国家广播电视台实验室

西班牙国家广播电视台（RTVE）的实验室成立于 2011 年 6 月，是交互媒体战略和业务发展部门（Strategy and Business Development Department of Interactive Media）的一部分，它依赖于 RTVE 的内容部门（Content Division），并

---

①　ZARAGOZA-FUSTER M T, GARCíA-AVILéS J A. The role of innovation labs in advancing the relevance of public service media: the cases of BBC news labs and RTVE lab[J]. Communication and society, 2020, 33(1): 45-61.

②　DALE R. The Return of the chatbots[J]. Natural language engineering, 2016, 22: 811 - 817.

③　Shevat A. Designing bots: creating conversational experiences[M]. Sebastopol: O'Reilly Media Inc, 2017.

④　ZARAGOZA-FUSTER M T, GARCíA-AVILéS J A. The role of innovation labs in advancing the relevance of public service media: the cases of BBC news labs and RTVE lab[J]. Communication and society, 2020, 33(1): 45-61.

与 RTVE 的研究和发展部门（Research & Development department）长期合作①。RTVE 实验室被认为是西班牙新闻界最具创新性的举措之一。它的领导米里亚姆·埃尔南茨（Miriam Hernanz）声称，RTVE 实验室的目标是创新，而不是告知，并专注于沉浸式新闻②。实验室重视网络纪录片、新闻游戏、360°视频和 VR 等交互形式。它不仅致力于发布创新产品，还致力于创造工具，以便 RTVE 部门的编辑自主制作视听作品③。埃尔南茨意识到这是小规模的任务，所以实验室只能设法与一些部门合作，为欧洲歌唱大赛（Eurovision Song Contest）和西班牙电影戈雅奖（Goya Awards）的转播开发应用程序和产品，以及为"电视纪录片"（*Documentos TV*）等节目开发工具。尽管实验室并没有与 RTVE 的其他创新领域或技术部门（Technology Department）完全协调，但它积极实施网络创新，以响应 RTVE 的创新目标。它还专注于创立品牌和应用叙事，用技术丰富内容，为受众讲述有用的故事和提供新闻服务，并设计工具，使团队可以独立创新。埃尔南茨解释说，创新"不仅仅是发明，而是为了解决特定的问题而进行适应"。RTVE 实验室的记者埃丝特·加西亚（Esther García）则认为"创新始于一种想法——无论如何我们都必须与众不同。这是一种赋予和提升品牌本身价值的方法。"实验室的视觉编辑马克斯·马丁（Marcos Martín）也认同加西亚的看法："做别人不做的事情，或者以完全不同的方式做别人做的事情。"他还补充说："一家媒体公司如果将大部分资源用于实验、测试和讲述新故事，那就是创新。"④事实上，RTVE 实验室的经济资源比其他欧洲公共媒体的实验室少得多。这是因为其他实验室生产的可扩展产品可以重复使用，更有利可图，而且它们在每个产品上市前都应用了测试技术。根据埃尔南茨的说法，RTVE 实验室没有这些技术的预算，也没有能力进行受众研究。欧洲广播联盟的媒体战略与发展部主任马阿瑟拉夫表示，虽然 RTVE 实验室的资源比欧洲的其他实验室少，但它把用户置于活动的中心，因而有着巨大的影响力。"它知道如何倾听和理解观众的需求，知道如何提出创新的解决方案，知道如

① ARIAS F.RTVE y RTVE lab: incubadora de innovación[C]//SáDABA C, GARCíA-AVILéS J A, MARTíNEZ-COSTA,M P.Innovación y desarrollo de los cibermedios en españa.Pamplona:Eunsa, 2016:120-125.

② SÁDABA C, GARCÍA-AVILÉS J A, MARTÍNEZ-COSTA, M P. Innovación y desarrollo de los cibermedios en españa[M].Pamplona:Eunsa,2016.

③ ZARAGOZA-FUSTER M T, GARCíA-AVILéS J A.The role of innovation labs in advancing the relevance of public service media:the cases of BBC news labs and RTVE lab[J].Communication and society,2020,33(1):45-61.

④ ZARAGOZA-FUSTER M T, GARCíA-AVILéS J A.The role of innovation labs in advancing the relevance of public service media:the cases of BBC news labs and RTVE lab[J].Communication and society,2020,33(1):45-61.

何根据观众的反馈调整产品。"①

　　RTVE 实验室拥有一支八人组成的多学科团队:三名记者、一名电影制作人、三名开发人员和一名设计师。他们有着共同的目标:"将创造力应用于交互式视听内容的开发。"②关于选题的想法可以来自实验室成员、RTVE 的内容部门或RTVE 的任何工作者。就某些特定选题,他们有时会与新闻编辑室的专业人员进行合作。所有的想法都要经过评估。在选择内容的过程中,优先考虑公共服务的职能,以确保产品面向所有社会阶层和文化背景。实验室的成员一致认为,内容是作品制作的优先考虑因素。正如加西亚所言:"如果一个故事没有'实质'(substance),无论其形式多么创新,它都无法发展。"每一件作品都是独一无二的,有着自己的制作流程和条件。一旦敲定选题,他们就会讨论最适合该选题的表现形式,并听取开发者和设计者的技术意见,由此得出最适合的表现形式,并概述生产过程。马丁指出:"实验室专门研究新格式,因为它以不同的方式讲述故事。"③埃尔南茨将对内容和形式做出最终决定。之后,内容和设计这两方面的工作同时展开:①记者们专注于文档和内容开发;②设计师塑造模型、构思草图和拍摄照片。开发人员在生产后期才加入,他们根据这些内容和设计元素创建格式。这一部分工作完成后就是检验阶段。在此阶段,修改检测出的错误,提高导航性和用户体验。在正式发布前还要对产品进行测试,以便做出最后的修改。交互部门(Interactive Department)的负责人监督最终的测试。埃尔南茨补充道,RTVE 实验室的跨媒体项目会将内容扩展为多种形式,并引入用户参与。比如,涉及同一纪录片的电视节目和网络视频会一起计划开发,以便专业人员同时在这两个项目上工作④。

　　RTVE 实验室的生产过程具有 3 大特色:①共享物理空间,加强团队成员之间的直接联系;②自发举行会议,加强持续协作;③使用 Slack、Trello 等工具来共享

---

①　ZARAGOZA-FUSTER M T, GARCíA-AVILéS J A. The role of innovation labs in advancing the relevance of public service media:the cases of BBC news labs and RTVE lab[J]. Communication and society,2020,33(1):45-61.

②　ZARAGOZA-FUSTER M T, GARCíA-AVILéS J A. The role of innovation labs in advancing the relevance of public service media:the cases of BBC news labs and RTVE lab[J]. Communication and society,2020,33(1):45-61.

③　ZARAGOZA-FUSTER M T, GARCíA-AVILéS J A. The role of innovation labs in advancing the relevance of public service media:the cases of BBC news labs and RTVE lab[J]. Communication and society,2020,33(1):45-61.

④　ZARAGOZA-FUSTER M T, GARCíA-AVILéS J A. The role of innovation labs in advancing the relevance of public service media:the cases of BBC news labs and RTVE lab[J]. Communication and society,2020,33(1):45-61.

不同项目的大纲,使用 Scrum 系统来监督完成每个阶段的目标。RTVE 实验室的开发者和设计者一致认为,他们有足够的设计开发的自由。从这个意义上讲,创新水平取决于专业人员的个人能力。他们的第一批产品是视频和信息图表。直到2012 年启用外包的专业开发人员,实验室才开始使用交互式形式。设计者们必须熟悉项目概况,因为他们负责管理技术代码,发展用户体验和组织内容来确保产品是可访问的。根据埃尔南茨的观察,积极主动的态度比专业经验更重要。加西亚补充了一些其他特质,比如多才多艺、不断学习创新①。

实验室团队支持 RTVE 的不同部门之间的互动和灵活的工作流程,以促进传播创新文化。然而,新闻编辑室的工作人员通常对合作不太感兴趣。一个合作的例子是实验室与视听部门(audiovisual sector)联合制作网络纪录片和聘用专门从事 VR 和 360°视频的外部公司。2016 年 12 月,RTVE 实验室推出了"网络纪录片工厂",与向它提出项目的制片人共同制作网络纪录片。实验室提供给每个项目预算,并承诺执行生产,不断给出技术和叙事方面的建议。这一战略不仅增加了制片人获利的机会,还激励了西班牙交互式纪录片的制作②。

截至 2017 年,RTVE 实验室(参与)制作了共约 53 个产品。其中有 20 个不同主题的网络纪录片。在这些纪录片中,16 个是基于西班牙电视台播放的纪录片。《染色体 5》(*Cromosoma 5*)、《热气体》(*La fiebre del gas*)、《破碎》(*Fraking*)等网络纪录片因科学传播脱颖而出。含游戏化策略的网络纪录片《路上的颤抖》(*Que tiemble el camino*)允许用户将自己置于帕金森病患者的位置,通过交互游戏,在西班牙北部的一条朝圣之路——The Way of St. James(Camino de Santiago)——上旅行。《蒙特拉布》(*Montelab*)是一个解决房地产危机的新闻游戏,在这个游戏中,用户购买房屋并决定如何管理他们的预算。《阴影线》(*La línea de sombra*)、《铅的王国》(*En el reino del plomo*)等其他网络纪录片都是从西班牙电视台的报道发展而来的。网络纪录片有时有助于用户去体验令人震惊的现实。例如:①《谎言之战》(*Guerra a la mentira*)让用户发现和调查国际冲突中的几起暴行;②《难民在西班牙》(*Refugiados en España*)、《庇护边缘》(*En el limbo del asilo*)讲述了

---

① ZARAGOZA-FUSTER M T, GARCíA-AVILéS J A. The role of innovation labs in advancing the relevance of public service media: the cases of BBC news labs and RTVE lab[J]. Communication and society, 2020, 33(1): 45-61.

② ZARAGOZA-FUSTER M T, GARCíA-AVILéS J A. The role of innovation labs in advancing the relevance of public service media: the cases of BBC news labs and RTVE lab[J]. Communication and society, 2020, 33(1): 45-61.

逃离叙利亚冲突的难民抵达西班牙后的生活,让用户假设自己置于他们的境地①。

第十一节　澳大利亚广播公司

澳大利亚广播公司(ABC)是澳大利亚的国家公共广播电视公司。截至 2012 年,它已拥有 7 个广播网络、60 个地方广播电台、3 个数字电视服务、1 个新的国际电视服务和 1 个在线平台,提供数字化和用户生成的内容。据不完全统计,全职员工超过 4500 人,其中近 70%的人从事内容制作。机构鼓励员工竞相争取资金,开发多平台项目。2010 年初,员工提出学习《卫报》的"数据博客",建立数据新闻项目,确定新的技能组合,用新的工具培训记者,这一构想得到了机构的资助②。2011 年 11 月 24 日,ABC 的多平台项目(multi-platform project)和在线新闻(News Online)推出首个数据新闻《煤层气的数据》(*Coal seam gas by the numbers*)。此作品的叙事形式包括文本、交互地图和数据可视化。其中的交互地图描绘出澳大利亚煤层气气井分布和租赁情况,它涉及气井的整体分布、周围情况、当下状态、深度、开发商名称和钻井日期等,用户可以按地理位置搜索查看,或者在租赁情况和气井分布这两种模式之间自由切换。此外,该作品采用数据可视化的方式来分析煤层气开发所带来的废盐、废水等问题。在叙事策略上,它通过联想、比喻、对比等可视化的具体手段,让抽象晦涩的现象统计变得简洁易懂,例如,用"水滴"图形标识澳大利亚人的用水指标,用地图对空间进行可视化等。③ 交互式地图的数据是从政府网站下载的 shapefiles④ 中收集的;关于盐和水的数据来自各种报告;化学物质释放的数据来自政府颁发的环境许可证。

ABC 为这个数据新闻项目专门组建了 1 支团队,吸引了一群通常不会在 ABC 聚会的人——黑客。该团队成员主要包括:①1 名网页开发人员(web developer);②1 名设计师;③1 名兼职初级记者;④1 名首席记者(lead journalist);⑤1 名擅长数据提取、excel 电子表格处理和数据清理的兼职研究员;⑥1 名擅长数据挖掘、信

① ZARAGOZA-FUSTER M T, GARCíA-AVILéS J A. The role of innovation labs in advancing the relevance of public service media:the cases of BBC news labs and RTVE lab[J].Communication and society,2020,33(1):45-61.

② GRAY J, BOUNEGRU L, CHAMBERS L. The ABC's data journalism play [C]//GRAY J, BOUNEGRU L,CHAMBERS L.The data journalism handbook.Sebastopol:O'Reilly Media,2012:24-27.

③ 李岩,李赛可.数据新闻:"讲一个好故事"? ——数据新闻对传统新闻的继承与变革[J].浙江大学学报(人文社会科学版),2015,45(6):106-128.

④ Shapefiles 文件是 ArcGIS 内部使用的一种空间数据格式,采用非拓扑结构的数据格式存贮地理几何位置和属性数据的空间数据文件。

息可视化和高级检索的学术顾问;⑦1名执行制作顾问(consultant executive producer);⑧1名项目经理;⑨1名专注于跨平台事务的行政助理。① 他们说着不同的语言,有时甚至不能理解对方的所作所为,这可能导致媒体技术部门的许多极客和黑客急于脱身。因此,像ABC这样的大型媒体机构决定通过同地办公来加强能力建设。例如,让记者、神秘的极客、网页开发人员和设计师在"黑客与黑客见面"(hack and hacker meets)的研讨会上分享技能,或者让他们在同一个房间里办公,一个数据驱动的故事很可能在随机的讨论中被发掘。事实上,ABC的数据新闻项目的开发人员与设计者并不在现场,他们只能远程参加会议,执行制作顾问也在ABC大楼的另一层。② 团队成员理应(至少在物理位置上)更加接近彼此。

---

① GRAY J, BOUNEGRU L, CHAMBERS L. The ABC's data journalism play[C]//GRAY J, BOUNEGRU L,CHAMBERS L.The data journalism handbook.Sebastopol:O'Reilly Media,2012:24-27.

② GRAY J, BOUNEGRU L, CHAMBERS L. The ABC's data journalism play[C]//GRAY J, BOUNEGRU L,CHAMBERS L.The data journalism handbook.Sebastopol:O'Reilly Media,2012:24-27.

第四章　设计交互新闻的知识

第一节　引　子

　　知识是一种影响最终流程和工作产品的思考（以及最终做事的）方式。阿伯特认为，获得专业知识是使一个职业（occupation）变成一个专业（profession）的其中一个步骤。"专业知识能够为一个专业的管辖权提供一种防卫。"①威尔逊·劳里（Wilson Lowery）也指出："子群体控制了一个工作领域的知识库，以获得合法性和对工作的控制，帮助子群体培育凝聚力。"②因此，"专业化的核心任务之一是以职业为基础的一种知识的建构。"③阿伯特把专业知识划分成两类：实践知识、抽象知识。实践知识是直接服务于客户的，它是解决问题的特定技能，能够提供特定类型的产品。而抽象知识帮助"提炼"一个专业的"问题和任务"。它与专业系统密切相关，对如何理解工作和最终如何生产产品有着独特的贡献。它还源自一种历史和社会的语境，并被应用于特定的情况，而非一种"关涉某些所谓的绝对标准的抽象"④。所以没有抽象知识的子群体无法在概念上重新定义和定位这个专业。

　　知识对设计研究也发挥着同样重要的作用。产品和专业实践的方法都是以实践为主导（如设计）的研究的重要探究形式，但这并不意味着所有的实践都是研究。研究设计和新闻实践的学者一致认为，实践成为研究的前提是：实践必须有助于知识，并与相关理论相联系。关于交互设计和人机交互的文献提出了一些研究框架，例如，通过设计进行研究、交互设计研究三角、概念驱动的交互设计⑤、建构性设计

①　ANDREW A.The order of professionalization：an empirical analysis[J].Work and occupations，1991，18（4）：355.

②　LOWERY W.Word people vs. picture people：normative differences and strategies for control over work among newsroom subgroups[J].Mass communication and society，2002，5（4）：413.

③　ANDREW A.The order of professionalization：an empirical analysis[J].Work and occupations，1991，18（4）：355.

④　ANDREW A. The system of professions：an essay on the division of expert labor[M].Chicago：University of Chicago Press，1988.

⑤　STOLTERMAN E，WIBERG M.Concept-driven interaction design research[J].Human-computer interaction，2010，25（2）：95-118.

研究①,以求实践得出的产物对知识有所贡献,即生产出的产品体现了所进行的研究和作为结果所获得的新的理解。还有一种观点认为,产品体现的是理论和实践之间的中介——知识;并提出知识的多种表现形式,比如,强概念②、作品集的注释、桥接概念③。其中,强概念是设计元素,作品集的注释是对已投产的设计示例的注释,桥接概念是有理论依据的设计表述和例子。奈杰尔·克罗斯(Nigel Cross)认为,产品虽含有设计知识,但想要知识变成研究,还必须包含"从业者对工作的反思,以及从反思中传播一些可反复应用的结果"④。这符合以设计为导向的研究(Research through Design,简称 RtD)。这种以设计为导向的研究模式起源于"通过艺术和设计进行研究",包括材料研究、开发工作或行动研究等工作。它将设计实践的方法作为一种探究形式,经过设计的过程,创造出用于展示理想或"为设计打开新空间"的产品,结果和(或)过程分别与产品进行交流⑤。它还致力于解决现实世界中的问题,并借鉴了一种与科学思维不同的、有利于解决棘手问题的设计师式思维和行为方式——反思实践。这种类型的实践表明,设计活动能够促进知识的转移,生产含有普遍知识的产品是一种手段而非目的,研究过程产生的知识才是主要贡献。这借鉴了纳尔逊和斯托尔特曼的观点,即设计是不同于科学和艺术的第 3 种研究文化,它产生的智慧是"理性与观察、反思、想象、行动和生产或制造的集成"。他们还将研究成果(research artefacts)与设计成果(design artefacts,本书简称之为"产品")区分开来:研究成果应该弱化商业含义,以生产知识或者证明一项重大发现为目标⑥。在以设计为导向的研究评论中,有一种观点认为,缺乏文献会限制实践研究贡献的价值,并建议对这类研究进行更严格的文档记录,以促

---

① KOSKINEN I, ZIMMERMAN J, BINDER T, et al. Design research through practice: from the lab, field and showroom[M]. San Francisco: Morgan Kaufmann, 2012.

② HÖÖK K, LÖWGREN J. Strong concepts: intermediate-level knowledge in interaction design research [J]. ACM transactions on computer-human interaction, 2012, 19(3): 1-18.

③ DALSGAARD P, DINDLER C. Between theory and practice: bridging concepts in HCI research[C]// Proceedings of SIGCHI Conference on Human Factors in Computing Systems. New York: ACM Press, 2014: 1635-1644.

④ CROSS N. Design research: a disciplined conversation[J]. Design issues, 1999, 15(2): 9.

⑤ ZIMMERMAN J, FORLIZZI J, EVENSON S. Research through design as a method for interaction design research in HCI[C]//Proceedings of SIGCHI Conference on Human Factors in Computing Systems. New York: ACM Press, 2007: 493-502.

⑥ NELSON H G, STOLTERMAN E. The design way: intentional change in an unpredictable world[M]. 5th ed. Cambridge, MA: MIT Press, 2012.

进理论和方法的发展①。彼特·达尔斯高（Peter Dalsgaard）和金姆·哈斯科维奇（Kim Halskov）也提倡严格的文档记录，他们认为记录设计研究有助于反思和为研究过程中获得的见解提供依据。他们因此提出了一个用于捕捉设计过程中的"事件"和思考的系统。值得注意的是，过程和反思的结合很重要，因为作为一种创造性的实践，设计师们本身在产品的创造和产生的知识中都起着不可忽视的作用②。虽然以设计为导向的研究并不是一种专门应用于新闻设计的方法，但新闻业面临的复杂和系统性问题③，加上改革实践和开发新实践的需要④，使它适用于新闻业等正在努力应对技术冲击的学科。

在新闻研究中，知识生产和理论发展的问题一直存在争议。温迪·贝肯（Wendy Bacon）指出，调查性和深度新闻报道符合"创造性和原创性调查"的标准，"作为学术研究的新闻，问题不在于它是否是研究，而在于如何将其研究的本质和实践理论化。"⑤在新闻的语境中，实践知识服务于新闻消费者，抽象知识是帮助理解新闻生产工作的新闻规范，也就是西尔维奥·韦斯博德（Silvio Waisbord）所说的在大千世界中发现新闻的特殊能力，这体现出一个基本的"新闻观念"（news think）——"将海量的信息提炼成新闻是一种理解世界的方式"⑥。由此可知，"新闻是一种知识类型。"技术理论家布威廉·莱恩·亚瑟（William Brian Arthur）用"深度技术"（deep craft）这一术语来描述驱动创新的专业知识。他认为，先进的、创新的技术源于"已知的背景"，这种背景有助于了解"如何处理新发现或理解不足的现象"⑦。记者本身有着深刻技术，他们的实践以规范价值和核心原则为基础，这些价值和原则赋予他们所做的工作目的和意义。目前的挑战是将这些实践转化为新的形式、过程和体验，它们可能完全不同于传统的新闻模式。这些新想法不一定会创造经济利润，但随着与不平等、气候变化、极端主义等社会现实问题的斗争

① ZIMMERMAN J,STOLTERMAN E,FORLIZZI J.An analysis and critique of research through design：towards a formalization of a research approach[C]//Proceedings of 8th ACM Conference on Designing Interactive Systems.New York：ACM Press,2010：310-319.

② DALSGAARD P, HALSKOV K. Reflective design documentation［C］//The Designing Interactive Systems Conference.New York：ACM Press,2012：428-437.

③ PICARD R G.Twilight or new dawn of journalism？ evidence from the changing news ecosystem[J]. Journalism studies,2014,2(3)：273-283.

④ CHRISTENSEN C M, SKOK D, ALLWORTH J. Breaking news：mastering the art of disruptive innovation in journalism[J].Nieman reports,2012,66(3)：6-20.

⑤ BACON W.Journalism as research[J].Australian journalism review,2016,28(2)：151.

⑥ WAISBORD S.Reinventing professionalism：journalism and news in global perspective[M].Malden, Mass：Polity,2013.

⑦ ARTHUR W B.The structure of invention[J].Research policy,2007,36(2)：285.

越发激烈,以及我们现有的体系似乎无法解决许多其他问题,停滞不前不再是未来新闻业的一个选项。

交互新闻工作者继而达成了两类对知识的特殊声张:①特殊技能;②关于新闻工作的更抽象的知识。它们各自呼应了新闻的两类专业知识,还体现出在不同领域或行业之间转换想法的过程,亚瑟称这个过程为"重新划分领域"。通过对背景和实践的深刻理解,行业不仅有可能采用新的想法,而且有可能从中吸取教训,将一些新想法与现有部分结合起来,创造出新的东西。深度技术提供了如何做到这一点的洞察力,使现有领域能够尽快适应这种情况①。在特殊技能层面,交互记者从编程领域引入了关于代码的特定知识,它是用来创建和改善交互新闻的一项基础技能。值得注意的是,代码知识不是决定性的,交互记者也并非全都拥有相同的特殊技能。比如,有些设计师和数据记者可能不擅长编程。但前者能为新闻应用程序的界面设计贡献新见解;后者则延续了计算机辅助报道的传统,倾向于找寻数值数据或分类数据,而不是定性证据,用计算工作处理整体性数据,让数据为新闻服务。交互记者虽各有所长,但都强调作为软件的产品。除了拥有编程等特殊技能,交互记者还受到了太多技术文化的影响。他们将自己对新闻的认知与这些技能相融合,为传统新闻业带来了新类型的抽象知识(可能不全是新的规范),用新类型的思维方式去完善新闻专业的工作。他们虽然接受了新闻编辑室关于如何做新闻的主导性规范(否则交互记者与传统记者之间会有更多的竞争),例如拥有叙事内核,但仍勇于挑战和超越关于如何制作新闻的既存观念(如客观性、即时性等),新旧思维方式的结合最终能凝结出一个一致的新闻产品,如新闻调查网站 ProPublica 推出的《给医生的钱》(*Dollars for docs*: *how industry dollars reach your doctor*)(见图 4 - 1)。

《给医生的钱》整合了报道交互新闻的 5 种方法,提供给新闻业新的抽象知识类型:①为价值而设计;②建造式新闻;③近/远视角的新闻;④开放性;⑤自己了解式新闻(see-it-for-yourself journalism)②。"建造式新闻"是指为新闻构建工具和应用程序之类的交互产品。《给医生的钱》可以被认为是"建造式新闻",因为它是一个在既有网络架构分层之上的软件应用程序,以便于用户查找市值超过 40 亿美元的大型制药公司所公开的信息,这些信息包括了公司向哪些医生支付了会谈、研究和咨询等费用。近/远式思考新闻的方法是指把个人——用户真实具体的个人

① ARTHUR W B.The nature of technology: what it is and how it evolves[M].New York: Free Press, 2011: 155.
② 尼基·厄舍.互动新闻:黑客、数据与代码[M].郭恩强,译.北京:中国人民大学出版社,2020:190.

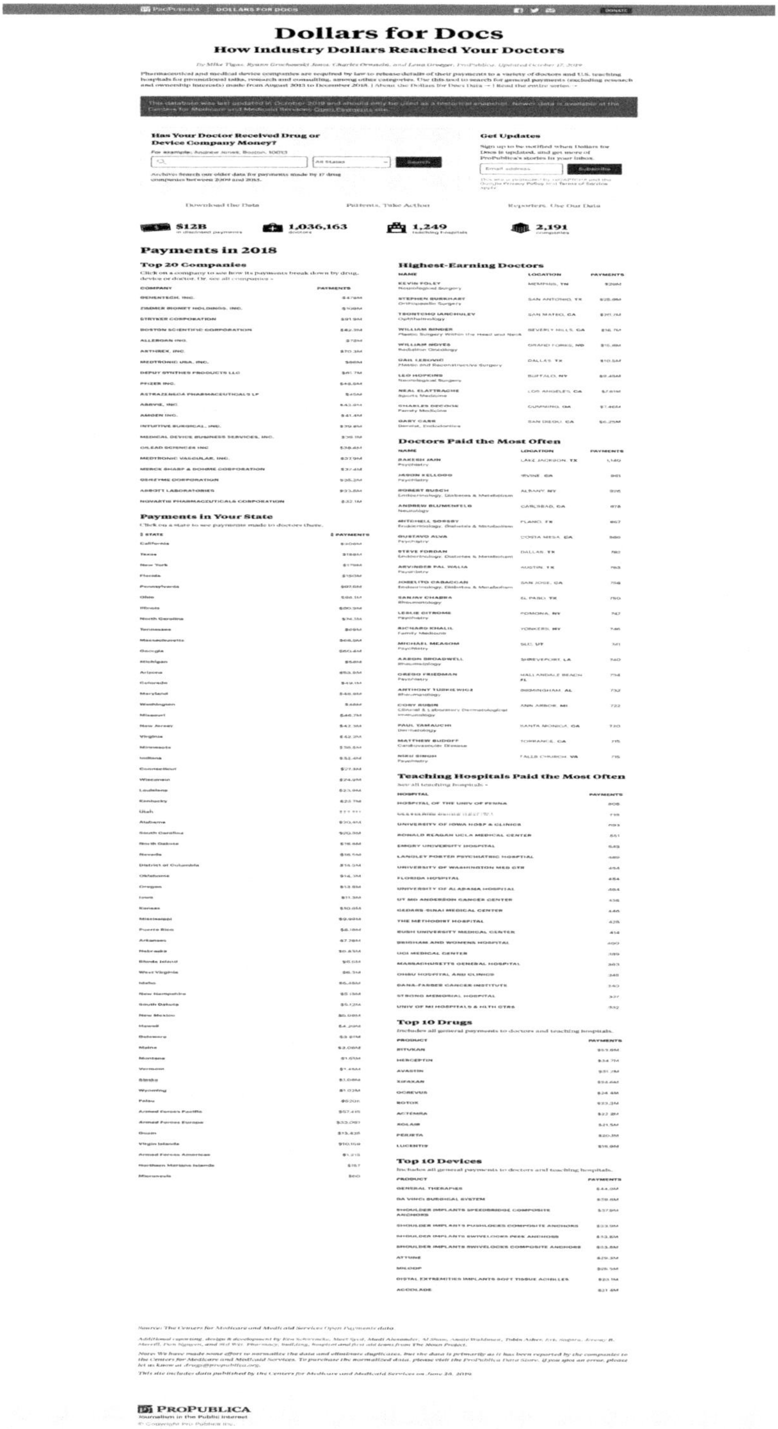
Dollars for Docs
How Industry Dollars Reached Your Doctors
$12B
1,036,163
1,249
2,191
Payments in 2018
Top 20 Companies
Highest-Earning Doctors
Doctors Paid the Most Often
Payments in Your State
Teaching Hospitals Paid the Most Often
Top 10 Drugs
Top 10 Devices
PROPUBLICA

图 4－1 《给医生的钱》

细节——和公众整合在一个体验中。《给医生的钱》应用了这种方法:其用户既可以在提示("你的专业保健医生收了药品公司的钱吗?")的引导下查询有关个人的保健医生的收费情况,还可以从中了解全国的情况。克里斯·安德森(Christopher W. Anderson)、克莱·舍基(Clay Shirky)等人也注意到近/远式方法在《给医生的钱》中的应用,他们解释说:"《给医生的钱》不仅仅是一种新的报告,也是一种新类型的报道,虽然使用的大部分数据是可以公开获得的,但这些数据并没有以一种可使用的形式加以集中化或标准化⋯⋯此外,这个数据库提供任何本地的新闻报道都能获得的数据:个人用户可以将他们医生的名字输入数据库,并得到一个定制的报告。数据库对公开可获得的数据进行收集和组织,因此成为一个全国的、地方的以及个人的报道平台。"[1]"开放性"是指将工作处理成对公众可见的过程[2]。《给医生的钱》的生产者在博客中公布了制作这个产品的过程,这使得"数据记者和新闻编辑室开发人员的秘密"[3]不再是秘密。"自己了解式新闻"是指向公众提供的一种"自己了解"新闻的叙事承诺(a commitment to narrative)[4]。不同于传统新闻所倡导的特定的、有序的、有时间限制的日常文本叙事建构(everyday constructions of textual narratives),它允许用户按个人意愿在对话、操控、探索等多层领域(multilayered)展开没有预先确定路径的自我引导(self-directed)式探索。用户通过控制内容的选择和呈现改变故事的外观,进而改变故事的结构,实现一种双向交流。这种关于内容的体验虽已深植入网络的体验中,但它还未成为传统记者思考新闻生产的一种方式。交互新闻最终还是接受了思考新闻的主导性方式:生成一种连贯的叙事,这有利于交互新闻与更大新闻项目的叙事故事相关联。《给医生的钱》的叙事虽是自己了解式的,却也十分清晰:一些医生可能正从药品公司那里领取数额巨大的金钱。因此,本章的目标是:通过分析交互记者所需的不同类型的特殊技能,以及他们带给传统新闻业的抽象知识的新类型,思考交互新闻是如何从内部影响了传统新闻的,以及交互新闻之后开展工作的方式方面。这从理论概念层面上解决了新闻工作者如何处理这种工作类型的伦理、认

① ANDERSON C W,BELL E,SHIRKY C.Post-industrial journalism:adapting to the present[EB/OL]. (2014-12-03)[2023-10-29].http://towcenter.org/research/post-industrial-journalism-adapting-to-the-present-2/.
② 尼基·厄舍.互动新闻:黑客、数据与代码[M].郭恩强,译.北京:中国人民大学出版社,2020:191.
③ MERRILL J B.Heart of nerd darkness:why updating dollars for docs was so difficult[EB/OL].(2013-03-25)[2023-10-29].http://www.propublica.org/nerds/item/heart-of-nerd-darkness-why-dollars-for-docs-was-so-difficult.
④ 尼基·厄舍.互动新闻:黑客、数据与代码[M].郭恩强,译.北京:中国人民大学出版社,2020:191.

识和规范性的问题①,从而确立了交互新闻作为新闻子专业的独特性。这些新的思考模式还可以与更传统的新闻业相融合,从整体上进一步拓展新闻专业。

第二节　特殊技能

先看一则来自《华尔街日报》的招聘启事(见图 4-2)。

> **记者—纽约**
>
> 职位要求:
>
> 　　《华尔街日报》的法律部正在寻求一名积极而独立的记者,来报道美国各地的法律问题。期望此人能胜任突发新闻以及重要案例,特别是那些发生在纽约地区并在全国其他司法辖区引起关注的案件的前导性报道。此人还需要在诸如恐怖主义、网络犯罪,以及全国范围的法律实施趋势等重大议题上提出有想法的工作计划。
>
> 　　从起诉……Anonymous这样的黑客组织,到调查比特币这类虚拟货币……,这类重磅报道已经成为《华尔街日报》所有报道的中心,是头版和其他栏目封面的常规新闻来源。理想的职位候选人需要拥有开发深层次消息源、快速掌握一组主题的多方面意涵,以及与机构中其他记者和部门密切合作等可靠能力。他将是一个有着好奇心和质疑精神的积极主动的人,并且至少有三年的日常新闻报道的经验。

图 4-2　《华尔街日报》的招聘启事

资料来源:尼基·厄舍.互动新闻:黑客、数据与代码[M].郭恩强,译.北京:中国人民大学出版社,2020:193.

以上招聘广告描述了传统记者所需的新闻技能,比如:"理想的职位候选人需要拥有开发深层次消息源的可靠能力""提出有想法的工作计划""胜任突发新闻报道",却只字未提网络方面的技能要求。即便是那些要求数字排版的新闻编辑室,它们也对传统新闻技能有所要求。摄影记者和摄像记者的招聘广告通常还会提出除报道和编辑证书以外的技能要求。不同于包括摄影和摄像记者在内的传统新闻职位的招聘要求,程序员记者和数据记者的招聘启事经常会列举与编程相关的技能以及处理新闻工作的其他方法。对于他们来说,在某些情况下,先前的新闻工作经验并不是必要的,有编码的经验才是最重要的。正如《芝加哥论坛报》的新闻应用程序团队在其招聘启事里所说明的那样(见图 4-3):

① LEWIS S.Journalism in an era of big data:cases,concepts,and critiques[J].Digital journalism,2015,3(3):321-330.

我们在招聘:为公共利益使用代码……

要求:①对新闻充满热情;②严谨的编程技巧;③理解网络的内部运作;④注重细节和喜欢制作东西;⑤真诚友善的性格。

我们需要一个了不起的黑客记者。他应该热衷于学习编程语言,能够使用最好的工具工作,并且能完成任务。我们是多面手,希望你也是。随时可以用HTML5+CSS3实现自适应网页设计,和你身边的记者一起探索数据库,或者帮助服务器加速运转。如果你有以下技能,将会加分:数据科学、信息设计、用户体验/可用性、维护高性能的网站、平面设计。

新闻编辑室是一个熔炉。我们根据严格的截稿时间,紧凑地按日程安排和开展工作。虽然这看起来很有压力,但也有很大的好处。每隔几周,我们就能从错误中吸取教训,完善我们的技术。这是一个快速变化的、不稳定的开发环境,它将使你成为一个更好的程序员。并且,这是一个非常好的时机。

图 4 - 3 《芝加哥论坛报》的招聘启事

资料来源:尼基·厄舍.互动新闻:黑客、数据与代码[M].郭恩强,译.北京:中国人民大学出版社,2020:195.

以上招聘广告列出了程序员记者所需技能:①编程;②设计;③创建产品;④了解用户体验;⑤网络内部运作;⑥HTML5、CSS3这样用于自适应的网页设计的语言。但是,这个招聘广告没有要求求职者必须做过记者。《纽约每日新闻》(*The New York Daily News*)在美国计算机辅助报道研究所的电子邮件组里发布了招聘有编程背景的数据新闻记者的启事(见图 4 - 4)。

职位描述:数据记者

《纽约每日新闻》正在寻找一位具有新闻领域背景的数据和编程高手加入我们日益壮大的交互团队。这一职位的工作内容主要涉及数据分析、网页抓取、建造内部新闻应用程序和移动响应式交互数据可视化、处理信息自由的请求和报告。你将与记者团队、设计者团队、开发者团队和多媒体制作团队一起工作,创建热门的动态打印和网络包。你从事的将是把地方和全国的项目混合在一起的工作。你要有独立的想法并与其他记者合作,制作长期的调查性报道、突发新闻规划和可搜索的数据库……

所需技能:①能够与多个编辑部门协作;②能够使用诸如MySQL、Caspio、NaviCat、PostgreSQL、Google Refine以及Tableau等程序,执行高级数据分析;③具有使用JavaScript和PHP、Python或Ruby的编程技能;④能够使用诸如D3、Highcharts、QGis、ArcGIS、MapBox、Leaflet、CartoDB和谷歌融合等工具,来进行数据的可视化;⑤拥有能够打赢"信息自由"官司的良好记录,具有在数字的海洋中找到大故事的强大新闻判断力,以及将其报道出来的能力;⑥参与开放源码社区,以及维护一个GitHub存储库;⑦愿意参加对记者进行的有关数据技能的培训,在整个新闻编辑室培养获取和分析数据的文化;⑧遵守通过参加培训和会议形成的要掌握新技能的持续性承诺。

图 4 - 4 《纽约每日新闻》的招聘启事

资料来源:尼基·厄舍.互动新闻:黑客、数据与代码[M].郭恩强,译.北京:中国人民大学出版社,2020:196.

以上招聘启事列举了对有编程背景的数据新闻记者的技能要求：①能使用如谷歌融合、CartoDB 和 Tableau 等无需编程的预制工具；②能使用 D3、PostgreSQL、PHP、Python 和 JavaScript 等编程语言；③能维护供存放开源代码的 GitHub 存储库；④能制作交互产品；⑤能报道新闻以及处理《信息自由法案》。图 4 - 3、图 4 - 4 的招聘广告都提出了交互新闻工作者所需的编程技巧。图 4 - 4 的招聘广告还关注传统新闻方面的技能，比如使用数据制作新闻故事。这些都与传统新闻工作的招聘广告不同，因为后者强调按照标准的新闻流程进行收集和编写信息的能力。

第三节　为新闻价值而设计

有一种新兴的共识是，设计是负载价值的活动，它的产物是价值，所以设计者应该充分考虑价值①。在人机交互（human-computer interaction，简称 HCI）领域，越来越多的人意识到计算需要体现人类价值，计算机科学家被鼓励在技术设计中考虑人们的需求和观点②。保罗·杜里斯（Paul Dourish）和吉纳维芙·贝尔（Genevieve Bell）鼓励深度理解与新兴技术相关的人类社会和文化，因为"它们是赋予技术形式和意义的生动、具体的实践"③。珍妮弗·雅各布斯（Jennifer Jacobs）指出："我们必须认识到，包括社区组织者、记者、教育者、伦理学家在内的所有人都具有构建工具和系统所必需的重要视角和知识，所以应该直接让受影响的人参与技术的概念和开发。"④这要求设计师去帮助社会更好地理解人为场景方面，并"承担起设计通往理想未来的道路的责任"⑤。为此，设计师们开发了各种专注于价值设计的方法，其中一些旨在完成记者的传统目标，例如，价值敏感设计（Value Sensitive Design，简称 VSD）。尽管这个方法中的价值强调信任、问责、无偏见、使用权、自主权、隐私、和谐，但价值可以被更广泛地定义为个人或群体在生活中认为重要的任何东西。这个方法要求：①设计开始前进行广泛的调查，以了解

---

① JAFARINAIMI N,NATHAN L,HARGRAVES I.Values as hypotheses:design,inquiry,and the service of values[J].Design issues,2015,31(4):91-104.
② HARPER R,RODDEN T,ROGERS Y,et al.Being human:human-computer interaction in the year 2020[M].Cambridge,England:Microsoft Research,2008.
③ DOURISH P,BELL G.Diving a digital future:mess and mythology in ubiquitous computing[M]. Cambridge,MA:MIT Press,2011:73.
④ JACOBS J.Technology in defense of democracy[J].XRDS:crossroads,the ACM magazine for students, 2017,23(3):7.
⑤ DOHERTY S.Journalism design:interactive technologies and the future of storytelling[M].Oxford, New York:Routledge,2018:18.

人们看重什么;②同时寻求影响技术的设计,致使它"有原则地并以全面的方式考虑人类价值"。识别和应用价值的逻辑表明,价值可以与行动分开处理;但在现实中,设计师需经过设计的过程来理解价值——价值与实践交织在一起,而且并非所有的价值都是有价值的。相比之下,社会设计是关于创造产品或系统,让人们能够针对与他们相关的问题采取集体行动。这个方法根植于参与式设计和社会创新,它将社会活动与创造事物及服务结合起来以创造价值①。社会设计的项目通常发生于公共空间、社区和草根组织,其过程专注于想象多样化的未来。社会设计强调的是将人们聚集在一起解决问题,而不是如何利用设计进一步细分和隔离个体,以实现目标消费②。

新闻可以用多种方式解释:①一种实践;②一种职业;③一种商业;④一种制度;⑤一个社会领域;⑥一种意识形态;⑦可能还有一些其他方式。马克·德茨(Mark Deuze)倾向于新闻作为一种意识形态的观点,他强调新闻业对公共服务、客观性、自主性、即时性和道德等价值观重要性的共同信念③。这反映在新闻业无数实践和道德准则中。相似地,交互记者处理价值观的方式介于上述两种方法之间:①一方面,与价值敏感设计相似的是,信任、公平性、道德和社会责任的概念在报道之前就已经存在,但它们是通过记者的行动在具体故事的背景下商定的;尽管一些人认为记者应该更多地投入到他们报道的人和话题中,但独立的想法在某种程度上阻止了新闻参与对社会设计的干预。为价值而设计的理念使为新闻价值而设计成为可能,并暗示了在新闻实践中根深蒂固的隐性知识的重要作用,这也许与一些记者的想象有所不同。而新闻过程揭示的价值不会超过对新闻本身是什么的强调。②另一方面,新闻价值在设计服务于公共利益的平台和交互技术方面发挥着重要作用。新闻业的未来不仅涉及传统媒体,还将迎来一个分布式和混合的未来:有时在新闻编辑室;有时在社区里;有时在设计工作室;有时在科技公司。交互记者有可能在城市、机器人、物联网和多样化现实的设计中发挥积极的作用,但前提是他们要想象自己在新闻编辑室和新闻生产之外的角色,更明确地讲,他们要把自己视为数字化连接的社群的一部分,他们需要了解如何利用技术和新闻价值观来为公众利益服务。自动化、算法和人工智能的有趣之处在于,它们可以嵌入程序

① CHEN D S,CHENG L L,HUMMELS C,et al.Social design:an introduction[J].International journal of design,2016,10(1):1-5.
② LE DANTEC C A.Design through collective action/collective action through design[J].Interactions,2016,24(1):26.
③ DEUZE M.What is journalism? professional identity and ideology of journalists reconsidered[J].Journalism,2005,6(4):442-464.

开发人员的价值观,从而为表达新闻价值观、规范和道德提供了一种新的媒介。总之,新闻价值是由记者根深蒂固的知识和一部分实践组成的。

这里会产生一个关键问题:谁的价值观会在这些设计中得到更多的体现?如果记者无法充分嵌入自己的价值观,那么来自非新闻媒体公司和平台等利益相关者的价值观可能会填补这一空白。这些价值观之间的紧张关系和结盟,以及它们是如何融入技术的,在各种自动化应用中都很突出。以自动化背景下职业价值观的演变为例。随着新闻机构实施自动化技术以来,客观性、自主性、及时性、道德和公共服务等核心价值观之间出现了紧张关系。比如,个性化可能使新闻消费者之间无法共享上下文,从而动摇公共服务价值观。新闻机构可能会自己设计和开发技术来协商此类冲突,而不是照搬为其他行业开发的技术版本。这可能会萌生新的个性化逻辑,使技术能力与特定新闻机构的价值观、商业模式相一致①。比如,新闻机器人按照公共服务价值观运作的能力②、调查性新闻及其定义的新闻价值观对识别数据线索的重要性③、算法审核系统(algorithmic curation systems)及其与民主目标的一致性④、结构化新闻(structured journalism)及其支持证据价值和增强信任的潜力。算法和自动化的"机械客观性"(mechanical objectivity)可以推动新闻客观性等专业核心思想的进一步发展。就像早期呼吁摄影新闻实践的客观性一样,算法过程的一致性决不能与其固有的、深刻的社会技术性质相混淆。新闻算法的工程师和设计师需要披上专业精神的外衣,通过技术构建来管理新闻价值观。换言之,他们也应该在这个领域专业化⑤。

然而,民族志研究发现许多记者不愿打破既有生产模式,导致现有新闻实践对各种变化并不敏感。不仅如此,新闻实践和新闻研究之间存在分歧——新闻传播学学者关注的问题往往与新闻从业者关注的问题不同。不像计算机科学学者习惯于创造系统并进行实验,新闻传播学学者倾向于使用内容分析、调查和访谈等方法论展开回顾性研究。比如,研究超文本的目的地、话语或框架可以帮助新闻传播学学者去了解超文本是如何被使用的,但这也限制了他们去探索空间、形状或导航如

① DIAKOPOULOS N.Towards a design orientation on algorithms and automation in news production[J]. Digital journalism,2019,7(8):1180-1184.
② FORD H,HUTCHINSON J.Newsbots that mediate journalist and audience relationships[J].Digital journalism,2019,7(8):1013-1031.
③ STRAY J.Making artificial intelligence work for investigative journalism[J].Digital journalism,2019,7(8):1076-1097.
④ HELBERGER N.On the democratic role of news recommenders[J].Digital journalism,2019,7(8):993-1012.
⑤ DIAKOPOULOS N.Towards a design orientation on algorithms and automation in news production[J]. Digital journalism,2019,7(8):1180-1184.

何超越"倒金字塔"模式去推动叙事①。可见,不同的方法可能导致不同的问题和结果,进而对未来的实践造成潜在的影响。无论是技术价值还是混合工作流程(hybrid workflows)的演变,设计的作用都至关重要。为了想象可能的未来,为了理解新闻如何为技术的发展提供信息,需要改变视角,将新闻业视为一个在技术中实现其价值观的领域,而不是一个完全受制于技术的行业,并考虑一种在新环境中试验和评估新闻的方法,即如何对扩展和改变新闻业的技术进行设计,这包括:如何设计交互新闻来反映特定的新闻价值观? 在混合工作流程中,新闻自动化系统的设计如何影响记者或编辑的用户体验? 交互新闻的界面设计如何影响用户接受信息? 一些学者已经认识到务实的新闻技术设计与通用的公共价值评估标准的同等重要性②。因此,应该制定合适的评估指标并进行验证,以平衡新闻技术实现与组织目标(或价值观)的一致性,使交互新闻不再局限于点击和参与的简单概念。

交互记者作为为公共利益进行技术设计的过程的中心,他们不是简单地应用技术,而是开发软件、设备和交互形式来实现新闻目标和新闻价值。为此,交互记者们需要利用深厚的专业知识,并将其与实践和研究的新方法相结合。社会设计表明,针对人和社区重要的东西来构建想法是可行的,所以可以根据新闻价值和受众需求来设计交互新闻。"多样性敏感设计"(diversity-sensitive design)也是值得参考的设计理念,因为它支持不同的民主愿景③,有助于实施以人为中心的新闻技术设计。由于技术的可能性是另一个需要考虑的因素,为了理解人与技术的结合,有必要关注设计的另一方面——交互。交互设计强调人与技术的交叉,它寻求在日常生活中使用技术的创意。通过为人们和他们的生活经验设计,交互设计可以应用于新闻的许多方面。这意味着新的想法可以被想象和原型化,记者可以开始理解新想法对他们实践的影响,以及他们的实践如何为新技术提供信息。

第四节　建造式新闻

数值化编码(numerical representation)是新媒体基本的"物质的"法则,即任何一个新媒体对象,不管是完全由计算机创建出来的,还是先从其他模拟媒体资源

---

① DOHERTY S.Journalism design:interactive technologies and the future of storytelling[M].Oxford,New York:Routledge,2018:20.

② JONES B, JONES R. Public service chatbots:automating conversation with BBC news[J]. Digital journalism,2019,7(8):1032-1053.

③ HELBERGER N.On the democratic role of news recommenders[J].Digital journalism,2019,7(8):993-1012.

转化而来的,本质上都是由数字符码构成的,可以用特定的形式(数学形式)加以描述。新媒体对象故而受算法操控,变得可以被编程(programmable)了①。模块化(modularity)结构(fractal structure of new media,又称"新媒体的分形结构")是新媒体对象的另一法则,即所有的媒体元素(如图像、声音、行为等)都表现为离散采样(像素、多边形、立体像素、字符、脚本)的集合,这些元素可以构成更大规模的对象,同时又保有其各自的既有特征和独立性。新媒体对象由独立的各部分组成,每个独立部分又由更小的独立部分组成,可以一直分解到最小的"原子"——像素、三维空间中的点、文本字符②。例如,超文本标记语言(简称 HTML)文件的机构是模块化的:文本、GIF 图、JPEG 图、媒体片段、Flash 动画等独立的对象都独立地存储在本地计算机里或网络中。新媒体的模块化特征可以与结构化的计算机程序设计做类比。20 世纪 70 年代,结构化的计算机程序设计成为编程的标准——编写短小而自足的模块(在不同的计算机语言中,这种模块的叫法各异,如子程序、函数、过程、脚本),进而组成较大的程序。很多新媒体对象因而是符合结构化编程风格的计算机程序。比如,大多数交互式多媒体应用程序界定了各种重复的控制操作(如点击按钮),这些脚本组合在一起变成了更大的脚本。这种结构化编程的类比也适用于不属于计算机程序的新媒体对象,因为获取、修改和替换这些对象的组成部分不会改变整体的结构。但新媒体对象与结构化的计算机程序不同的是:删除计算机程序的某一模块会导致程序停止运转;而删除新媒体对象的部分内容不会使新媒体对象失去意义,新媒体的模块化结构反而使删除和替换更加方便。比如,HTML 文档是由多个独立的对象构成,每个对象都由一行 HTML 代码表示,因此很容易做到删除、替换、添加新对象的操作。旧媒体需要人类参与创造,人们把文本元素、视觉元素和(或)声音元素整合到一个曲目或序列中,并把序列存储在某种物质上,序列的内部顺序一旦确立就不再变更,产出大量复制原版的副本,这些副本全都一样。相反,多变性(variability)又称"易变性"(mutable)或"流动性"(liquid),以多变性为特征的新媒体对象绝非一成不变,它通常会产出不同的版本,而且版本的数量可以无限增加。它不一定由人类参与创建,而是在某种程度上由计算机自动组合而成,因而与自动化法则有关。新媒体对象的多变性原则是从媒体的数值化编码和媒体对象的模块化结构③这两个基本法则推导出来的,它把这两个看似无关联的法则联系起来。数字化存储的媒体元素使其不必依附于固定的

---

① 马诺维奇.新媒体的语言[M].车琳,译.贵阳:贵州人民出版社,2021:27-28.
② 马诺维奇.新媒体的语言[M].车琳,译.贵阳:贵州人民出版社,2021:30-31.
③ 参见本书第二章第四节的相关内容。

媒介,可以保有个体元素特性,而且在程序控制下组合成大量的序列。本身被分解成离散样本的媒体元素可以进行个性化的实时重建或重组。计算机程序可以按照用户的信息自动生成面向不同用户的媒体合成物,或者创造出新的媒体元素。比如,交互式计算机设备按照用户的身体动作信息生成声音、图形或图像,或者借此控制人造形象的行为。

交互记者把新媒体的这三大法则(数值化编码、模块化结构、多变性)以及制作者文化引入新闻编辑室,是因为他们把新闻工作视为一个构建过程来思考。在他们看来,新闻是可以被构建(constructed)或"制作"(made)的。从这个角度看,做新闻的隐喻实际上是一个物理的隐喻——利用工具制作建造式新闻。交互新闻向来重视建造和制作(building and making)层面。它使用代码制作软件和工具,完善新闻的生产流程,创建出一种可行的、可视的、可触的公众知识新场所,旨在帮助人们寻找个性化的信息产品。因此,交互新闻也被厄舍称作"建造式新闻",被克莱因和博耶视为"应用性新闻"(applied news)[1]。

新闻的建造方式可参考新媒体建构工作的两种主要形式——多媒体数据库建造的交互界面、通过空间化的展示来界定导航的路径。前者以数据库为基础,供人们快速存取、排序和组合大量记录,是用户获取有效信息的重要途径。后者以虚拟交互三维空间为基础,是用户在想象世界的心理化参与。在同一新媒体对象中,信息获取和心理参与这两个目标既可共存,也可形成竞争和偏重。用户可能"沉浸"于信息类产品的当下,"心理沉浸"类产品也可能有功能强大的"信息处理"区域。随着表层与深度的逐渐对立,客观信息与心理"浸入"也出现对立,这可视为新媒体在行动和表现方面更普遍的对立,其结果往往是尴尬和不稳定。比如,一张嵌入了大量超链接的图像,会要求用户先找出这些超链接,否则无法提供导航和浸入。因此,有必要对信息处理"美学化",使信息存取成为一种重要的工作形式和文化范畴。

新媒体建构工作的上述两种主要形式呼应了人们组织数据和体验世界的两种典型形式——文档的集合、可导航空间[2]。它们在转换到计算机环境的过程中,既融入了计算机构造和访问数据的特别技术(如模块化),也融入了计算机编程的基本逻辑。为了快速存取和检索大量数据,计算机对存储在数据库中的数据进行专门组织,形成了数据的结构化集合——数据库。数据库是一个无标记的名词,它包含不同的媒体类型和具有用户定义值的字段,以项目列表的形式展示万物,却不对

① 尼基·厄舍.互动新闻:黑客、数据与代码[M].郭恩强,译.北京:中国人民大学出版社,2020:197-198.
② 尼基·厄舍.互动新闻:黑客、数据与代码[M].郭恩强,译.北京:中国人民大学出版社,2020:218-219.

该列表进行排序。不同种类的数据库——层级数据库(树状数据库)、网络数据库(网状数据库)、关系数据库、面向对象型数据库——分别使用不同模型来组织数据。比如,面向对象型数据库中存储着复杂的数据结构——"对象",这些对象按照不同级别的层次进行组织,而且可以继承同一链条中更高层级对象的某些特性①。从用户体验的角度看,大部分数据库实际上是广义的数据库,它们集合了一系列材料,并允许用户执行查看、导航、搜索等操作。导航是多种元素的一次性体验,用户无须为了包含于交互新闻的特殊体验而离开最初的请求页面,是多层次探究的一种集中体现。计算机数据库还借助"跨码"融入了总体文化,成为取代文化数据集合体的一种新的隐喻,实现对个体和集体文化记忆、文件或实物的集合体、各种现象和经验的概念化处理,数据库本身所蕴含的文化形式意义使其成为"计算化的社会"②的一个全新符号形式。有的新媒体对象在结构上展现出明显的数据库逻辑,有的则没有。

　　数据库以多种不同的方式构成调查性新闻面向公众的一部分。一种是新闻编辑室从现有资源中收集数据且具有强烈个性化元素的数据库类型。这种数据库的目标是增加所述数据的可访问性,以便读者自己搜索,它们的界面本身就是新媒体产品,在结构上呈现出明显的数据库逻辑。例如,《柏林晨报》(*Berliner Morgenpost*)建立了名为《找到你的学校》(*Finden sie ihre schule*)③的数据库(见图4-5),帮助家长寻找他们所在地区的学校。而且搜索结果附有详细报告和调查进展。《给医生的欧元》(*Euros für ärzte*)④则是另一例证。欧洲制药工业和协会联合会(The European Federation of Pharmaceutical Industries and Associations,简称 EFPIA)决定,2016 年 7 月起,成员公司必须公布向其运营国家的医疗专业人员和组织支付的费用⑤。受到前文提到的《给医生的钱》的数据库启发,Correctiv决定和德国国家新闻媒体《明镜周刊》合作,从大约 50 个德国制药公司的网站上收集这些公布的文件和信息,并转换为格式一致的表格数据,然后 5 人用大约 10 天

---

① 马诺维奇.新媒体的语言[M].车琳,译.贵阳:贵州人民出版社,2021:222-223.
② JEAN-FRANÇOIS L.The postmodern condition:a report on knowledge[M].Minneapolis:University of Minnesota Press,1984:3.
③ TIMCKE M L,PÄTZOLD A,WENDLER D,et al.Finden sie ihre schule[EB/OL].(2019-02-01)[2023-08-20].https://interaktiv.morgenpost.de/schul-finder-berlin/#/.
④ Correctiv.Euros für ärzte[EB/OL].(2016-11-30)[2023-08-20].https://correctiv.org/thema/aktuelles/euros-fuer-aerzte/.
⑤ EFPIA.About the EFPIA disclosure code:european federation of pharmaceutical industries and associations[EB/OL].(2016-03-01)[2023-08-21].https://efpia.eu/media/25046/efpia_about_disclosure_code_march-2016.pdf.

时间清理这些数据,以匹配来自多个医药公司的收款人①。Correctiv 接着创建了一个名为《给医生的欧元》的数据库自定义搜索界面,搜索出的每个医药公司收款人都有单独网址可供公众查看,用户借此得知他们自己的医生是否是付款的接受者。数据库发布后,Correctiv 和《明镜周刊》收到了数十起来自数据库中的医生的投诉和法律威胁。考虑到这些数据来自公开来源(尽管很难找到),《明镜周刊》的法律团队决定将大部分投诉推给制药公司,只在来源发生变化的情况下调整数据库。比如,该数据库在 2017 年进行过一次更新②。Correctiv 还与奥地利标准报(*Der Standard*)和奥地利广播电视公司(Oesterreichischer Rundfunk,简称 ORF)合作,使用相同的方法和网络界面发布来自奥地利的数据,以及与瑞士杂志《观察家》(*Beobachter*)合作发布来自瑞士的数据③。这个可搜索的数据库的目标是:通过事件、组织和相关的利益冲突,突出制药行业对医疗保健专业人员的系统性影响;鼓励公众关注这个正在发生的事实,并与他们的医生就此话题展开对话。由于相关数据的发布只是一项行业倡议,而不是法律要求,从制药公司收到付款的一些人的信息可能不会发布在网上,这导致该数据库是不完整的。当用户搜索他们的医生时,一个空白的结果会产生两种截然不同的结论:①医生没有收到任何报酬;②他们否认发表。这也显示出自愿披露规则的不足。批评人士指出,把焦点放在合作和透明的个人身上可能会让更多异常的资金流动处于黑暗之中。为了解决这个问题,Correctiv 提供给没有收到付款的医生一个选择加入的功能,让他们可以出现在数据库中,这为叙事提供了重要的背景,但仍然给搜索结果留下了不确定性。如果没有法律强制披露,这种情况将难以改观④。

另一种类型的数据库涉及获取一组现有数据并创建一个接口,允许用户根据

① RAHMAN Z,WEHRMEYER S.Searchable databases as a journalistic product[EB/OL].(2018-12-01)[2023-08-19].https://datajournalism.com/read/handbook/two/working-with-data/experiencing-data/searchable-databases-as-a-journalistic-product.

② TIGAS M,JONES R G,ORNSTEIN C,et al.Dollars for docs:how industry dollars reached your doctors[EB/OL].(2019-10-17)[2023-08-20].https://projects.propublica.org/docdollars.

③ RAHMAN Z,WEHRMEYER S.Searchable databases as a journalistic product[EB/OL].(2018-12-01)[2023-08-19].https://datajournalism.com/read/handbook/two/working-with-data/experiencing-data/searchable-databases-as-a-journalistic-product.

④ RAHMAN Z,WEHRMEYER S.Searchable databases as a journalistic product[EB/OL].(2018-12-01)[2023-08-19].https://datajournalism.com/read/handbook/two/working-with-data/experiencing-data/searchable-databases-as-a-journalistic-product.

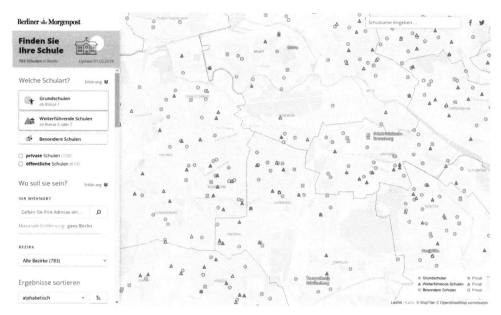

图 4‑5 《找到你的学校》的部分界面

他们设置的标准生成报告。例如,名为《瑙鲁文件》(*Nauru Files*)①的数据库允许读者查看 2013 年至 2015 年期间瑙鲁拘留中心工作人员撰写的事件报告摘要。另一个例子是,总部位于英国的新闻调查局(UK-based Bureau of Investigative Journalism)把从各种来源收集的调查数据汇编在一个名为《无人机战争》(*Drone Warfare*)②的数据库中。该数据库允许读者选择特定的覆盖国家和时间框架,以便创建一份总结数据的可视化报告(见图 4‑6)。

　　与数据库相反,叙事是在一系列看似无序的项目(事件)中创造出一个因果轨迹。数据库和叙事竞相在人类文化的同一领域创造意义,并产生了无尽的混合体③。叙事(如新闻游戏)和组织为数据库形式的新媒体对象(如新闻网站)分别是计算机本体中算法和数据结构的文化表现形式④。其中,算法可以用来概括所有

① EVERSHED N,LIU R,FARRELL P,et al.The lives of asylum seekers in detention detailed in a unique database[EB/OL].(2016-08-10)[2023-10-01].https://www.theguardian.com/australia-news/ng-interactive/2016/aug/10/the-nauru-files-the-lives-of-asylum-seekers-in-detention-detailed-in-a-unique-database-interactive.
② FIELDING-SMITH A,PURKISS J,SARGAND P.Drone warfare[EB/OL].(2011-01-01)[2023-08-20].https://www.thebureauinvestigates.com/projects/drone-war.
③ 马诺维奇.新媒体的语言[M].车琳,译.贵阳:贵州人民出版社,2021:237.
④ 马诺维奇.新媒体的语言[M].车琳,译.贵阳:贵州人民出版社,2021:230.

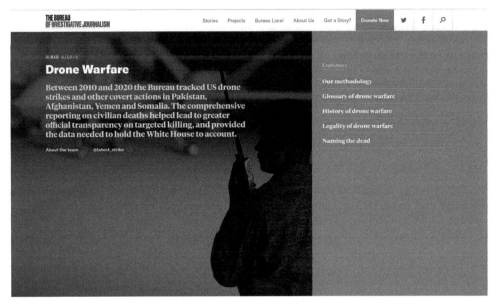

图 4 - 6 《无人机战争》

的运行过程或任务,即系统根据任务执行操作,得到最终结果的序列①。新闻游戏的用户需要在玩游戏的过程中逐步了解其中隐藏的逻辑,即算法,他们只有执行算法,才可能赢得游戏。正如游戏设计师威尔·赖特(Will Wright)所言:"玩游戏是用户(查看结果、输入决策)与系统(计算结果、将结果呈现给用户)之间的一个循环语句。用户正试图为系统模型建立一个心理模型。"②像新闻游戏的用户一样,其他新闻叙事的接受者也在重建作者用于创建场景、人物和事件的那套"算法"(这里的算法是个比喻)。以 Java 和 C++ 等计算机语言为代表的面向对象程序设计范式中,算法和数据结构都被建模为对象。数据结构(如数组、链表和图表)是以特定方式组织的数据,以便展开有效的搜索和检索。在计算机程序设计中,它与算法相辅相成,对于程序的运行具有同等重要性;数据结构越复杂,所需的算法越简单,反之亦然③。交互叙事是故事的"用户"根据数据库建设者所建立的数据之间的联系以及浏览数据库的多个轨迹的总和,传统的线性叙事是交互叙事的一种特定轨迹(特例)④。这种对叙事的"技术性"或"物质性"定义并不意味着任何一段数据库记

① 马诺维奇.新媒体的语言[M].车琳,译.贵阳:贵州人民出版社,2021:237.

② MCGOWAN C,MCCULLAUGH J.Entertainment in the cyber zone[M].New York:Random House Electronic Pub,1995:71.

③ 马诺维奇.新媒体的语言[M].车琳,译.贵阳:贵州人民出版社,2021:227-228.

④ 马诺维奇.新媒体的语言[M].车琳,译.贵阳:贵州人民出版社,2021:231.

录都能成为叙事。更确切地讲,用户交互记者不能只创建这些轨迹,还必须掌握好元素的语义和连接的逻辑,使得文化对象满足米克·巴尔(Mieke Bal)提出的叙事的标准,"叙事应该包含一个演员和一个叙事者,以及文本、故事和素材(fabula)这三个不同层次,叙事的'内容'应该是'一系列由演员引起的或经历的相连的事件'。"①按照巴尔的说法,用户随意建立的一个由数据库记录组成的序列,不可能成为"一系列由演员引起的或经历的相连事件",故构不成叙事②。不管新媒体对象把自己当作线性叙事还是交互叙事,透过叙事的表层,从材料组织的角度看,它们本质上都是数据库。在新媒体中,数据库支持多种文化样式,其中包括直接转换(以数据库形式呈现的数据库),以及与其对立的叙事。叙事形式本身的逻辑与构成叙事形式的材料所遵循的逻辑完全相反。数据库可以支持叙事,但媒介本身的逻辑中不存在生成叙事的任何东西。③ 因此,数据库在新媒体中占有主导地位。在新媒体中建造一个新闻产品,实际上是在数据库中创建一个交互界面。由于产品的内容和交互界面分离,新媒体产品往往包括一个或多个通往多媒体材料数据库的交互界面,这体现了新媒体的多变性法则。④ 交互记者可以为同一新闻内容创建不同的交互界面,也就是说,这些交互界面可以展示同一新闻内容的不同版本,比如,新闻的图像数据库可显示为一个含有许多微缩图像的页面,点击其中一个微缩图像,就可以检索出相应的记录。若数据库太大,难以一次性呈现全部记录,用户可以使用搜索引擎来搜索特定的记录。

新媒体从根本上没有与过去决裂,而是在文化的各类范畴中分配不同的权重,所以数据库在新媒体中没有完全取代叙事。弗雷德里克·詹姆森(Fredric Jameson)认为,从现代主义到后现代主义的时代转向"一般不会是全然决裂的变化,而是对已有的某些元素进行重建,比如,曾经在一个体系中处于从属位置的特征变成主导,而已经占主导地位的特征可能再度居于从属位置"⑤。符号学理论中的组合(syntagm)与聚合(paradigm)是一个系统内的元素产生联系的两种方式,列夫·马诺维奇(Lev Manovich)用它们来解释数据库与叙事这两个词在新媒体中的权重分配⑥。根据罗兰·巴特(Roland Barthes)的说法,"组合是一系列符号

① BAL M.Narratology:introduction to the theory of narrative[M].Toronto:University of Toronto Press, 1985:8.
② 马诺维奇.新媒体的语言[M].车琳,译.贵阳:贵州人民出版社,2021:232.
③ 马诺维奇.新媒体的语言[M].车琳,译.贵阳:贵州人民出版社,2021:232.
④ 马诺维奇.新媒体的语言[M].车琳,译.贵阳:贵州人民出版社,2021:231.
⑤ JAMESON F.Postmodernism and consumer society[C]//FOSTER H.The anti-aesthetic:essays on postmodern culture.Seattle:Bay Press,1983:123.
⑥ 马诺维奇.新媒体的语言[M].车琳,译.贵阳:贵州人民出版社,2021:234.

的结合,并以空间作为支撑。"他还援引费迪南德·德·索绪尔(Ferdinand de Saussure)对聚合的定义:"具有共同点的单位元素基于多种多样的连接关系形成群组。"①以自然语言为例,组合是说话者以线性顺序表述一串元素;而聚合是从一组相关元素中选择出每一个新元素,比如,所有名词构成一组,某个名词的所有同义词构成另一组。在组合维度,元素有关"在场"(praesentia);在聚合维度,元素有关"缺席"(absentia)。对于一个写好的句子来说,构成句子的词语在现实中真实存在,这是组合;其他可能构成句子的方式——其他词语,只存在于读者的想象中,这是聚合。因此,组合是显性的、真实的,而聚合是隐性的、想象的。相应地,建构叙事(聚合)的数据库应是隐性的,而实际的叙事(组合)应是显性的。事实上,新媒体使数据库(聚合)物质化,使叙事(组合)去物质化。它强化聚合,弱化组合,所以数据库是设计新媒体对象的过程的核心,它往往由原始材料和库存材料(如按钮、图像、音视频片段、三维对象、行为等)组成。设计从把可能使用的元素聚集成一个数据库开始,在之后的设计过程中,数据库不断添加新元素,并不断修改已有元素。叙事以特定的顺序连接数据库中的元素,即设计出一条从一个元素到另一元素的轨迹。在物质层面,叙事只是一组链接,元素本身仍存储在数据库中。因此,叙事是虚拟的,而数据库是真实存在的②。交互性对象(如交互新闻)大多使用聚合,交互界面中的聚合规模却往往较小。聚合提供给用户若干选项——这也是交互性界面的典型表现,当用户点击一个选项图标,就会被引导至一个新的页面。这些选项形成了一个聚合,显性地展示给用户;对于整个对象来说,用户意识到自己只是在众多预设的轨迹中选择了一个轨迹。另一类交互式界面展现给用户一个罗列了所有可选项的菜单,各元素在菜单中整齐排列,所有选项始终可用,用户只要点击即可。这种从创建到选择的转变有利于外化交互记者脑海中由文化元素构成的数据库,从而生成明确的聚合集,更完整地凸显出聚合维度③。虽然用户是在每一个新出现的页面上选择,但最终的结果仍是他/她已浏览的全部页面的线性序列,即聚合集仍是在组合维度进行组织,这体现出组合维度④。

放在新闻故事内部或旁边的数据库对新闻受众和新闻编辑室都颇有助益。对于新闻受众而言,在线数据库提供给他们搜索自己的城市、医生等的渠道,允许他们在更个人的层面上参与故事,把故事与他们自己的生活联系起来。新闻编辑室通过分析受众的搜索行为,可以了解更多关于受众感兴趣的信息,从而为未来的工

① BARTHES R.Elements of semiology[J].French review communications,1964,4:58.
② 马诺维奇.新媒体的语言[M].车琳,译.贵阳:贵州人民出版社,2021:235.
③ 马诺维奇.新媒体的语言[M].车琳,译.贵阳:贵州人民出版社,2021:235-236.
④ 马诺维奇.新媒体的语言[M].车琳,译.贵阳:贵州人民出版社,2021:236.

作提供更多线索。对于新闻编辑室而言,数据库是对长期调查的一种投资,它可以用来自动交叉引用其他数据库或文件集,以产生线索。若其他新闻编辑室决定提供类似的数据库,它们可以借鉴现有的基础设施和方法,使合作和扩充报道变得更加容易。如果数据库中的条目有单独网址,搜索引擎就会选择这些页面,并把它们放在长尾关键词(Long Tail Keyword)①搜索结果中的靠前位置,从而为新闻媒体网站带来更多流量。在新闻业内,搜索引擎优化是一种不受欢迎的做法,但针对受众的特定搜索问题提供有用的信息也不失为一种成功的受众参与。可见,虽然公共数据库的目标不应该是在搜索关键词上竞争,但这在客观上会吸引新的受众②。

聚焦流程的(process-focused)后端工具(back-end tools)是制作交互新闻的基础。这些工具的主要用户不是普通新闻消费者,而是记者和研究人员,他们的目标是对使用这些工具找到的任何信息开展进一步的研究。数据库是辅助研究的一种典型工具,可以进一步为新闻工作服务,也是记者们在会议上和彼此间谈论最多的工具。它辅助新闻工作流程,并解决有关新闻采集(news gathering)的问题,使记者更容易从事他们的工作。这些问题包括难以在多样态的数据呈现和大规模的数据集中提取信息。具体地讲,由于很多数据集本身有错误,匹配两个数据集十分困难,根据手写笔记、大量消息源和音视频等不同材料编译数据也非常不便③。萨拉·科恩(Sarah Cohen)、詹姆斯·汉密尔顿(James Hamilton)和弗雷德·特纳(Fred Turner)发现计算工作可以帮助解决包括以上问题在内的数据新闻领域的许多困难。因此,工具建造(tool building)是一个可行的解决方案。虽然有些工具早就以原始形式存在,但编程和计算机领域的发展赋予了工具收集、分析和可视化数据的新方法,使数据记者和其他记者更有效地查找、理解和使用数据。这些工具通常是开源的、可重复的技术,以便在新闻采集过程中被使用和再使用。只有当毫无编程经验的人能够轻松使用这些工具时,它们的潜力才可能全部发挥出来④。Overview 软件和 PANDA 项目是此类工具的两个典型例子。

2010 年,斯特雷与美联社、奈特基金会合作开发 Overview,企图用代码可视化大量数据。通过查看文档中的全部文本,Overview 将文档之间的关系可视化,展

---

① 长尾关键词(Long Tail Keyword)是指与目标关键词相关的组合型关键词。它的特征是比较长,往往由2~3个词组成,甚至是短语,存在于内容页的标题和内容中。例如,目标关键词是服装,其长尾关键词可以是男士服装、冬装、户外运动装等。它不是目标关键词,却可以带来搜索流量。

② RAHMAN Z,WEHRMEYER S.Searchable databases as a journalistic product[EB/OL].(2018-12-01)[2023-08-19].https://datajournalism.com/read/handbook/two/working-with-data/experiencing-data/searchable-databases-as-a-journalistic-product.

③ 尼基·厄舍.互动新闻:黑客、数据与代码[M].郭恩强,译.北京:中国人民大学出版社,2020.

④ 尼基·厄舍.互动新闻:黑客、数据与代码[M].郭恩强,译.北京:中国人民大学出版社,2020.

示相似的数据模式,帮助记者们找到超出他们直觉想法的故事性文档。这不仅简化了大规模数据的处理任务,还有助于在有限人力财力条件下更好地利用资源来开展调查性报道。经过不断优化,Overview 已成为全美一些记者会持续使用的一款软件工具,并协助产出了诸多项目成果。其中一个名为《每日新闻》(*Newsday*)的产品入围了 2013 年普利策奖的决赛,它展示了 7 000 页的副本和 1 700 个州的法律提案来说明警方的不当行为。圣路易斯公共广播电台(St. Louis Public Radio)的一名记者用 Overview 分析密苏里州的死刑文件,查看该州是否使用一种有争议的致命注射药物,他在 Overview 呈现的分析结果中发现确实有这种可能①。

PANDA 是一款用来整理数据的新闻编辑室数据应用(a newsroom data appliance)。它由博耶等人创立,并由奈特基金会资助,后来由"调查记者与编辑"(Investigative Reporters and Editors,简称 IRE)机构管理。创立的初衷是弥补《芝加哥论坛报》原有数据系统的不足。那里的记者无法上传或更新信息至新闻编辑室保管的中央存储库,而且该系统太老旧以致较难维护,无法涵盖《芝加哥论坛报》所需的所有广度和深度的信息。而 PANDA 本质上是一个"新闻编辑室数据图书馆"。其存储量高达数百万行数据,解决了记者们在有限容量的硬盘中存储大量数据的问题。它还允许新闻编辑室内的任何一个记者对该编辑室或申请使用 PANDA 的其他编辑室的任何数据库进行跨库搜索,这有利于丰富新闻报道的背景,尤其是对于那些有截稿时间要求且用其他方法很难找到背景的新闻报道。PANDA 还有电子邮件提醒功能,通知人们一个特定偏好的搜索什么时候有新结果。尽管 PANDA 的安装需要一些技巧,但记者们把找到的数据上传到 PANDA 却十分方便,他们与新闻编辑室共享这些数据,而且它们不会随着记者离开编辑室而一同被带走。PANDA 会清洗这些上传的数据,使其在界面中更容易被搜索。每当记者利用 PANDA 网络浏览器找到一个新数据库时,PANDA 就会清洗里面的数据。② 除了 Overview 软件和 PANDA 项目之外,国际调查记者联盟(International Consortium of Investigative Journalists,简称 ICIJ)创建并维护离岸泄密数据库(Offshore Leaks Database)。该数据库从巴拿马文件(Panama Papers)、天堂文件(Paradise Papers)和其他调查中提取数据。有组织犯罪和腐败报告项目(Organized Crime and Corruption Reporting Project,简称 OCCRP)维

① MCDANIEL C.Missouri swore it wouldn't use a controversial execution drug.It did[EB/OL].(2014-09-02)〔2020-05-10〕. https://www. stlpr. org/show/st-louis-on-the-air/2014-09-02/missouri-swore-it-wouldnt-use-a-controversial-execution-drug-it-did.

② 尼基·厄舍.互动新闻:黑客、数据与代码[M].郭恩强,译.北京:中国人民大学出版社,2020.

护并更新该项目数据,允许查看者搜索超过 1 900 万份公共记录。记者和研究人员可以使用这两个数据库工具,然后进一步研究从中发现的任何信息。

建造式新闻还侧重新闻作为软件的最基本方面——代码,进而帮助记者去思考作为代码的新闻①。比如,新闻可以是用离散方法处理的特定组块(specific chunks),而且这些组块能自我检测。新闻因此变成了一个向公众开放的参与性平台,公众可以贡献一些构成新闻要素的数据——有时被称为"众包"(crowdsourcing)或"市民生成的"(citizen-generated)数据,这些要素继而构成了一个更大的新闻。例如,《卫报》的众包数据库"计数"(The Counted)②收集了2015—2016 年被美国警察杀害的人的信息。这些信息并非收集自官方来源,而是使用在线报告和读者输入。建造式新闻表明新闻本身可以是一个工具,它通常是在网络和移动设备等基本的内容管理系统(content management system,简称CMS)创建的新技术层之上的前端应用程序(front-end applications)。新闻机构作为信息的知识管理者,不仅是信息的分发源,也是信息的聚集地、编译工具和新闻生态的来源。它收集有关故事的全部信息,比如其他行动者的数据、评论、社区资源和访问信息的渠道,为公共信息建造了一个存储库,并且重塑记者的全部工作,以便用户查找相关问题或事件的信息,让用户体验超出故事本身的新闻。许多新闻编辑室的交互新闻团队因此都被称为新闻应用程序团队,比如:美国公共广播电台、《华尔街日报》《芝加哥论坛报》《得克萨斯论坛报》(*The Texas Tribune*)、《西雅图时报》(*The Seattle Times*)等。

"文档云"(Document Cloud)是一个产品导向的工具,旨在解决搜索、注释和共享文档的问题。它由《纽约时报》和 ProPublica 的 3 名记者发起,后来由"调查记者与编辑"(IRE)的程序员记者团队管理。它通过文字识别过程,能够处理被微软办公软件读取的任何类型的文档——可检索或不可检索,可以轻松嵌入新闻网站,以便公众阅读,并能让人们用关键词轻松搜索到它们。"文档云"使记者能够围绕关键日期建立时间线,还允许记者和公众给网上发布的文件做注释。每个注释都有它自己的 URL,所以都能被记者查找和追踪。可注释性有三方面的作用:①让记者专注于故事强调的基本事实,或者专注于没被叙述却需要引起人们重视的事实;②人们做的注释可以为记者开辟新的报道视角;③人们可以在自行探索中得出自己关于故事的结论并以此建立与他人的伙伴关系。此外,文档云的在线发布文

---

① LEWIS S C, USHER N. Open source and journalism: toward new frameworks for imagining news innovation[J]. Media, culture and society, 2013, 35(5): 602-619.

② GRAY F. The counted people killed by police in the US[EB/OL]. (2015-01-01)[2023-10-01]. https://www.theguardian.com/us-news/ng-interactive/2015/jun/01/the-counted-police-killings-us-database.

档功能使公众"众包"成为可能,这便于他人知道身边的故事并对报道做出潜在的贡献。它因此被认为是一个跨新闻编辑室的标准工具,得到了《纽约时报》《拉斯维加斯太阳报》(*Las Vegas Sun News*)、《纽约客》(*The New Yorker*)、《洛杉矶时报》《芝加哥论坛报》等媒体的赞助。截至2012年,它托管的文件已超400万页①。《芝加哥论坛报》的新闻应用程序团队于2013年创立的《芝加哥枪击受害者》(*Chicago shooting victims*)是前向(forward-facing)新闻应用程序的另一例子。这款应用程序提供了一个追踪芝加哥枪击事件发生时间和地点的地图以及一个更新列表,地图上有展示每个事件细节的可点击按钮,阴影程度则表明这些枪击事件发生的频率。用户可以通过这种有关故事的软件体验来查看芝加哥的全部枪击事件。

建造式新闻是黑客文化中的"制作者文化"(maker culture)的一种延伸,这种文化视"制作"(making)为人类文化的核心②。正如戴尔·多尔蒂(Dale Dougherty)所言:"我们生来就是制作者,具有这种制作东西、用我们的双手抓住东西的能力。"黑客思想和制作者思想之间有着紧密的关联。在互联网发展的初级阶段,程序员和业余爱好者致力于建造更好的硬件和程序,以便在互联网平台上交流③。斯图尔特·布兰德(Stuart Brand)认为日新月异的网络世界激发了实验活动④。Y组合(Y-Combinator)创业孵化公司的创始人保罗·格雷厄姆(Paul Graham)是一名黑客,他认为黑客行为和绘画技艺极为相似,因为两者都强调制作。他解释道:"……,在我所认识的不同类型的人里,黑客和画家是最相似的。黑客和画家的共同之处在于他们都是制作者。与作曲家、建筑师和画家一道,黑客和画家们正在努力制作好的东西。"⑤因此,有关建造式新闻的谈话内容与传统记者对自己工作的谈论截然不同。前者鲜少涉及实际的新闻目标,反而侧重以项目为基础的产品制作,"建造"这一术语被反复用在项目工作的描述中。《芝加哥论坛报》的新闻应用程序博客正是如此,它描述了如何通过改进现有代码建立一个面向

① PILHOFER,A.In two years,documentcloud becomes standard[EB/OL].(2014-09-08)[2023-05-10]. http://www.knightfoundation.org/blogs/knightblog/2012/9/18/in-two-years-documentcloud-becomes-standard.
② 尼基·厄舍.互动新闻:黑客、数据与代码[M].郭恩强,译.北京:中国人民大学出版社,2020:198.
③ RHEINGOLD H.The virtual community:homesteading on the electronic frontier[M].Cambridge, Mass:MIT Press,1993.
④ TURNER F.From counterculture to cyberculture:stewart brand,the whole earth network,and the rise of digital utopianism[M].Chicago:University of Chicago Press,2010.
⑤ TANENBAUM J G,WILLIAMS A M,DESJARDINS A,et al.Democratizing technology:pleasure, utility and expressiveness in DIY and maker practice[C]//Proceedings of SIGCHI Conference on Human Factors in Computing Systems.New York:ACM Press,2013:2603-2612.

公众的图表,进而帮助讲述新闻故事(见图4-7)①。《纽约时报》的开放博客(Open Blog)是另一个例子,它说明了如何基于现有接口代码进行概念分层,以建立一个提升记者数据收集效率的全新软件应用程序(见图4-8)②。无论如何,建造式新闻只是思考新闻的一个方面,其根本目标是为新闻服务。

> 2014年3月7日
> 所以,你开始使用D3建造图表,并且很快意识到你要使所有的图表都是确定的。
> 2014年2月17日
> 几个月前,我们建造了一个可重复使用的JavaScript应用程序,来为某种情况提供接口(API)。需求方要求独立的可搜索事件列表、可嵌入日历和活动预告的窗体小部件,以及谷歌日历、脸书和桌面日历软件的集成等。
> 我们的想法是,用顶部的搜索框和事件列表旁边的日历,建造一个简单的事件列表。

图4-7　《芝加哥论坛报》的新闻应用程序博客

资料来源:NAGLE R.Responsive charts with D3 and backbone[EB/OL].(2014-03-03)[2023-05-10].http://blog.apps.chicagotribune.com/2014/03/07/responsive-charts-with-d3-andbackboneS.

> 在《纽约时报》,我们使用了一个用Python建造的功能自动化框架。在这个框架之上,我们利用nose单元测试框架(unit-testing framework)来检测和运行。我们的框架使用Python的记录模块建造了大量的自动记录(服务请求和响应、网页上的表单操作、数据库查询等)。

图4-8　《纽约时报》的开放博客

资料来源:RAY S.Improving the user experience of automated integration testing[EB/OL].(2014-04-08)[2023-05-10].http://open.blogs.nytimes.com/2014/04/08/improving-the-user-experience-ofautomated-integration-testing.

　　把数据库作为一种建造式新闻的考虑因素包括:①用户:直接面向新闻消费者,或者作为记者的研究数据库;②时效性:一次性发布,或者持续更新;③叙事性:构成调查或故事的一部分,或者数据库本身就是主要产品;④互动性:鼓励用户积极参与改进数据库,或者只允许用户查看数据;⑤数据来源:使用已经公开的数据,或者通过数据库公开新信息③。对于允许受众访问数据集的新闻编辑室来说,还

① 尼基·厄舍.互动新闻:黑客、数据与代码[M].郭恩强,译.北京:中国人民大学出版社,2020:199.
② 尼基·厄舍.互动新闻:黑客、数据与代码[M].郭恩强,译.北京:中国人民大学出版社,2020:199-200.
③ Rahman Z,Wehrmeyer S.Searchable databases as a journalistic product[EB/OL].(2018-12-01)[2023-08-19].https://datajournalism.com/read/handbook/two/working-with-data/experiencing-data/searchable-databases-as-a-journalistic-product.

需考虑数据集的大小和复杂性、新闻编辑室的内部技术能力,以及受众与数据交互的方式。当数据库本身被当作一项调查的主要产品时,其定制与开发往往需要大量的资源,而由第三方服务访问数据往往更简单,所需资源也更少①。例如,上文提到过的案例《给医生的欧元》提供了大约 2 万名收件人以及他们与制药公司的财务联系,如此庞大的数据量需要一个定制的软件解决方案。Correctiv 在独立于其主网站的存储库中开发了数据库软件,把相关数据存储在这个关系数据库(relational database)中。该数据库虽与内容数据库(content database)分开,却被要求在视觉和概念上与主网站和调查栏目的内容管理系统保持一致。由于数据库发布后会出现许多修正上游数据的情况,一个能够实时调整数据库(live database)中条目(entries)和流程的界面至关重要。对于结构简单的较小数据集,这无需高昂费用就能实现。例如,使用第三方电子表格工具(如 Google Sheets)来把表格嵌入数据库;使用前端 JavaScript 库(libraries)来增强 HTML 表格的搜索、筛选和排序功能,这些功能通常足以让用户访问几百行。基于 JavaScript 的网络应用程序可以通过应用程序编程接口(API)访问更大的数据集。这种设置可以很好地运行 iframe 的可嵌入搜索接口,而无须开发成熟的网络应用程序。API 通过第三方服务运行的同时,仍然可以控制前端的样式②。

第五节　近/远视角的新闻

秉承公共新闻事业理念的学者杰伊·罗森(Jay Rosen)曾提出"架构故事"的概念,即一个框架可以用来整合报道一个问题的可能方式,成为接触社群内不同知识阶层的路线图,它将公民定位为政治参与者而非观众。它不仅从宏观上架构故事以实现传媒的公共性,还从叙事结构上兼顾故事与信息的需求,让个人故事与更大的社会议题相结合。③ 电影《媒体先锋》(The Paper)展示了一个纽约小报的新闻会议场景。在会上,所有被提及的国内或国际事件都以是否"有来自纽约的人"结束。如果事件能被本地化,那么它就可以被该报纸报道。本地化故事对读者极为重要,因为这能使他们产生与新闻机构相连接的感受。这种连接不仅是把他们

---

① Rahman Z,Wehrmeyer S.Searchable databases as a journalistic product[EB/OL].(2018-12-01)[2023-08-19]. https://datajournalism. com/read/handbook/two/working-with-data/experiencing-data/searchable-databases-as-a-journalistic-product.

② Rahman Z,Wehrmeyer S.Searchable databases as a journalistic product[EB/OL].(2018-12-01)[2023-08-19]. https://datajournalism. com/read/handbook/two/working-with-data/experiencing-data/searchable-databases-as-a-journalistic-product.

③ 格拉瑟.公共新闻事业的理念[M].邬晶晶,译.北京:华夏出版社,2009:7.

作为世界、全国和本地范围的新闻消息源，而且是把他们自身作为新闻消息源。传统新闻倾向于使用包含了文字和图像的特稿故事、能引人共鸣的轶事或引语来创造身边故事之间的联系，它在提供远视角方面确有可取之处，却在将远视角联系到近视角方面有所欠缺。而交互新闻通过近/远视角的数据应用，能够解决这个问题。

从远的视角看，交互新闻依靠数据驱动讲述宏大故事。不断更新的数据提供关于规模、范围的确切依据，形成故事的全局远景——可能是国际的、国内的和地方的，提供给人一种其自身无法看到的世界的认知①，即便用户待在家里，也能卷入新闻事件的故事情节中，体验日常新闻的仪式②，发现特定问题如何影响被数据涵盖的每个人，使故事在更广泛的社会背景中产生共鸣。数据应用使交互记者的工作核心从追求新闻报道的时效性、冲突、戏剧性转向全面、深入、精确地呈现社会事实③。他们在选择和评价新闻故事的适应性时，侧重点从行动或事件转向情境，强调交互新闻能够讲述一个整体的、详尽的故事，力图呈现一个宽泛的、梗概性的跨时空图景，讲述某一事态变化发展背后的真正含义。为了讲述这些复杂的故事，交互新闻实践经常需要涉及大规模的数据处理④。但有学者认为，不一定要依托大型数据库，或者不能以数据规模来衡量交互新闻价值的大小⑤，关键是值得信任的信息来源，最好的新闻报道"不会解释了一个事件之后就跳到一个又一个其他事件，而是长期追踪事件的重要进展、提供信息，使人们了解利害关系，知道如何参与其中"⑥。

值得注意的是，只呈现宏大主题难免会阻断个体与新闻机构的连接。正如赫伯特·甘斯（Herbert J. Gans）所言："新闻同样也会变得非个人化，人物故事将会减少，而大量的抽象描述与分析将主导新闻报道。"⑦这也正是当下一些数据新闻所表现出来的局限，给人类叙事心理接受造成一定的疏离感。而交互新闻可以为

① PARK R E.News as a form of knowledge：a chapter in the sociology of knowledge[J].American journal of sociology，1940，45（5）：669-686.
② CAREY J W.A cultural approach to communication[C]//CAREY J W.Communication as culture：essays on media and society，Boston：Unwin Hyman，1989：13-36.
③ LORENZ M.Why is data journalism important[C]//GRAY J，BOUNEGRU L，CHAMBERS L.The data journalism handbook.Sebastopol：O'Reilly Media，2012：6-11.
④ 李岩，李赛可."数据新闻：讲一个好故事"——数据新闻对传统新闻的继承与变革[J].浙江大学学报（人文社会科学版），2015，45（6）：106-128.
⑤ GRAY J，BOUNEGRU L，CHAMBERS L.Citizen data reporters[C]//GRAY J，BOUNEGRU L，CHAMBERS L.The data journalism handbook.Sebastopol：O'Reilly Media，2012：101-103.
⑥ 吉布斯，瓦霍沃.新闻采写教程——如何挖掘完整的故事[M].姚清江，刘肇熙，译.北京：新华出版社，2004：9.
⑦ 甘斯.什么在决定新闻[M].石琳，李红涛，译.北京：北京大学出版社，2009：365.

任何特定的问题(范围可能有所变化)提供真正个性化的结果。它描述的不仅是问题所在,还有人们在解决问题的过程中所处的时空位置,以及人们如何解决类似的问题。因此,它不仅是用户想象中的本地信息,也是关涉个体的实际数据———一种个体化的确切数据。这不只是用个人数据去呈现产品,还需要找到将个体化直接嵌入故事的方式:①方式一是内容上的个体化,即把信息编排成以用户为导向的可排序、可搜索的信息,把大型图景具体到个体的个人化体验,用户可以选择数据点或者特定的兴趣领域,清楚地看到一个主题是如何影响他们的"近"处——自己的身边发生了什么①。例如,《Mapa76 黑客马拉松》(*Mapa* 76 *hackathon*)为出于新闻、法律、审判和历史研究等不同目的的使用者提供开放的信息接入,并用地图和时间轴来显示数据结果。任何人还可以通过此项目提供的公共邮件列表和 GitHub 代码仓库参与这个项目。②方式二是算法的个体化。新闻聚合器和社交媒体已表现出算法的故事选择能力,而交互新闻中的算法有利于提供一种彻底个人化的新闻内容阅读体验,比如,通过算法得出回应个人体验的最合适语言。综上所述,交互新闻的叙事融合了近/远视角,把"宏观"和"微观"有机结合起来,表现出对个人层面和公众层面的双重关注。这在目前大部分新闻故事的讲述结构里是难以实现的。

交互新闻的近/远视角在概念上类似于新媒体的多变性法则②的一个重要特性——"可伸缩性"(scalability),即同一新媒体对象的不同版本具有不同的大小(严格的定量变化)和不同的细节数量③。它在交互式虚拟世界中被称为"距离化"(distancing)和"细节程度",比如,在虚拟现实建模语言(Virtual Reality Modeling Language,简称 VRML)的应用过程中,设计师会制作同一物体的一系列不同模型,每个模型的细节递减。当虚拟摄影机接近该物体时,细节丰富的模型就被启用;当该物体处于远景中,程序会自动启用细节较少的模型。近/远视角的新闻还体现出用户的两种空间注意力——聚焦细节和整体。伊利亚·卡巴科夫(Ilya Kabakov)对这些注意力做了以下描述:"一种是空间中漫无目的、总体的探寻定位;另一种是主动、目标精准地'领会'局部的、微小的、意料之外的内容。"④卡巴科夫利用"策略"(strategy),将空间、时间、经验和意义交织成一个整体矩阵来试图"引导"用户的注意力;而用户使用各种"手段"(tactics),在他人设计的矩阵空间中

---

① 尼基·厄舍.互动新闻:黑客、数据与代码[M].郭恩强,译.北京:中国人民大学出版社,2020:207-212.
② 参见本书第四章第四节的相关内容.
③ 马诺维奇.新媒体的语言[M].车琳,译.贵阳:贵州人民出版社,2021:38-39.
④ KABAKOV I.On the"total"installation[M].Berlin:Hatje Cantz,1995.

创建自己特定的行动轨迹①。米歇尔·德赛都(Michel de Certeau)认为这有利于探索计算机空间中的导航②,因为计算机化的数据和媒体的交互一直是以空间角度来构建的。当媒体转化为数据后,所有适用于媒体的操作,现在也适用于空间内的所有事物。与文本、静止图像和音视频等其他媒体类型一样,空间现在也能实时传达、存储、检索、被压缩、重新设定格式、变成信息流、被筛选、计算、编程、进行交互③。因此,可导航空间既能展示物理空间,也能展示抽象的信息空间,是一种与其他类型数据进行交互的普遍方式,是人机交互界面中的一个重要范式④。彼得·格罗(Peter Gloor)提出了"在数据空间导航的七项设计概念":链接、搜索、排序、层级、相似性、绘图、指南和智能体⑤。不同的游戏类型虽有着不同的惯例,比如,在冒险游戏中,用户在探索中收集各种资源;在策略游戏中,用户分配、移动资源,进行风险管理;在角色扮演游戏中,用户塑造一个角色,并逐步获取多种技能,自我完善叙事。但这些游戏不约而同地采用了空间中的导航,说明可导航空间代表着一种范围更大的文化形式⑥。空间的组织形式及其展现事物的功能,长期以来都是人类文化中的基本组成部分⑦。

这里列举了两个带有近/远故事视角的交互新闻实践案例。第一个案例是纽约公共之声推出的纽约城市自行车的交互新闻项目(*ENYC bike share stations*)⑧。在2013年5月,由花旗银行(Citibank)赞助纽约市管理的共享单车正式投入使用。然而,很多车站都有运行故障,这可能导致依赖单车的用户上班迟到或者被迫更换路线,还可能导致意图归还单车的人无法顺利还车,最终面临罚款或偷盗自行车的指控。这虽不会对普通纽约人的安全和福祉造成严重威胁,却是一个值得重视的生活质量问题,人们需要掌握有没有单车可供使用、附近有没有可以停靠单车的地方等基础生活信息。纽约公共之声的交互新闻团队致力于数据驱动的新闻实践并将其视觉化,他们开始思考如何使用数据来讲述发生在纽约共享单车身上的故事,以便解决人们体验共享单车时的困惑。团队负责人基夫从纽约市政方面得到有关共享单车的软件应用程序接口(API),以此获得有关共享单车的实时数据。这并不能直接说明共享单车的接驳站本身是否停运,却可以显示这

① 马诺维奇.新媒体的语言[M].车琳,译.贵阳:贵州人民出版社,2021:270.
② DE CERTEAU M.The practice of everyday life[M].Berkeley:University of California Press,1980:18.
③ GLOOR P.Elements of hypermedia design[M].Boston:Birkhäuser,1997.
④ 马诺维奇.新媒体的语言[M].车琳,译.贵阳:贵州人民出版社,2021:253-256.
⑤ GLOOR P.Elements of hypermedia design[M].Boston:Birkhäuser,1997.
⑥ 马诺维奇.新媒体的语言[M].车琳,译.贵阳:贵州人民出版社,2021:251-252.
⑦ 马诺维奇.新媒体的语言[M].车琳,译.贵阳:贵州人民出版社,2021:254.
⑧ 尼基·厄舍.互动新闻:黑客、数据与代码[M].郭恩强,译.北京:中国人民大学出版社,2020:207-210.

些车站内的单车数量在 3 小时内是否有变化。基夫指出这里有一个公开数据的使用技巧:"如果某个共享单车接驳站的车辆数据保持不变超过 3 小时,我们就能合理推测出没人在使用这些单车,或者这些单车已经损坏,或者这个接驳站可能存在故障。"①基夫及其团队让这些数据有组织地呈现在一个可公开获得的、可点击的、容易读懂的地图上,为用户提供了近视角,用户因此可获取是否有足够的共享单车可供使用、附近是否有可用的共享单车接驳站等日常生活所需信息。同时,这个项目也提供了有关城市和公众责任感的远视角。基夫的团队发现,纽约有大约 10%的共享单车接驳站处于 3 小时以上的休眠状态。虽然城市管理部门未就此事表态,但项目团队"一直坚持检测",基夫解释道:"我们决定在日间追踪那些看起来没有采取行动的车站——基本上维持静态的单车数量或车位数量,并且标记那些休眠时间过长的车站。"②纽约公共之声开始对此进行新闻报道。自此之后的几周里,纽约城市管理部门似乎意识到了责任并采取了措施,休眠站点的数量变少了,单车运行中断的现象变少了,基夫补充说:"一些接驳站中的共享单车在排除某些技术故障后继续在工作。"③

第二个案例是 ProPublica 的新闻应用程序团队推出的《机会鸿沟》(*The opportunity gap*)④交互新闻产品。这个产品由 6 个人(1 名编辑,1 名记者,1 名计算机辅助报道人员、2 名开发人员)花费 3 个月(大多数人并不是专做这个项目)才完成,收集了涵盖全美约 75%学生的即时公开数据,利用近和远的视角,展示了美国 50 个州以及哥伦比亚特区的公立学校的表现⑤。通过在搜索栏中输入地址,用户可以轻松查看该地址所在的州内学生参与大学预修课程、高级科学课程以及体育运动课程的相关数据;通过在搜索栏中输入学校的名称,用户可以立即看到这个学校在各个领域的表现,获得免费午餐的学生人数、编程领域有天赋的学生人数以及学生的种族人数等相关数据(见图 4-9)。然后,用户可以点击一个写着"与贫困程度高和低的学校进行比较"的按钮,看到其他高中的相对贫困程度,以及他们提供高等数学、大学先修课程和其他重要课程的程度(见图 4-10)。根据上述各项指标,用户可以比较各州的情况。团队负责人克莱因阐释了该产品的近视角的作用:"在此之前,除非你去了这些学校,否则你就不会有这些学校的例子。但通过这个

① 尼基·厄舍.互动新闻:黑客、数据与代码[M].郭恩强,译.北京:中国人民大学出版社,2020:208.
② 尼基·厄舍.互动新闻:黑客、数据与代码[M].郭恩强,译.北京:中国人民大学出版社,2020:209.
③ 尼基·厄舍.互动新闻:黑客、数据与代码[M].郭恩强,译.北京:中国人民大学出版社,2020:209.
④ LAFLEUR J, SHAW A, COUTTS S, et al.Opportunity gap[EB/OL].(2013-01-24)[2023-09-26].https://projects.propublica.org/schools.
⑤ GRAY J, BOUNEGRU L, CHAMBERS L.The opportunity gap[C]//GRAY J, BOUNEGRU L, CHAMBERS L.The data journalism handbook.Sebastopol:O'Reilly Media:62-63.

图 4-9　《机会鸿沟》的部分页面（Ⅰ）

图 4-10　《机会鸿沟》的部分页面（Ⅱ）

大数据集,我们能为人们提供个性化的服务,以便人们找到新的细节。你可以了解你所在的学校是否有免费的午餐,以及是否有进阶先修课程测试,据此加深你对这所学校的理解;你还可以找到你的高中或你孩子的高中;那些有竞争意识的家长会将其孩子的学校与邻近地区的学校做比较,结果有时会在意料之外。这个产品提供了一个窗口,通过它我们可以集中看到机会鸿沟这一现象的存在。"①想深入了解社会问题的公众和教育倡导团体可以利用这个产品的可操作的、有意义的数据获取一种远的视角,即使用他们已知的信息——当地的一所高中——来理解他们不知道的——教育机会的分布,以及贫困在多大程度上是这种机会的预测因素②。克莱因进一步指出近/远视角在这个产品中的相互关系:"它是一个从概览到具体的过程。人们最先看到的是国家地图全景和一个搜索栏,里面所有的信息都有相关的背景。你可以进行挖掘并发现自己熟悉的事物……然后找到与全国性的问题相关的一些问题。"③《机会鸿沟》的应用程序还与 Meta 集成在一起,用户一旦登录Meta,该应用程序会自动显示他们可能感兴趣的学校,以便深入了解。除了《机会鸿沟》,ProPublica 还报道了很多数据密集型的故事,不仅让用户在交互体验中与他们自身相关的数据产生联系,还建起一个更广泛的网络,为调查对象提供背景——身边的这个问题或现象如何能够影响到每个个体。ProPublica 的大部分新闻应用程序的访问量都很大④。克莱因特别为这种近/远叙事视角的应用而感到自豪——更重要的是,帮助用户自己讲述自己的故事。他认为这种"广泛而深刻、个人到全国"的近/远视角正是交互记者对新闻业做出的独特贡献⑤。

第六节　开放性和开放源码

加布里埃拉·科尔曼(Gabriella Coleman)认为:"黑客经常致力于信息的一种伦理解释。"⑥很多有益于社会的黑客文化蕴含着一种共享的理念,尤其是在代码方面。开放源代码(简称"开源")有 3 个特点:①非市场化;②行动者之间不依靠契约,对知识进行转移;③行动者为共同的开发目标而分享想法;④把信息共享给不确定的其他参与者而不索取任何即时的报酬⑦。开源是黑客伦理随网络诞生发

① 尼基·厄舍.互动新闻:黑客、数据与代码[M].郭恩强,译.北京:中国人民大学出版社,2020:210-211.
② GRAY J, BOUNEGRU L, CHAMBERS L.The opportunity gap[C]//GRAY J, BOUNEGRU L, CHAMBERS L.The data journalism handbook.Sebastopol:O'Reilly Media:62-63.
③ 尼基·厄舍.互动新闻:黑客、数据与代码[M].郭恩强,译.北京:中国人民大学出版社,2020:211-212.
④ GRAY J, BOUNEGRU L, CHAMBERS L.The opportunity gap[C]//GRAY J, BOUNEGRU L, CHAMBERS L.The data journalism handbook.Sebastopol:O'Reilly Media:62-63.
⑤ 尼基·厄舍.互动新闻:黑客、数据与代码[M].郭恩强,译.北京:中国人民大学出版社,2020:212.
⑥ COLEMAN E G.Coding freedom:the ethics and aesthetics of hacking[M].Princeton:Princeton University Press,2012:3.
⑦ BALKA K,RAASCH C,HERSTATT C.Open source enters the world of atoms:a statistical analysis of open design[EB/OL].(2013-01-24)[2023-09-26].http://firstmonday.org/ojs/index.php/fm/article/view/2670/2366.

展出的核心,它在实践中能够为群体及其行动提供更广泛的平台。《大教堂与集市》(*The Cathedral and the Bazaar*)是一本有关开源文化的著作。此书作者埃里克·雷蒙德(Eric S. Raymond)认为,"开源为社群制作产品提供了便利。"①开源在技术上是一种透明与参与式编码,能够被所有人使用、修改,而且这些修改又都能被其他人轻松获得。正如蒂姆·乔丹(Tim Jordan)在一篇关于黑客行为与权力的论文中所解释的,"所有人都被赋予了访问、查看、改变源代码以及从根本上理解程序如何工作、介入程序和改变它运行方式的权力。"②换言之,任何人都能使用、改变或扩展黑客共享的源代码。可见,开源是一种开放性的文化取向,它蕴含着一种"展示工作"的承诺,让人们知道某个软件项目是如何建造的。抱持着解决共同问题的愿望,这种开放性逐渐发展成一种集体智慧和社区参与的精神,展现出身处其中的个体为了某种更大的利益而进行协作的过程,最终呈现为一种彻底的共享文化。

很多交互新闻团队都是由程序员记者领导的,这使得他们较容易与开放性的开源文化发生关联。交互新闻的开放性主要表现在两个方面:①交互记者通过以GitHub为代表的在线开源存储库分享他们对代码的贡献,以及使用开源代码;②交互记者通过博客等渠道向其他的新闻编辑室和公众展示和分享新闻工作内容、流程和成就。这两方面与黑客文化中的共享代码和"展示工作"的基本承诺密切相关。GitHub号称自己是"世界上最大的开源社区",程序员在这里发布代码的进展过程(不是最终的呈现形式),任何人都能查看它并为它做出贡献,或者把它添加到自己已有的项目中。GitHub也是代码的存储库,程序员在这里保存和托管代码,以便管理他们的项目。许多(不是全部)新闻编辑室都选择在GitHub上开源,让公众了解新闻产品背后的主干框架。即便是如《迈阿密先驱报》(*Miami Herald*)这样的小型报纸也有一个GitHub页面。尽管担忧开源的安全性,卡塔尔半岛电视台和英国广播公司最终还是在GitHub上开发了一些项目③。过去新闻编辑室之间很少合作,而如今记者们在编码过程中学习使用开放的源码,在彼此合作中解决常见的问题,交互新闻的开放性使合作成为开发更好产品的一种手段。《纽约时报》的戴维斯表示:"得益于开放源码,我学会了阅读其他代码······它使我们变得更好,使我们更有效率。"博耶也认同这个观点:"同意开放源码对公共教育还是有好处的。"特别是在资源有限的情况下,新闻编辑室之间的合作有助于调查性项目、分享联络站、合作报道等方面的资源集中。例如,《卫报》《纽约时报》《明镜周刊》合作

① RAYMOND E S.The cathedral and the bazaar:musings on linux and open source by an accidental revolutionary[M].Sebastopol:O'Reilly Media,1999.
② 尼基·厄舍.互动新闻:黑客、数据与代码[M].郭恩强,译.北京:中国人民大学出版社,2020:214.
③ 尼基·厄舍.互动新闻:黑客、数据与代码[M].郭恩强,译.北京:中国人民大学出版社,2020:214.

开展关于维基解密的工作,调查性的非营利组织(如 ProPublica、《得克萨斯论坛报》)与更大的新闻机构(如《纽约时报》)合作报道。

此外,许多交互新闻团队在博客上披露他们自己如何去做以及做了什么的新闻工作流程。例如,《芝加哥论坛报》的新闻应用程序博客曾发表使用 D3 语言创建图表的方案,以便于其他图表共享可重复的代码来实现相同的功能或增强显示效果。《纽约时报》也发表了一篇名为《登录 PHP 的成功和挑战(实际上大部分语言可能也是如此)》的博文,把网站存在的一些潜在问题和解决这个问题的核心方法展示给包括程序员和公众在内的有相似问题的人。类似的博客案例还有《华盛顿邮报》的 Tumblr、纽约公共之声的数据新闻博客、美国公共广播电台的新闻应用程序博客等。交互新闻的开放性带来了一种透明性的文化,使新闻的消费者有机会了解新闻生产的过程,记者也可以借此机会向公众说明他们行业不成文的规则,如采访和获取信息的方法。虽然有的数据新闻会解释数据来源的一些步骤,但这些解释通常以一个简短段落的形式出现。尽管有记者认为这种做法不适用于调查性报道或者浪费记者的时间,但当新闻权威受损时,强调专业技能的特殊属性对重建信任格外重要。对于某些故事来说,可以尝试把用户纳入记者正在进行的报道的某些步骤中,赋予个体数字化收集、共享数据以及将其转化为信息的能力,以开放式互动提升受众参与制作及解读新闻的能力,参与者和信息的增多会使数据表达的事实更为准确,还能够进一步拓展受时间和技术限制的有限报道。这种参与也能增加用户对新闻的关注度,激发移动与按需时代的公民参与,从而建立良好的数据资源生态,这将远超那些在社交媒体上与用户互动的老套路。加拿大的新闻机构"在网站上公开新闻报道和随后的社区反应,以便让所有人看到。有时会产生多层'开放文档'(OpenFile)——照片幻灯片和伴有文本文章的视频,以及众多社区用户在故事论坛上对一些故事的积极介入。"①《卫报》的前主编艾伦·拉斯布里杰(Alan Rusbridger)推动该报以一种不把记者当作"世界上唯一的专家"的方式去接受"开放新闻"。《卫报》计划建立一个巨大的公共空间——作为"事件、活动和课程的中枢"。相似地,康涅狄格州(Connecticut)的《公民纪事报》(*The Register Citizen*)开了一家新闻编辑室咖啡馆,人们可以在那里边喝咖啡边为本地新闻做贡献。Mvskoke Media 采取了一种编辑策略,优先考虑其本地社区需要了解的内容,而不是突发新闻。《檀香山公民报》(*Honolulu Civil Beat*)邀请受众在夏威夷各地的公共图书馆中举办弹出式新闻编辑室(pop-up newsrooms)来提高报道的透明

---

① SANTO A.Experiments in the open newsroom concept[EB/OL].(2011-11-17)[2023-09-26].http://www.cjr.org/the_news_frontier/experiments_in_the_open_newsro.php?page=all.

度,并试图了解人们希望他们报道什么。有些新闻编辑室公开新闻会议,比如,《纽约时报》在线发布了一个新闻会议的视频。从这些实例可以窥见,开放性对公众、新闻编辑室都很重要,以新闻职业为中心来探讨技术创新可能会限制开源的潜力,开放资源作为一种结构和文化的动力场,预示着一种新的新闻标准与规范。未来新闻工作者将不再以中心化的方式建构道德判断与陈述,而是让公众成为这个建构过程中合法且积极的贡献者。交互新闻实践正在贯彻和体现公共新闻学理念,即"新闻应该帮助社区和健全社会的民主生活正常运转"①。

　　然而,有学者认为开源对于传统新闻实践来说是不切实际的。过去透明性通常是对新闻机构之外的公开性机构(如政府)的要求②,而开放参与和公共评价不属于传统新闻业的规范③。所以很少有新闻机构会反观自身,公开它们自己的实践。公众只能通过新闻民族志、新闻记者的传记和一些电影,才能了解新闻机构实际正在发生的事情,除此之外,只有出现剽窃、捏造新闻等严重问题时,新闻的制作方式才可能得以曝光④,这可能使消息源陷入危险,与用户的频繁接触也可能动摇对新闻机构作为新闻权威的认知,故事核心段落的创作遂无法采用完全共享代码和流程的方法。《纽约时报》交互新闻团队负责人、前国会报道记者阿隆·菲尔霍夫(Aron Pilhofer)表示:"在新闻编辑室的背景下,不总是甚至(实际上)不可能以这种开放的方式来做事情。这是一个竞争性的行业,你想要透露消息源、公布记者的笔记或者完全公开调查的想法都是天真且疯狂的。"⑤对于传统新闻和交互新闻的差异,基夫解释道:"我们共享源(代码),但我们不共享角度。在新闻业里,这就是潜规则。共享东西不是新闻工作要做的。"⑥正如博耶所言:"美国公共广播电台软件的一些部分——我们的照片、我们的标识、我们的文字——就不能简单地被开源。……我们能做的是将一些东西的版权归到(美国)公共广播电台,这样就没有人能将其毁坏了。"⑦从这个角度看,代码似乎与新闻以及以内容共享为核心的协作大相径庭。事实上,代码不能完全脱离新闻,它虽不是新闻产品的具体内容,却

①　LEWIS S C, USHER N. Open source and journalism: toward new frameworks for imagining news innovation[J]. Media, culture & society, 2013, 35(5):602-619.

②　PHILLIPS A. Transparency and the new ethics of journalism[J]. Journalism practice, 2010, 4(3):373-382.

③　BRUNS A. Blogs, wikipedia, second life, and beyond: from production to produsage[M]. New York: Peter Lang, 2008:59.

④　CARLSON M. Journalistic authority: legitimating news in the digital era[M]. New York: Columbia University Press, 2017.

⑤　尼基·厄舍.互动新闻:黑客、数据与代码[M].郭恩强,译.北京:中国人民大学出版社,2020:213-214.

⑥　尼基·厄舍.互动新闻:黑客、数据与代码[M].郭恩强,译.北京:中国人民大学出版社,2020:213.

⑦　尼基·厄舍.互动新闻:黑客、数据与代码[M].郭恩强,译.北京:中国人民大学出版社,2020:217.

是建造新闻产品的架构,所以共享代码是在新闻产品上进行协作的一种方式,这突显出一种思考新闻的新方法——把新闻作为协作的以及可以与世界共享的一种过程。尽管记者们在一个受版权保护的故事背景框架内工作,或者在一个实际上可能为专属的调查或内容提供想法的框架内工作,一些新闻编辑室仍然反对交互团队去开源。例如,基根想开放他的大量产品的源码,他解释说:"我们经常使用它(开源),我们想要做出回报。"①但是,他所在的《华尔街日报》的政策禁止这种行为。因此,要想真正回馈开源,指导如何执行代码就变得很重要,这包括说明如何实现脚本的每个步骤以及为项目管理者提供循序渐进的指导,这难免会增加现有新闻编辑室的职责。正如博耶所言:"这确实要做很多工作:你必须将(这些工作)文档化。"②即便如此,那些有志于回馈开源社群的人还是尽可能地开源当作目标,因为共享成功的和失败的经验有助于不确定时期的项目开发。

第七节　自己了解式新闻

旧媒体有固定的呈现顺序,所以用户不能与之交互。但如今用户能够与媒体对象进行交互。在交互过程中,用户可以选择显示哪些元素或使用哪些路径读取文件,进而产生独一无二的版本。从这个角度看,用户可以成为交互新闻的叙事者③。信息传播技术的网络化便于所有事物通过网络的链接结构而联结,网络化的理想状态是用户能轻松地从一个站点转到另一个站点,好奇心是阻碍他们进一步探索的唯一因素④。互联网理论家尤查·本科勒(Yochai Benkler)强调网络的核心特征是用户可以"自己去了解"。他在《互联网财富》(*The Wealth of Networks*)一书中解释说:"在网络上,链接到原始资料和参考资料被认为是交流的关键特点。这种文化是面向'自己去了解'的。对一种观察的信任,来自随着时间推移所产生的发言者声誉的组合,阅读你认为自己有能力去评价的潜在消息源,并了解任何给定的参考性主张或消息源。有这样一群人,他们与评论者或发言者无关,他们可以访问源代码。"⑤传统新闻尝试通过网络与用户相联系以及建立自己平台的网站,它们采用"自己了解式新闻"的核心价值——探索意识,表现为用户通

①　尼基·厄舍.互动新闻:黑客、数据与代码[M].郭恩强,译.北京:中国人民大学出版社,2020:217.
②　尼基·厄舍.互动新闻:黑客、数据与代码[M].郭恩强,译.北京:中国人民大学出版社,2020:217.
③　周嘉雯.交互新闻研究[M].北京:中国传媒大学出版社,2021:45-50.
④　HINDMAN M.The myth of digital democracy[M].Princeton:Princeton University Press,2008.
⑤　BENKLER,Y.The wealth of networks:how social production transforms markets and freedom[M]. New Haven:Yale University Press,2006:208.

过链接和简单的在线参与去传统故事边界外搜索,给当前新闻的线性体验注入一些叙事体验的独特弹性。《纽约时报》在链接到有关特定主题的其他内部文章方面表现突出。它把代码嵌入该报的内容管理系统,引导用户至站内相关文章中的各种关键词以便他们了解这些文章。它还创建了一个工具来显示关于一个特定主题的多篇相似文章以及把它们关联起来[①]。斯蒂恩·斯蒂森(Steen Steensen)表示,新闻学中的超文本被普遍认为能直接提供对信息源的访问和个性化服务,具有导向性,没有截止期限且可提供海量储存[②]。直至今日,传统新闻业仍不知道该如何妥善处理网络链接以完善文章的推荐系统——(不)链接什么。它担心链接到其他网站可能会导致用户脱离最初的新闻故事[③],而且这种在文本和多媒体里进行的探索十分受限。2008 年的一项研究表明,在来自 10 个国家的 1 600 篇文章中,仅有约四分之一的文章有外部链接[④]。

交互新闻遵循的是一套后工业社会的逻辑——把个性(个人定制)看得比共性(大规模标准化)更重要,是计算机及其文化将数据呈现为变量而非常量的结果。从人机交互界面的角度看,从常量到变量意味着用户获得了更多修改程序和新媒体产品的机会,生产者和接收者身份之间的重叠增加了,双方使用相同的软件、操作、技能以及媒体对象的结构的机会也会增加。交互新闻为"自己了解式新闻"提供了更强大的探索能力,它没有停留在对新闻网站内部或外部文章的链接上,超越了从一个故事到另一个故事的表面层次。相反,它把"自己了解式新闻"嵌入每一个交互新闻产品的结构中,将线性故事转变成非线性故事的应用(不局限于新闻应用程序),让用户体验操控的自由(controlled freedom),允许用户在对话、操控、探索等多重领域随时随地展开没有预先确定路径的自我引导式探索。在这些领域中,触控是一种隐含游戏元素(用户可以做任何事)的身体触觉体验,它赋予交互新闻流动性与可塑性。用户界面设计专家詹妮弗·泰德维尔(Jenifer Tidwell)认为,触控具备滚动、缩放、排序、排列、搜索、筛选、拉近和推远界面等能力[⑤]。在这一过程中,用户通过了解构成故事的底层文档,如包含记者姓名和电子邮件地址的原始数据和来源,去独立地解读某个特定的叙事或者调查自己感兴趣的问题,这些问题

① 尼基·厄舍.互动新闻:黑客、数据与代码[M].郭恩强,译.北京:中国人民大学出版社,2020:247.
② STEENSEN S.Online journalism and the promises of new technology:a critical review and look ahead [J].Journalism studies,2011,12(3):311-327.
③ WEBER M S.Newspapers and the long-term implications of hyperlinking[J].Journal of computer-mediated communication,2012,17(2):187-201.
④ QUANDT T.(No)news on the world wide web? a comparative content analysis of online news in europe and the united states[J].Journalism studies,2008,9(5):717-739.
⑤ TIDWELL J.Designing interfaces[M].Sebastopol:O'Reilly,2004:125.

甚至可能没有被故事的特定叙事所涵盖或者从整体上设计交互新闻时没有被想过。他们因此实现了自足(self-contained)叙事,即自己负责路径决策①,并且有能力给他们自己讲故事。

在这里,笔者主要分析用户能够在交互新闻中普遍使用的一种操作(operations)(即计算机使用的技术手段,如复制、剪切、粘贴、分类排序、搜索、合成、变换、筛选等)——选择(selecting)。交互新闻有时包含拓展性的"选项"区域,供用户自定义某些方面。用户的创造性不是从头开始制作东西,而是对菜单、目录或数据库中各种现成选项进行选择、排序和组合,这一操作既提升了交互记者的生产效率,又让用户感觉自己不只是接受者,还是创造新媒体对象和体验的生产者。这一逻辑也适用于分支式交互新闻。"分支式交互"(又称"基于菜单的交互")指的是允许用户访问内部所有对象的一类程序所形成的树状结构②。由于其各个元素往往以树状结构相互关联,它在概念上近似于作者在《交互新闻研究》一书中提到的超文本内模式中的树状子模式③。在一个分支式交互程序中,当用户面对特定对象时,程序会提供一系列选项供用户选择,用户通过点击按钮,点击影像的某一部分,或者在菜单中选择,来决定下一步沿着树状结构的哪一分支前进。用户做出选择后,新媒体对象呈现出的视觉效果是:整个屏幕或其中的一(或几)部分会产生变化。具体地讲,屏幕上的某些部分(如标题、顶层菜单、页面路径等)会保持不变,而有些部分会动态改变。当用户做出选择后,无论是被导向全新的屏幕,还是只改变部分的屏幕,用户浏览的依旧是预定义对象构成的分支结构。换言之,树状子模式通过预先设定框架构建一种对内容的结构化体验,即该体验产生自一个单一且具体的主题,被禁锢于一个固定且有界的环境中④,是其元素所提供的所有路径的总和,用户只是激活了该体验已有的一部分。尽管如此,用户在分支式交互中还是扮演了主动的角色,他们可以决定以怎样的顺序来使用已生成的元素,程序使用的信息是用户认知过程的输出,这是超媒体结构中最简单的一种。

超媒体是另一种常见的新媒体结构,它"为用户提供了创建、操控以及(或)检验内部信息的节点网络的能力,这些节点通过关系链接发生关联"⑤。不同于传统

① ROGERS Y,HELEN S,JENNY P.Interaction design:beyond human computer interaction[M].West Sussex:Wiley,2011.

② 马诺维奇.新媒体的语言[M].车琳,译.贵阳:贵州人民出版社,2021:37.

③ 周嘉雯.交互新闻研究[M].北京:中国传媒大学出版社,2021:51-61.

④ CAIRO A.The functional art:an introduction to information graphics and visualization[M].New York:New Riders,2012:195.

⑤ HALASZ F,SCHWARTZ M.The dexter hypertext reference model[M].New York:ACM Press,1994:30.

媒体中各元素之间的"硬连线"(hardwired),超媒体的每个媒体元素(如图像、文本页等)和整体结构之间是互相离散的,且保有各自的独立性,这些元素可以被"连线"(wired)起来,产生多种对象。超媒体文件内部的各种路径是该文件的不同版本,用户通过层层点击,最终找到的是此文件的某个特定版本①。这种以自己的方式去真正地"见证"事物的过程实际上是一种自我发现和自我学习的路径,它既是参与式网络的特性②,也是交互性思想的基础。这实际上反映了更复杂的开放式交互,即新媒体对象的所有内部元素和结构可以按照用户与程序之间的交互进行实时修改或生成,用户在与系统交互的过程中,能随时选择或改变故事的呈现方式,比如,某一特定的图像镜头、按照这一镜头制作的 VRML 场景等,进而改变故事结构。这种同步生成数据的实现方式有很多:①序性计算机图形;②正式语言系统;③过程式的计算机编程;④面向对象的计算机编程;⑤人工智能(artificial intelligence,简称 AI);⑥人工生命编程;⑦神经网络(neural networks)。它们有着相同的实现原理:①程序员建立初始条件、规则和程序;②控制计算机程序生成数据。这与以往使用固定元素和固定分支结构的封闭式交互迥然不同,多个简单对象之间的交互可能会引起复杂的全局行为,这些行为往往无法提前预测,只在程序的运行过程中产生。从这个角度出发,交互新闻实际上是交互记者、计算机程序、用户这三者之间协作的结果,它既不同于前现代(浪漫主义出现前)的理念(对传统稍做修改),也不同于现代(19 世纪和 20 世纪上半叶)的理念(颠覆传统),而是完全遵循发达工业社会和后工业的社会逻辑③。无论如何,只要在交互过程中存在不变的叙事内核④、结构或原型,而且用户没有在语料库中添加新的对象,开放式交互就可以被视为多变性法则的子集。尽管专业和业余之间的差距缩小,但双方的区隔并未被新媒体摧毁,专业人士会系统性地维护自身地位以求生存,用户也没有建立一个独特的自我,而是采用了已经设置好的身份,况且不是所有的交互新闻的文本都体现了巴特的"读者文本"⑤。

上述操作的概念还可以与其他以技术为基础的文化实践术语相联系,如"程序"(procedure)、"实践"(practice)和"方法"(method)。但是,只把操作的概念简单地理解为"工具"(tool)或"媒介"(medium)是错误的⑥。实际上,本书采用了《新

① 马诺维奇.新媒体的语言[M].车琳,译.贵阳:贵州人民出版社,2021:38.
② ALLAN S,SNOWALKER P,CARTER C.Bearing witness:citizen journalism and human rights issues[J].Globalisation,societies and education,2007,5(3):373-389.
③ 马诺维奇.新媒体的语言[M].车琳,译.贵阳:贵州人民出版社,2021:129.
④ 参见本书第四章第八节的相关内容.
⑤ 巴特.S/Z[M].屠友祥,译.上海:上海人民出版社,2000:56.
⑥ 马诺维奇.新媒体的语言[M].车琳,译.贵阳:贵州人民出版社,2021:121.

媒体的语言》一书所提出的一个潜在假设:这些传统观念不适用于新媒体,所以需要提出"交互界面""操作"等全新的概念。与传统工具不同的是,操作是新媒体的自动化法则和跨码性法则的一个例证。大多数新媒体的操作早先都属于计算机科学中的算法,这些算法最终才成为标准软件应用程序中的命令,所以操作被编码在算法中,作为软件命令得以执行。操作还可以被应用于媒体数据,并独立于媒体数据而存在。因此,程序设计中的算法与数据的分离,可以转变成操作与媒体数据的分离。操作还有一个重要的特点:经组合成为一个序列。交互记者可以使用特殊的脚本语言编辑和修改脚本,删除和添加新的操作,也可以把保存后的脚本继续用于其他的对象或数据,也可以让脚本独立于数据而存在,甚至指导系统在特定时间或特定情境下自动激活脚本,交互新闻记者因而拥有了更多的灵活性[①]。图形化的交互界面还具有镜子的功能,用户不仅可以看到自己的镜像(如在屏幕上移动的光标),还可以利用这些镜像来观察自己的(操作)行为及其引起的后果(如点击图标会触发何种效果)。这极易激发用户的自恋心理。与传统自恋不同的是,这种自恋不是被动的沉思,而是行动,交互界面成为反映用户(操作)活动的镜子。新型自恋与传统自恋的另一差异是这面镜子极大地放大了用户的(操作)活动,比如,用户点击图标可以激活一个动态效果,同时伴有声音;点击按钮可以驱动新闻游戏中的人物去做某事[②]。

2013 年,《金融时报》(*Financial Times*,简称 FT)和《卫报》以截然不同的报道风格分析了同一个数据集——英国政府在 2011 年的人口普查中统计的骑自行车上班的人。这两个用数据讲述的对比性故事解释了用户如何通过"自己了解式新闻"去核查新闻机构的专业声张。《金融时报》基于数据得出一个看似可靠的结论——伦敦骑自行车的人数显著增长[③]。它在第一段写道:"在首都,成群骑自行车的人构成一种生活景观。在这里生活的人都会对这一新闻点头承认。在伦敦,骑自行车去工作的人数在过去的 10 年里翻了一番。"[④]相反地,《卫报》在其数据博客中指出:"骑车上班族的比例没有增加——数据故障。人口普查分析发现,2011年骑车上班的人数比例与 2001 年的相同。在 348 个地区中的 202 个地区,我们从

① 马诺维奇.新媒体的语言[M].车琳,译.贵阳:贵州人民出版社,2021:121-122.

② 马诺维奇.新媒体的语言[M].车琳,译.贵阳:贵州人民出版社,2021:238.

③ CADMAN E. Cycling and the gentrification of inner london[EB/OL].(2014-03-26)[2023-09-18]. http://blogs.ft.com/ftdata/2014/03/26/cycling-and-the-gentrification-of-inner-london.

④ Office for National Statistics.2011 census analysis:cycling to work[EB/OL].(2014-03-26)[2023-09-18]. http://www. ons. gov. uk/ons/rel/census/2011-censusanalysis/cycling-to-work/2011-census-analysis—cycling-to-work.html♯tabconclusions.

地方政府的数据中实际上看到了下降。伦敦的增幅仅有令人难以置信的1.6%。"①用户若想了解伦敦的骑自行车的人的实际情况,可以通过人口普查表的链接搜索到相关数据。这些信息还可以通过交互图表和图形直接呈现给用户,让用户以一种易于访问的方式操作数据、搜索证据,进而形成自己的判断意见来决定相信哪个报道。

有趣的"自己了解式新闻"还能让用户在挖掘个性化信息中体验到一些乐趣,这有助于展现近和远的视角。例如,英国广播公司推出的《你在全球肥胖指标中处于什么样的位置》(*Where are you*?)计算器要求用户输入自己的性别、年龄、身高和体重,再根据联合国建立在 177 个国家人口规模基础上的数据,以及世界卫生组织(World Health Organization,简称 WHO)对全球体重的估算值、全国范围内健康调查得出的平均身高,计算出用户的身体质量指数,并且显示用户所在国家的身体质量指数以及与用户性别相同、年龄相仿的其他人群的身体质量情况。英国广播公司的贝拉·赫里尔(Bella Hurrel)表示:"我们以一种新的方式讲述这个故事,这不是数据处理,而是简单的娱乐;但它与公众相关联,其(目的)是教育和告知,提供给用户一个从他们自己的角度了解世界的机会。"②《纽约时报》也推出了许多类似的"自己了解式新闻"。其中的一个交互新闻让用户通过一个有趣的、可操作的滚动条,对《纽约时报》评选出的世界排名前 46 名的那些地方进行滑动式搜索,点击链接还会出现一个带有照片、地图和简短介绍的目的地列表,如澳大利亚的金伯利(The Kimberly)被描述为"在内陆边缘的一个温和冒险(之旅)",这是一种以用户为导向的内部搜索方式——用户可以自己决定去了解想去的地方和看到什么。此外,"自己了解式新闻"还涉及沉浸式故事讲述类型的交互新闻产品,它们提供给用户一种故事讲述的整体体验,这种体验方式不单是阅读简单的阅读文本、观看视频或者浏览照片幻灯片,它允许用户直接体验多种内容类型,按自己想要的方式展开探索并与内容互动。

第八节　叙事内核

对故事的强调源于这样一种假设,即"人类依靠故事来了解自己生活的世界",

① SEDGHI A.No increase in proportion of commuters cycling:data breakdown[EB/OL].(2014-03-26) [2023-09-18].http://www.theguardian.com/news/datablog/2014/mar/26/no-increase-commuterscycling-data-census.

② 尼基·厄舍.互动新闻:黑客、数据与代码[M].郭恩强,译.北京:中国人民大学出版社,2020:220-221.

人"对故事的理解完全出于直觉",相较于枯燥的分析,人更容易对故事产生共情①。可见,社会功能的实现取决于能否吸引且激发民众的阅读兴趣、认知、思考乃至行动。新闻事业的两大传统是发现事实和讲述故事。具体地讲,发现事实的传统是把公民当作客户,建立所谓的"实用智慧";而讲故事的传统是把公民当作观众,以人类心理的接受结构为基础,通过"审美经验的力量"增进理解或激发情感②。以讲故事的方式报道新闻也是为了追求效率,因为验证或否定一个故事可以帮助记者明确想要寻找的信息以及如何解释该信息,可以帮助编辑或出版者评估其可行性、成本、回报和调查进展③。叙事是新闻的一个重要组成部分,对于交互新闻亦如此。无论故事是通过代码还是数据呈现,每个交互新闻都会有某种类型的故事嵌入其中。虽然它有不同于传统新闻的呈现方式、制作工具和用户体验,但它没有试图颠覆传统新闻向公众传播公共信息的终极目标——讲述清晰且权威的故事以便用户更好地理解。换言之,叙事是交互新闻根本的、关键的特征,代码只是叙事的一种手段。对叙事的强调证明交互新闻最终接受了新闻业的主导性规范,把产品作为新闻加以定义,这表明交互新闻与更大新闻业之间的联系。传统新闻的"线性"叙事意味着指向特定的位置和目标,而交互新闻的叙事提供了一种不强加给用户的(可操作的)非线性叙事结构——没有预先设定的叙事顺序,侧重用户按需探索的过程。尽管如此,交互新闻和传统新闻具有一个明显的相似之处——聚焦于叙事内核。传统新闻的叙事内核往往是一个故事的核心论题,而交互新闻的叙事内核是一个明确的重点,即交互记者希望用代码或(和)数据展现的故事重点。会编程的传统记者尤为坚信:他们生产的交互新闻为用户提供了清晰可辨的叙事。美联社的吉勒姆指出:"交互产品只是某种'发表在网上的记事本'的想法是错误的。相反,你可以有目标地搜索数据。如果我们不能得出叙事内核,就不能得出一般性的结论。"④《华尔街日报》的记者萨拉·斯隆(Sara Sloane)也赞成吉勒姆的说法,她在工作中处理的数据虽然常常是非线性的,她创建的最终交互产品却是一个"前端的······线性故事(叙事)"⑤。ProPublica 的记者魏思思也持有相似的观点:"这些都是故事,即使它们通过代码以新的方式被呈现出来。它们有中

① 鲁勒.每日新闻、永恒故事:新闻报道中的神话角色[M].尹宏毅,周俐梅,译.北京:清华大学出版社,2013:60.
② 格拉瑟.公共新闻事业的理念[M].邬晶晶,译.北京:华夏出版社,2009:11.
③ 李岩,李赛可."数据新闻:讲一个好故事"——数据新闻对传统新闻的继承与变革[J].浙江大学学报(人文社会科学版),2015,45(6):106-128.
④ 尼基·厄舍.互动新闻:黑客、数据与代码[M].郭恩强,译.北京:中国人民大学出版社,2020:225.
⑤ 尼基·厄舍.互动新闻:黑客、数据与代码[M].郭恩强,译.北京:中国人民大学出版社,2020:225.

心观点、关键想法和感想收获,以及传递给人们的明确信息。"①她的编辑克莱因进一步解释了代码如何帮助展现这些故事。"我们通过学术简报搜索、了解以前做过的事情,深入地挖掘数据。我们可能开发源代码库,有时候这非常类似于传统记者在新闻故事中引用一个消息源,但是从他们的头脑里输出的总是一个交互数据库或一个可视化产品。"②与传统故事按顺序整理大部分的定性信息相似的是,每一个编码机会(coding opportunity)都能聚集起其他未组装的信息,再提供给用户阅读。

虽然交互新闻有可探索的巨大潜力,但用户可获得的选择项依旧是有限的。为了展开叙事,交互记者可以有意识地选择如何呈现信息。他们不是简单地展示引导的信息,而是专门设计一些选择项来指引用户经由一条特定的路径理解信息,这对那些多层面的数据项目尤其重要。例如,《纽约时报》曾发布一个关于不同地区的代际收入不平等的交互新闻③,其叙事内核是说明收入的流动性,即一个孩子在有生之年能够从后五分之一的收入层级上升至前五分之一的收入层级的概率。新闻中的交互地图按照美国的主要人口聚集区域划分成几个部分,设计的选项有助于用户了解此新闻的浏览方法:蓝色和红色分别表示上升概率最高和最低的区域。地图中的南方有大量红色,因而可以被视为美国收入最不平等的地方。由于红色经常代表失败(赤字、贷款危机、红色危机等),这暗示用户在美国提高收入层级的难度之高。这个简单的设计对用户发现叙事内核起了重要作用。而在一个沉浸式的体验中,用户可以探索更多的选项,交互记者就会用标题、描述性文本和图形结构来帮助引导主题的出现。例如,《华盛顿邮报》推出了一个交互新闻《为什么小个头可以扣篮》(*Why short guys can dunk*),它的开头是这样描述的:"我们咨询了一位运动学教授,以及一名与职业的大学篮球运动员一起工作的教练,让他们解释为什么一些矮个子可以跳高到足以扣篮。答案是什么呢? 基因和大量的练习。它们能训练大脑在一种有效的运动链条中按照一种从肩膀到脚趾的精确顺序去激活肌肉。"④这段话准确地传达了潜在信息——用户应该从这个交互新闻中发现什么以及交互记者制作这个图形的意图。

① 尼基·厄舍.互动新闻:黑客、数据与代码[M].郭恩强,译.北京:中国人民大学出版社,2020:226.
② 尼基·厄舍.互动新闻:黑客、数据与代码[M].郭恩强,译.北京:中国人民大学出版社,2020:226.
③ LEGRAND R.Why journalists should learn computer programming[EB/OL].(2010-06-01)[2023-10-01].http://mediashift.org/2010/06/why-journalists-should-learn-computer-programming153/.
④ Washington Post. Why short guys can dunk[EB/OL].(2012-03-07)[2023-10-01].http://www.washingtonpost.com/wp-srv/special/health/why-short-guys-can-dunk.

第五章　交互新闻的设计流程

第一节　引　子

科技创新可以被认为是对抗性的,因为它能挑战现行做事的方式。这与设计未来的产品类似:在以创造新事物为目标时,产品设计必须"超越"当前的限制。正如洛夫格伦和斯托尔特曼所强调的,"情况中没有隐藏的解决方案,只有创造性的飞跃和超越现在的限制才能解决。"设计研究者用超越传统的概念加以解释:"我们总是在某种程度上受缚于我们的传统。然而,为了解决我们的问题,我们必须超越现在。"①为此,设计师能做的是:理解这些限制,展示如何克服或打破这些限制。他们通过设计一个产品,提出一种新的可能性,这种可能性预示着现状演变的潜在方向。使用该产品并与之交互将促使人们反思现有的做事方式,并考虑如何改变这种方式。开发、部署和原型评估的设计过程使新的设想或思维方式成为可能,但当前的设计实践与可预见的未来之间的关系可能仍然较为紧张。有三个方法可以解决这个问题:①继续为旧的技能、旧的价值观和旧的劳动分工而设计;②为新设计、新技术所带来的可能性而设计;③介于前两个方法之间,将"设计什么"的问题重新定义为"发现什么",即"不仅设计出高质量的新系统,还要确保它们在特定实践中的可用性"。这种设计方法有助于理解一个想法如何体现传统的价值、过程或目标,并且挑战它们以提出新的可能性。

在新闻业,研究者和实践者长久以来似乎毫不相干:研究人员倾向于研究现有的实践案例,而从业者较难认识到新闻研究的意义。研究和实践的脱节令诸多学者感到不安②。由于新闻业所面临的技术挑战对学界和业界都有影响,将研究视为一种实践活动是有价值的。关于以实践为导向的新闻研究的讨论③、帮助塑造

---

① MOGENSEN P H.Towards a prototype approach in systems development[J].Scandinavian journal of information systems,1992,4:32.

② SCHÖN D A. The reflective practitioner:how professionals think in action[M].2nd ed. Farnham:Ashgate,1991:308.

③ NIBLOCK S.Envisioning journalism practice as research[J].Journalism practice,2012,6(4):497-512.

新闻业未来的研究需求①、结合不同方法以创新理论的建议也印证了这一观点。关于新闻实践的研究目前集中在新闻生产和系统评估②。传统新闻目前还没有一个通用的生产流程,它以灵活多变的制作过程来满足不同新闻选题的需求。克里斯·帕特森(Chris A. Paterson)和大卫·多明戈(David Domingo)基于民族志理论,将网络新闻的生产过程分为 5 个阶段:① 访谈(interview)和观察(observation);②筛选(selection)和过滤(filtering);③加工(processing)和编辑(editing);④分发(distribution);⑤解释(interpretation)③。第 2、3 个阶段都以大卫·曼宁(David M. White)提出的守门理论(gatekeeping theory)为指导。"把关"(gatekeeping)是指将无数条信息筛选出来,加工成数量有限的信息,然后传播给受众的系统。曼宁指出,新闻故事只有经过严格的筛选和过滤才能进入后续阶段④。亚伯拉罕·巴斯(Abraham Z. Bass)认为,新闻的加工和编辑也必须以守门理论为指导⑤。还有学者建议把关理论应用于新闻的分发和解释阶段⑥,甚至是任何关于信息编码的决策过程⑦。在新媒体时代,有人提出"看门"理论(gate-watching theory)⑧应该取代把关理论,从简单地消除不重要的信息转变成有目的地突出更重要的信息⑨,通过重新设计信息结构和交互来强调关键信息,改善用户体验过程,从而更有效地传达新闻。这有利于解决信息过载、并行表达、信息干扰等长期困扰媒体的问题。在过去,用户往往没有明确的角色或身份,只能以旁观者的身份,沿着系统预先定义的时间轴线性地体验新闻事件。如今,看门理论让用户

① KOPPER G,KOLTHOFF A,CZEPEK A.Research review:online journalism—a report on current and continuing research and major questions in the international discussion[J].Journalism studies,2000,1(3):499-512.

② WU H Y, CAI T, LIU Y, et al. Design and development of an immersive virtual reality news application:a case study of the SARS event[J].Multimedia tools and applications,2021,80(2):2773-2796.

③ PATERSON C,DOMINGO D.Making online news:the ethnography of new media production[M].Oxford:Peter Lang,2018.

④ WHITE D M.The"gate keeper":a case study in the selection of news[J].Journalism quarterly,1950,27(4):383-390.

⑤ BASS A Z. Refining the "gatekeeper" concept: a UN radio case study [J]. Journalism & mass communication quarterly,1969,46(1):69-72.

⑥ REESE S D,BALLINGER J.The roots of a sociology of news:remembering Mr.Gates and social control in the newsroom[J].Journalism & mass communication quarterly,2001,78(4):641-658.

⑦ DONOHUE G A, TICHENOR P J, OLIEN C N.Gatekeeping:mass media systems and information control[C]//KLINE F G, TICHENOR P J.Current perspectives in mass communication research. Beverly Hills:Sage,1972:41-70.

⑧ BRUNS A.Gate watching:collaborative online news production.New York:Peter Lang,2009.

⑨ BARDOEL J, DEUZE M.Network journalism:converging competences of media professionals and professionalism[J].Australian journalism review,2001,23(2):91-103.

不受限制地获取信息并体验到新闻故事所涉各方的感受,体现了"人人都是看门人"的理念,这固然符合"公共新闻"(public journalism)或"公民新闻"(civic journalism)①的概念,但期待每一位用户在获取无序呈现的新闻的过程中扮演专业看门人的角色是不现实的。为此,有学者提出一种基于守门理论的全新用户体验模式,即"两种约束下的两种自由"②。"两种约束"是指:①不同场景之间的约束,即要求用户必须完成当前场景中给定的所有交互任务才能重新定向到下一个场景;②预先定义了不同交互任务之间的约束条件,即只能在特定场景的适当阶段触发交互。"两种自由"是指:①自由地(无时空限制)探索当前场景内的各种东西;②自由地(无操作顺序要求)操作同一个交互任务所涉及的不同对象。这种体验模式要求用户以固定的交互流程和有组织的方式参与到新闻事件中,获取必要的关键信息。用户完成系统要求的指定交互任务后,可以在每个场景内自由探索。可见,以设计为导向的研究关注棘手的问题、创新的想法和实践驱动的方法,这有助于学者提出能够解决实践问题的问题、解决问题的新想法以及在特定背景下将理论转化为实践的方法,这是研究和实践相互交流的一种方式。交互设计对新闻实践的价值是显而易见的。本章将探究如何把以设计为导向的研究应用于交互新闻,以提出应对技术挑战的合理建议。

设计对开发新的新闻产品是有价值的,它将新闻实践与技术相结合,是记者主动与技术接触的一种方式。记者不是简单地将现有技术融入他们的实践中,而是通过设计、想象和创造软件、设备和互动来实现新闻目标和体现新闻价值。由于设计与技术无关,它可以用于任何成熟的、新兴的或尚未发明的技术。设计还提供了实用的、低成本的迭代过程,允许记者个体和新闻机构按照特定的目标、背景和受众定制新闻。在一些棘手和高度政治化的问题上,无论新闻报道试图多么客观,都很容易被觉察到并被迅速贴上政治偏见、受特殊利益驱使的标签。而交互新闻设计探索如何利用有形的(可触的)和无形的(虚拟的)界面来创造新颖的新闻叙事。例如,关于单独监禁对囚犯的生理和心理影响已有很多争论和研究③,但很少有人亲身体验过单独监禁。与单独监禁较为相关的新闻报道是《卫报》于 2016 年发布的《6×9:单独监禁牢房的虚拟体验》(6×9:*A virtual experience of solitary*

---

① KOVACH B, ROSENSTIEL T. The elements of journalism: what newspeople should know and the public should expect. New York: Three Rivers Press, 2001.

② WU H Y, CAI T, LIU Y X, et al. Design and development of an immersive virtual reality news application: a case study of the SARS event[J]. Multimedia tools and applications, 2021, 80(2): 2773-2796.

③ American Psychological Association. Psychologist testifies on the risks of solitary confinement[J]. Monitor on psychology, 2012, 43: 10.

confinement)项目。它模拟了一个 6 英尺乘 9 英尺的禁闭室(简称"6×9 VR"),侧重用画外音叙述故事,并将文字投射到墙上。用户只有转头去看才能与虚拟环境进行交互。为了更多地关注现实主义和交互,而不是讲故事,一些研究者创建了一个有更多交互且无画外音的 VR 体验。这个 VR 项目的交互活动大多以第一人称视角发生在牢房中,虽然没有玩家化身(player avatar),但用户可以看到双手、四处走动、打开水龙头、冲洗座便器。当食物托盘出现时,用户可以拿起食物。当到了户外运动的时间,他们将被传送(teleporting)到户外区域。用户在这样的虚拟环境中可能会感到孤独和无聊。研究者们想借此探究人们的时间感以及这种感觉如何影响人们。因此,时间管理(time management)和时间操纵(time manipulation)是设计的关键。每个用户在 VR 中花费的时间可能不到 10 分钟,但设计者希望他们感觉时间更长。在囚犯典型的一天中,预估囚犯会睡 8 个小时,如此一来,活动时间就剩 16 个小时。对于共计约 8 分钟的 VR 体验来说,每个小时在 VR 中只能用 30 秒表示。在这个大约 8 分钟的体验中,时间被分成 3 个不同的区间:第 1 个是户外娱乐时间"小时"的前 1 个小时,第 2 个是户外娱乐时间的实际"小时",第 3 个是中间有两顿饭的 14 个"小时"。而不同的时间操纵技术还在试验中①。

　　设计不仅对新闻产品开发有价值,它对于新闻研究同样是有价值的(甚至可能更有价值),因为新闻研究也需要新的思路。记者型研究者把交互设计的方法——背景研究、草图、线框图、原型、评估——作为"思考的工具"②,部署、记录和评估设计技术,以提取未来在新闻领域进行交互所需的知识,促进设计活动交流和知识转移,为新闻发展提供新的洞见。因此,新闻业代表的不只是"走向解决方案的运动"③,还是一场行动中的潜在反思④,为新闻业提供了总体框架和新的可能性。在以设计为导向的研究中,产品至关重要。它们不仅体现了知识,而且代表着一种新的可能性。当新闻设计原型作为一个产品被放入一个情境中,引起了研究者和使用者的观察或讨论时,它就有可能充当探索和反思实践的工具,帮助想象一个不同的未来,理解实现这个未来可能需要现在改变什么,以及现状如何改变对未来的想

① PLAGER T,ZHU Y,BLACKMON D A.Creating a VR experience of solitary confinement[C]//2020 Conference on Virtual Reality and 3D User Interfaces Abstracts and Workshops(VRW).Atlanta: IEEE,2020:692-693.
② LÖWGREN J,STOLTERMAN E.Thoughtful interaction design:a design perspective on information technology[M].Cambridge:MIT Press,2004.
③ NIBLOCK S.Envisioning journalism practice as research[J]Journalism practice,2012,6(4):506.
④ SCHÖN D A.The reflective practitioner:how professionals think in action[M].2nd ed.Farnham: Ashgate,1991.

象。这涉及作为探索的设计与作为产品开发的设计之间的矛盾,以及如何为传统和超越而设计。设计思维是一种利用设计技术创造出顾客愿意购买的产品的方式。当项目的阶段性目标更侧重商业意义(建立产品的用户基础或将产品扩展到更广泛的用户群)而非知识生产时,它的有形成果很可能不是一个研究原型,而是一个测试版和一个开放式源代码库。但本书的重点是利用设计研究来产生关于未来新闻业的新想法,这些想法在商业上不一定可行。尽管商业目标可能是同一个连续体的一部分,但在设计的早期阶段,假想的商业限制可能会阻碍创造力,搁置商业限制对开辟新闻实践的新空间可能是有用的。因此,本章专注于创造概念,而不是产品。值得注意的是,虽然交互新闻的设计阶段被按照顺序描述,但设计——像任何创造性的过程一样——很少遵循一个线性的路径。当然,在更广泛的周期内,这个过程可以向后追踪,向前跳跃,或者涉及几个更小的设计周期。根据以上交互设计的流程,记者可以进行背景研究和最初的设计工作(initial design work),然后独自(有开发者背景的记者)或与开发者合作创建最初的原型(initial prototype)和之后的测试版本(beta version)。

经典的叙事学方法(classical narratology methods)只关注输出(叙事),如作者的角色、受众的积极作用、叙事本身的可塑性等①,但交互新闻不是直接叙事,其本质是一个交互式程序(interactive program),是比叙事本身更大、更复杂的东西。它借鉴了"由系统(system)、过程(process)和产品(product)组成"的交互式数字叙事的理论模型,其"程序性质(procedural nature)是反应性(reactive)和生成性(generative)系统"②,需要一个交互式过程来生成输出。因此,在交互新闻的概念经由草图、线框图和原型图等技术转化为产品的过程中,必须考虑共同导致叙事输出的软硬件以及用户与其交互过程的组合③。作为上述定义的第 1 个要素,系统(system)是指数字人工制品(digital artefact),包括可执行的程序代码(executable programming code)和虚拟资产(virtual assets),以及连接的硬件(connected hardware)。换言之,系统包含潜在的叙事,这些叙事是通过原型故事(protostory)、叙事设计(narrative design)和叙事向量(narrative vectors)构建的。其中,原型故事是指定义潜在叙事体验空间的原型;叙事设计是指原型故事中的结

① KOENITZ H.Towards a theoretical framework for interactive digital narrative[C].AYLETT R,LIMM Y,LOUCHART S.Interactive storytelling.Berlin:Springer,2010:176-185.
② KOENITZ H.Towards a specific theory of interactive digital narrative[C].KOENITZ H,FERRI G,HAAHR M.Interactive digital narrative.New York:Routledge,2015:91-105.
③ KOENITZ H.Towards a specific theory of interactive digital narrative[C].KOENITZ H,FERRI G,HAAHR M.Interactive digital narrative.New York:Routledge,2015:91-105.

构,该结构允许灵活地表达叙事;叙事向量关乎为故事提供特定方向的子结构。第2个要素是过程,其本质是互动的,因而能吸引一个或多个参与者。该过程由系统提供的机会定义,并由用户的行为塑造。该过程的互动是输出的基础,强调了交互新闻叙事与传统媒体叙事之间的关键区别。第 3 个要素是实例化产品,因为交互新闻的参与过程和程序性质使不同的叙事输出(narrative outputs)成为可能[1]。按照这些定义,交互新闻可以被定义为数字新闻媒体的一种表达性叙事形式(expressive narrative form),它由包含潜在叙事的计算系统实现,并通过参与式过程进行体验,从而产生实例化叙事的新闻产品。克里斯蒂娜·西拉(Cristina Sylla)和玫特·吉尔(Maitê Gil)还建议在系统、过程和产品相互交互的过程中赋予用户更显著的角色。从这个意义上说,对交互新闻的全面分析需要包含系统、过程、产品和连接这三个要素的用户。综上,交互式数字叙事的专有理论与应用于交互式数字叙事的叙事理论之间的主要区别[2]是从以产出为中心的观点转变为程序性叙述。这种转变是本书的基础,笔者认为交互新闻设计能够从中受益。

在交互新闻转变为程序性叙述的过程中,需要避免用"更多"(greater)替代"其他"(other)。整体(the whole)是将单个成分(single components)组合成一个感知系统(one perceptual system),它并不大于其各部分之和,体现了格式塔(的现象)。格式塔(Gestalt)一词源自德语,指的是一种模式或形状(a pattern or shape)——事物的整体感。20 世纪初,奥地利和德国的心理学家采用格式塔来解释事物的各部件如何组成一个模式。一个知名的例证是一个看似抽象的黑色标记区域:人们一旦认出是一条狗,就能自行脑补出整幅图像[3]。这为交互新闻设计提供了思路。人们已经习惯把多媒体技术视为一种融合手段,并因此熟悉媒介融合,即"多种媒介系统共存且媒介内容在它们之间顺畅流动的情况"[4]。跨媒介叙事(transmedia storytelling)这一概念最早由麻省理工学院教授亨利·詹金斯(Henry Jenkins)于2003 年正式提出,它不只是多个媒体功能简单相加,或者相同信息在不同平台之间的复制转换,而是代表"一个过程,构成整体的必要元素(integral elements)在这

① SYLLA C, GIL M. The procedural nature of interactive digital narratives and early literacy[C]// Interactive Storytelling: Proceedings of 13th International Conference on Interactive Digital Storytelling(ICIDS).Cham:Springer,2020:258-270.

② LAUREL B.Computers as theater[M].New York:Addison-Wesley,1993.

③ ANTONINI A,BROOKER S,BENATTI F.Circuits,Cycles,Configurations:an interaction model of web comics[C]//Interactive Storytelling:Proceedings of 13th International Conference on Interactive Digital Storytelling(ICIDS).Cham:Springer,2020:287-299.

④ JENKINS H.Convergence culture:where old and new media collide[M].New York:New York University Press,2006.

个过程中被系统地分散在多个传递渠道中,以创造统一和协调的体验"①,其中"信息与艺术作品之间的区别正在淡化"②,需要重新讨论由此产生的媒介景观。在一个流动的、碎片化的空间中,跨媒介模型有时难以适应数字空间中不同组件之间的微妙区别,进而难以识别统一和协调的体验。网络技术构建了快节奏的生成空间(generative spaces)。在这个空间中,工具和方法不断地组合(combine)和重组(recombine),静态(static)或形式主义(formalist)的特殊定义似乎已经过时③。相反,有些学者提出一种本体论(ontology),它将新技术描述成一个经感知生成的矩阵(perceptually-generated matrix),包含彼此相关的离散组件。媒体系统(media systems)和媒体内容(media content)之间的区别变得不那么深刻,因为它们被整合在一个副文本(paratextual)变成了文本(textual)的临时配置(temporary configuration)中。这些相互作用的组件(interacting components)临时形成了一个独特的结构。该结构不是其组成部分的总和,而是一个通用的框架(general framework),用来描述涉及内容生命周期(content lifecycle)的参与者(actors)之间以技术为媒(technology-mediated)的交互,同时对特定平台保持不可知性(agnostic)④。

为了说明这一点,本书没有将交互新闻定位为一个离散的实体(discrete entity),比如,屏幕上的交互视频或更大分布式故事(greater distributed story)中的跨媒介组件(transmedia component)。相反,交互新闻被视为离散交互(discrete interactions)在各种空间中的形成。这些交互融合后,形成一种跨平台的持续体验:浏览应用程序付费、在社交媒体评论等。这些交互也在用户和内容之间出现,而且只存在于对叙事空间的操作中。交互新闻推动的"数字优先"(digital first)体验反过来允许形成这种综合的(integrative)、聚合的(aggregate)模型。交互新闻的生态系统(ecosystem)还创造了一个新的交互空间,用来配置所有参与者(用户、记者、设计师等)之间的关系。因此,交互新闻是记者、编辑、资金和体验平台的综合生态系统,打破了传统上内容行业在不同阶段的分离,构建了一个指导设

---

① JENKINS H.Transmedia storytelling 101［EB/OL］.（2007-03-21）［2023-07-25］.http://henryjenkins.org/2007/03/transmedia_storytelling_101.html.

② JENKINS H.Art form for the digital age［J］.Technology review,2000,103（5）:117-120.

③ ANTONINI A,BROOKER S,BENATTI F.Circuits,cycles,configurations:an interaction model of web comics［C］//Interactive Storytelling:Proceedings of 13th International Conference on Interactive Digital Storytelling(ICIDS).Cham:Springer,2020:287-299.

④ ANTONINI A,BROOKER S,BENATTI F.Circuits,cycles,configurations:an interaction model of web comics［C］//Interactive Storytelling:Proceedings of 13th International Conference on Interactive Digital Storytelling(ICIDS).Cham:Springer,2020:287-299.

计和评估内容技术的通用框架。这有助于理解（社会的、技术的）元素的特定配置对交互新闻的影响，进而平衡内容体验（content experience）的叙事空间（diegetic space）与内容创作（content creation）的非叙事空间（nondiegetic spaces）。

第二节　背景研究阶段

在大众传媒时代，新闻机构控制了内容生产和传播的核心功能。如今，用户正成为新闻生态系统中的创造者、传播者和合作者①，他们通过话语的反思性循环（reflexive circulation of discourse）积极塑造社会空间，这在前数字公共领域（pre-digital public sphere）中是不存在的②。在交互新闻的语境下，用户对新闻生产、消费和传播的贡献更加值得关注③。以往的研究表明，一系列的"个体因素"（individual factors）会影响用户对新闻的选取、接受和传播④。"个体因素"是指人类消费新闻的动机和认知，以及年龄、性别和教育等人口统计因素⑤。例如，社交媒体用户做出是否认真阅读新闻内容的决定在很大程度上取决于他们对所涉内容的看法、所涉选题与他们利益的相关性以及内容的社会认可度⑥。安斯波·尼古拉斯（Nicolas M. Anspach）进一步讨论了社会认可对政治信息消费的影响，虽然社交媒体"比传统媒体渠道向受众暴露了更多的政治内容（尤其是来自反面意见的内容），但必须考虑这种暴露是否会导致对这些信息的消费"⑦。2015 年，美国新闻学会（American Press Institute，简称 API）与美联社—芝加哥大学全国民意调查中心公共事务研究所（The Associated Press-NORC Center for Public Affairs Research）合作的一项媒体洞察项目（Media Insight Project）显示，"18～34 岁的成年人——所谓的 Z 世代与千禧一代——消费新闻和信息的方式与前几代人截然不同，比预想的更加细微和多样。"例如，他们中的大部分（60%）愿意为新闻付费或

① WARNER M.Publics and counterpublics[J].Public culture,2002,14(1):49-90.
② LEWIS S C,WESTLUND O.Actors,actants,audiences,and activities in cross-media news work[J]. Digital journalism,2015,3(1):19-37.
③ PICONE I,CÉDRIC C,PAULUSSEN S.When news is everywhere[J].Journalism practice,2015,9(1): 35-49.
④ KÜMPEL A S.The issue takes it all? incidental news exposure and news on facebook[J].Digital journalism,2019,7(2):165-186.
⑤ SANG Y,LEE J Y,PARK S,et al.Signalling and expressive interaction:online news users' different modes of interaction on digital platforms[J].Digital journalism,2020,8(4):467-485.
⑥ KÜMPEL A S.The issue takes it all? incidental news exposure and news on facebook[J].Digital journalism,2019,7(2):165-186.
⑦ ANSPACH N M.The new personal influence:how our facebook friends influence the news we read[J]. Political communication,2017,34(4):593.

捐款;他们每天使用至少2个社交媒体来获取新闻;他们更积极地主动搜寻、分享新闻;他们的心态更开放、思维更独立,对媒体的态度更积极;他们对独立创作者的新闻(即电子邮件通讯、视频或音频内容)付费的可能性是传统印刷媒体和数字媒体的2倍以上①。国内外代际用户的消费偏好有一些共通之处,了解国外新闻用户的需求,有助于描绘国内新闻用户的画像。然而,对于上述趋势受个体因素影响的程度,以它们对交互新闻的选取、消费和传播的影响,相关研究仍然较少。因此,设计交互新闻应该从背景研究(contextual research)阶段开始。

这里的背景研究主要是结合个体因素和结构性因素(structural factor)来调查交互新闻的困境、问题和需求,其常用手段是访谈(interview)、观察(observation)和案头研究(desk research),目的是增加对目标用户(target user,又称 intended user 或 potential user)和投放情境(the context)的理解。影响目标用户选取、消费和传播交互新闻的个体因素主要包括:人口统计学变量(主要是性别、年龄、受教育程度)、新闻的类型偏好、对新闻的信任感、对叙事复杂性的欣赏或容忍程度、新闻的获取频率。除了个体因素,结构性因素也会影响目标用户选取、消费和传播交互新闻。尽管新闻的获取途径②受到目标用户的技术熟练程度和学习情况的影响,但它仍然被认为是一个结构性因素,因为它在很大程度上受到平台的技术可供性(technological affordances)影响③。具体地讲,目标用户不管是在线搜索新闻,还是在新闻聚合器、社交媒体等平台上无意中接触到新闻,都是由平台(和操作系统)的技术能力和特点所决定的,例如,智能手机和平板电脑适合场景类新闻游戏。长期以来,学者致力于比较和整合新闻消费背景下的个体因素和结构因素④。然而,"由于分析水平的差异,这两种因素的整合实难进行。"⑤除了少许例外,大多数研究只侧重于两种因素中的一种。本书中的背景研究阶段将尝试对这两种因素一起分析。例如,宠物的遗弃是全球动物福利最重要的干预目标之一,在学校课程和社

① American Press Institute. How millennials get news: inside the habits of America's first digital generation[EB/OL].(2015-03-16)[2023-08-09].https://www.americanpressinstitute.org/publications/reports/survey-research/millennials-news/.
② NIELSEN R K,SCHRØDER K C.The relative importance of social media for accessing, finding, and engaging with news:an eight-country cross-media comparison[J].Digital journalism,2014,2(4):472-489.
③ SANG Y,LEE J Y,PARK S,et al.Signalling and expressive interaction:online news users' different modes of interaction on digital platforms[J].Digital journalism,2020,8(4):467-485.
④ WEBSTER J G. The marketplace of attention:how audiences take shape in a digital age[M].Cambridge:The MIT Press,2014.
⑤ WEBSTER J G,Phalen P F. The mass audience:rediscovering the dominant model[M].Mahwah:Lawrence Erlbaum Associates,1997:91.

区参与中进行公共(再)教育是实现此目标的战略之一。出于各种原因(例如经济、大型项目的可扩展性、邻近性等),现场参观可能难以实现。从这个角度看,虚拟参观可能是一个两全的选择,而且它能充分描述获救动物的经历。以鼓励拯救被遗弃宠物(猫和狗)为目标的 VR 新闻纪录片 Tell a tail 360°正是针对青少年(13~19岁)设计的,其场景被设置为一个教室,通过使用一个 360°(全景式)的视频,展现救援犬舍、动物医院和非政府组织的实地工作,从而唤起目标用户对动物福利问题的重视。① 背景研究的结果建议以总结的形式呈现,用来指导整个交互新闻的设计。该总结虽不是最终产品的一部分,却会定期更新以反映产品的最新设计。因此,它通常被包含在设计迭代中。设计迭代一般是从背景研究的总结开始,重新审视整体产品。这意味着回到背景研究阶段是可行的,但这种情况很少发生,因为不彻底地处理需求会带来巨大的风险。

对于设计类型较为新颖的交互新闻,首先需要确定几个例子来帮助交互记者理解设计空间(design space);然后,从这些例子中识别出一个重叠的特征集(an overlapping feature set),以形成对某类交互新闻的定义。以收件箱新闻游戏(inbox games)为例。它允许玩家发送和接收来自非玩家角色的信息,即便是在这个前提下,收件箱新闻游戏之间也有很大的差异。根据一组在收件箱新闻游戏空间内或邻近空间的例子,它们的一些关键特征得以确定。《数字化:一个爱情故事》(Digital：a love story)②(见图 5 - 1)和《嵌合体:灰度》(Chimeria：grayscale)③(见图 5 - 2)这两个游戏的界面模拟了电子邮件收件箱。它们将一个具有开放框架的故事快速过渡到一个电子邮件客户端的界面,故事在用户浏览和回复电子邮件中逐步展开。《数字化:一个爱情故事》中的邮件是通过点击"答复"(reply)按钮发送,而回复的内容则来自系统内部,是系统所固有的。在《嵌合体:灰度》中,玩家通常有几个回复选项,选择链接中的文本正是发送的电子邮件的字面文本,玩家的选择会影响游戏的结果。还有一些游戏不去模仿收件箱游戏的数字界面,而是强调其"书信体"性质——发送和接收信息。比如,模拟手写信件的《改革草案》(First

① KIM S J，VISWANATHAN V.The role of individual and structural factors in explaining television channel choice and duration[J].International journal of communication,2015,9:3502-3522.
② SANG Y,LEE J Y,PARK S,et al.Signalling and expressive interaction：online news users' different modes of interaction on digital platforms[J].Digital journalism,2020,8(4):467-485.
③ BALA P,DIONISIO M,ANDRADE T,et al.Tell a tail 360°：immersive storytelling on animal welfare [C]//Interactive Storytelling：Proceedings of 13th International Conference on Interactive Digital Storytelling(ICIDS).Cham:Springer,2020:357-360.

图 5-1 《数字化：一个爱情故事》的网络论坛界面

draft of the revolution)①（见图 5-3）。这些游戏允许玩家在发送消息前对其进行编辑，而不是简单地选择事先编写好的回信，玩家因而有机会成为叙事者。另一些游戏竭力模仿数字界面，比如，模拟对话短信界面，模拟 Meta 中的社交网络动态，模拟在 Instagram 上发布带滤镜的照片、点赞、评论等。这些都偏离了电子邮件的严格异步书信的性质。

上述例子共享一组有意义的、重叠的形式特征以及一个空的交集，形成了维特根斯坦（Wittgensteinian）的家族相似性（family resemblance）②。家族相似性理论是在完善传统范畴理论的基础上提出的。该理论认为，范畴的成员不必具有该范畴的所有属性，他们是 AB、BC、CD、DE 式的家族相似关系，1 个成员与其他成员

---

① SHORT E，DALY L.First draft of the revolution［EB/OL］.（2012-01-01）［2023-06-06］.https：//www.inklestudios.com/firstdraft/.

② MEDIN D L，WATTENMAKER W D，HAMPSON S E.Family resemblance，conceptual cohesiveness，and category construction［J］.Cognitive psychology，1987，19（2）：242-279.

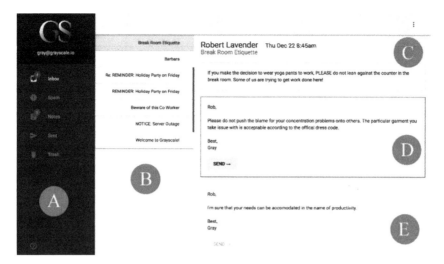

图 5-2　《嵌合体：灰度》的电子邮件界面

资料来源：HARRELL D F，ORTIZ P，DOWNS P，et al.Chimeria：grayscale：an interactive narrative for provoking critical reflection on gender discrimination［J］.Materialidades da literatura（MATLIT），2018,6(2):217-221.

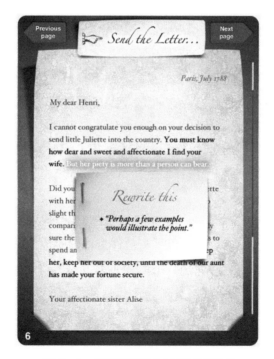

图 5-3　《改革草案》的"书信体"界面

资料来源：SHORT E，DALY L.First draft of the revolution［EB/OL］.（2012-01-01）［2023-06-06］.https://www.inklestudios.com/firstdraft/.

至少有 1 个共同属性,凭借家族相似性来归属于同一范畴。范畴没有固定明确的边界,随着社会发展和人类认知能力的提高而不断变化。根据上述案例,收件箱新闻游戏的形式特征可总结为:①选择回复(response choice,简称 RC);②起草回复(response drafting,简称 RD);③多线程(multithreading,即 M);④界面模仿(interface mimesis,简称 IM)。选择回复是指用户在交互新闻中(有时或总是在)选择如何响应接收到的信息。书信体小说通常把两个或两个以上人物之间的交流作为一种讲故事的方式,它与对话有一些共通之处——说话的方式和说话的内容同样重要,行动的选择会影响角色的心理状态,而不是世界的物理状态。这种相关性在以文本信息(text messaging)或直接信息(direct-messaging)为主的游戏中体现得尤为明显。侧重为人工智能形象和虚拟人物心理状态建模的收件箱游戏倾向于提供含有多个回复选项的界面,但并非所有的收件箱游戏都提供如何回复的选择,有些甚至不向玩家显示信息的"文本"。例如,在收件箱游戏《数字化:一个爱情故事》中,用户点击"回复"按钮并关闭窗口(可能)导致另一条信息在未来某个时候出现在他或她的收件箱中,以回应用户发送的一条从未显示的隐性信息。这与许多视频游戏的设计类似——让玩家所扮演的角色在对话中保持沉默,以便玩家更容易地将自己投射到对话中。

起草回复是指一旦选定了一个总体响应方案,玩家可以独立编辑、起草或以其他方式微调响应的具体组成部分。对话信息和书信信息之间的一个区别是:后者往往更长,可能还有多个段落。在这种情况下,模拟起草和编辑是有意义的,它们是《改革草案》等书信体游戏的核心。即便是信息更短,对话更多的游戏,有时也允许这种微调,比如在游戏的短信界面中,单词和短语可以单独地选择和修改。这种机制将收件箱的隐喻扩展到了选择回复和组合回复,这也是收件箱游戏常常被归类为"合著游戏"①的主要原因。

多线程是指用户可以同时与多方进行积极的对话,这些对话可以按照用户决定的顺序进行。与同步对话相比,以手写信件为基础的传统书信体意味着在接收和发送信息之间有更长的时间间隔,在此期间,现实世界可能会度过一段未知的时间。这种假设提供了一些有趣的讲故事技巧:①故事的文本可以暗示发生在"屏幕外"(off-screen)的行为,引导读者推断信息之间发生了什么;②叙述状态可以藏于线程中,除非收件人重叠,一般不能被跨线程共享,这意味着故事可以相互促进、呼应、并列或独立发展;③即使线程之间没有宿主关系(diegetic relationship),在交

---

① SHORT E.Games of co-authorship[EB/OL].(2015-01-14)[2023-06-07].https://emshort.blog/2015/01/14/games-of-co-authorship/.

互环境中,它们也能相互关闭——用户可能需要在一个线程中到达某个点,以便解锁另一个线程中的进度。

　　界面模仿是指在交互新闻中设计一个元素,用来唤起现实世界的特定对应物。在游戏产业中,画内界面(diagetic interfaces)试图把画面中角色所能够看到的信息以相同的方式展现给玩家,从而拉近玩家和游戏角色隔着一个屏幕的距离,增强沉浸感。处于数字空间的收件箱新闻游戏对此有着天然的优势,它们可以利用现有的数字界面。画内界面在数字信息发送(digital message-sending)类游戏中的应用被称为界面模仿(interface mimesis)。玩家在特定场景下的文化背景和数字素养形成了他们对熟悉的界面如何运转的假设,以摆脱僵化的界面惯例。例如,一个熟悉短信的玩家会立即明白,在短信窗口中重复出现三个点的动画表明对方正在编写一条短信。收件箱游戏《嵌合体:灰度》模仿谷歌邮件(GMail)的"回复建议"(reply suggestion)功能的界面,为用户提供他们可能在谷歌邮件中已经遇到过的基于选择的界面——允许用户点击各种选项来生成电子邮件的示例回复(见图5-4)。

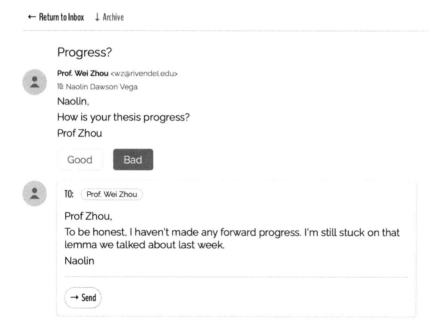

图5-4　《嵌合体:灰度》模仿谷歌邮件的"回复建议"功能界面

资料来源:MARTENS C,SIMMONS R J.Inbox games:poetics and authoring support[C]//Interactive Storytelling:Proceedings of 14th International Conference on Interactive Digital Storytelling(ICIDS).Cham:Springer,2021:94-106.

收件箱游戏支持的叙事主题包括中介沟通的好处和坏处。中介沟通是一种区别于身体上亲密和联系的感觉,它证明亲密也可以用不熟悉的方式表达出来。互联网是 Z 世代与千禧一代在青春期安全地表达和探索自己身份的主要空间,这种体验可以反映在像《数字化:一个爱情故事》一样的收件箱游戏中。尤其是在重大公共健康危机中,许多人被"困在"数字界面之后并感到自我分离,他们努力通过这些界面表达亲密和细微差别。"语境坍塌"①这一术语被用来解释以上现象的一个方面:像电子邮件收件箱这样的互联网空间经常与工作场所、家庭和课外空间的社会世界相冲突。总之,收件箱游戏支持的叙事主题包括数字媒介的亲密、孤立、监视、语境坍塌,这些叙事主题与当今全球(尽管分布不均)的互联网连接和健康传播高度相关,收件箱游戏有利于新闻工作者更有效地采用这些主题。

另一个背景研究的例子是 Vim——一种关于能源未来的有形叙事装置。Vim 的主要用户是对能源政策感兴趣或受其影响的人。虽然这些人最有可能是成年人,但也不排除儿童。事实上,采用新闻写作风格的 Vim 新闻推送可供各年龄段的读者使用②。交互式数字叙事是在公共层面(如全球变暖、移民或电子交通)和个人层面(创伤和其他心理健康问题、人际关系)上表现和理解复杂主题的一种手段③。与传统媒介相比,交互式数字叙事在表现复杂性方面具有优势,这是因为数字媒体具有珍妮特·默里(Janet H. Murray)定义的特殊能力——程序性、参与性、空间性、百科性④。虽然交互叙事研究一直对有形界面保有兴趣,但这种关注集中在儿童教育和虚构叙事上⑤。即使是非虚构的交互叙事研究,其重点也大多

① DAVIS J L,JURGENSON N. Context collapse:theorizing context collusions and collisions[J]. Information,communication & society,2014,17(4):476-485.
② DOHERTY S,SNOW S,JENNINGS K,et al.Vim:a tangible energy story[C]//Interactive Storytelling:Proceedings of 13th International Conference on Interactive Digital Storytelling(ICIDS).Cham:Springer,2020:271-280.
③ KOENITZ H,BARBARA J,ELADHARI M P.Interactive digital narratives(IDN)as representations of complexity:lineage,opportunities and future work[C]//Interactive Storytelling:proceedings of 14th International Conference on Interactive Digital Storytelling(ICIDS).Cham:Springer,2021:488-498.
④ MURRAY J H.Hamlet on the holodeck:the future of narrative in cyberspace[M].New York:Free Press,1997.
⑤ HARLEY D,CHU J H,KWAN J,et al.Towards a framework for tangible narratives[C]//Proceedings of 10th International Conference on Tangible,Embedded,and Embodied Interaction(TEI).Eindhoven:ACM Press,2016:62-69.

放在历史①、个人故事②或文化保护③。相比之下，公共利益叙事旨在平衡公共和私人利益的信息需求④，具有不同于虚构叙事的特征，特别是像叙事发生的地点和读者的角色等因素，需要考虑到故事之外的现实世界背景和"人物"与"环境"的作用。与许多有形叙事不同的是，Vim 的目的不是故事创作，而是涉及公众的议题参与，讲故事只是其交流信息的一种方式。Vim 借鉴了一种观点——设计在解决有关社区的问题中发挥着重要作用⑤。设计作为一门研究学科经历了转型，它最初的关注点是针对理解（和优化）人们可以并且应该创造新人工制品的过程⑥。该领域的最新发展批判性地评估了设计在晚期资本主义中的作用。这引发了关于人工制品在社会变革中的前景和作用的一系列新担忧。因此，设计研究开始探究怎样参与（社会）进程才能作为一种挑战现状的手段⑦，获得新的概念上和物质上的见解，动员公众，并提供思考和参与棘手社会问题的替代方式。为了与设计研究方法保持一致，Vim 的目标是说明有关公共议题的非虚构叙事和新闻实践是怎样被设计成物理交互的——尽管它挑战了关于事实⑧和时间的新闻业惯例，以及这种交互是否可以鼓励（公众）参与该议题⑨。

为了给 Vim 的原型开发提供参考，该项目招募了 7 名专业记者进行访谈，了解他们对新闻实践采取的实验性方法及其愿景。他们包括：①1 名每日新闻网站的编辑（P5）；②1 名国家广播公司的科学记者（P1）；③2 名自由撰稿记者（P4 和 P7）；④1 名电视时事制作人（P2）；⑤1 名数据记者（P3）；⑥1 个国际性新闻设计组

---

① MATIAS J N.Philadelphia fullerine:a case study in three-dimensional hypermedia[C]//Proceedings of 16th ACM conference on Hypertext and Hypermedia.Salzburg:ACM Press,2005:7-14.

② WEIBERT A,AAL K,RIBEIRO N O,et al."This is my story……":storytelling with tangible artifacts among migrant women in Germany[C]//Proceedings of 2017 ACM Conference Companion Publication on Designing Interactive Systems(DIS).Edinburgh:ACM Press,2017:144-149.

③ SMITH A,REITSMA L,VAN DEN HOVEN E,et al.Towards preserving indigenous oral stories using tangible objects[C]//2011 Second International Conference on Culture and Computing.Kyoto:IEEE，2011:86-91.

④ CONROY S S.Independent inquiry into the media and media regulation[EB/OL].(2012-03-02)[2023-06-23]. https://parlinfo. aph. gov. au/parlInfo/download/media/pressrel/1782524/upload _ binary/1782524.pdf;fileType＝application/pdf.

⑤ BINDER T,DE MICHELIS G,EHN P,et al.Design things[M].Cambridge:MIT Press,2011.

⑥ SIMON H A.The sciences of the artificial.Cambridge:MIT Press,1969.

⑦ DUNNE A,RABY F.Speculative everything:design,fiction,and social dreaming[M].Cambridge:MIT Press,2013.

⑧ BROERSMA M.The unbearable limitations of journalism:on press critique and journalism's claim to truth[J].International communication gazette,2010,72(1):21-33.

⑨ DOHERTY S,SNOW S,JENNINGS K,et al.Vim:a tangible energy story[C]//Interactive Storytelling:Proceedings of 13th International Conference on Interactive Digital Storytelling (ICIDS). Cham:Springer,2020:271-280.

织的主席(P6)。访谈结束后,每个被访者拿到一份练习题,题目重点是他们如何利用物体或与周围环境相关的技术重新设想新闻叙事。练习题放在一个纤薄的 A5 空白笔记本中,笔记本上粘着说明和 14 个问题,每个问题都在 1 个单独的页面上,并留有回答的空间。这些问题促使参与者开始思考一个新闻故事,识别所涉及的人和物体,然后考虑如何通过移动故事到不同位置并使用物理计算(physical computing)技术(如 RFID 电子标签,传感器和灯光等)来叙述该故事。在这 7 人中,有 4 人完成并返还了设计工作簿。以下是从访谈中梳理出的可能会影响 Vim 的叙事设计和交互设计的 3 个要点。

第一,几位受访者都提到了新闻的时效性。时间既是驱动力,也是限制。"事情没有被发现,因为还没人来得及。"(P4)缺乏时间也被视为探索替代方案的障碍:"我不能一直把时间花在做实验上。"(P3)因此,Vim 的设计应该"以一种非传统惯例的方式处理(安排)时间"(play with time)①。Vim 延长了叙事时间线,它提供的能源故事跨越了 101 年,涵盖已经生活过的真实世界(公元 850 年,当时风车被用来研磨谷物)和不算遥远的预测未来(2085 年,当时黑洞技术被用来捕获丛林大火的热能)。这样一来,设计能够采用复杂的主题并将其投射在前后的时间段上,以推动读者思考能源故事的后果。这不仅打破了专注于报道当下时事及其评论的新闻实践(惯例),而且巧妙利用设计中的想象力潜质,比如,打造未来场景②。

第二,新闻业需要多角度地报道事实并陈述情况,验证信息遂成为新闻实践的一项核心内容③。受访者解释道:"检查一样东西通常需要三个来源。"(P4)"基本的新闻原则保持不变,即平衡和公正地报道事实,不让太多我个人的观点通过(而破坏了平衡性和公正性)。"(P1)④然而,有一种观点认为,新闻实践所要求的客观性、公正性原则在网络环境中是不够的,记者需要对叙事感兴趣,并积极参与进去⑤。一位受访者解释说,她认识的新闻设计师希望新闻媒体在解决其报道的议

① DOHERTY S,SNOW S,JENNINGS K,et al.Vim:a tangible energy story[C]//Interactive Storytelling: Proceedings of 13th International Conference on Interactive Digital Storytelling(ICIDS).Cham: Springer,2020:271-280.

② KENSING F,MADSEN K H.Generating visions:future workshops and metaphorical design[C]// GREENBAUM J,KYNG M.Design at work:cooperative design of computer systems.Hillsdale: Lawrence Erlbaum Associates Inc,1992:155-168.

③ KOVACH B,ROSENSTIEL T.The elements of journalism:what newspeople should know and the public should expect[M].New York:Three Rivers Press,2001.

④ DOHERTY S,SNOW S,JENNINGS K,et al.Vim:a tangible energy story[C]//Interactive Storytelling: Proceedings of 13th International Conference on Interactive Digital Storytelling(ICIDS).Cham: Springer,2020:271-280.

⑤ RYFE D M.Can journalism survive? an inside look at American newsrooms[M].Cambridge:Polity Press,2012.

题方面发挥积极作用："······他希望能够弄清楚如何利用媒体······与医疗保健技术合作,以解决医疗保健问题。"(P6)她认为新闻业的重要性在于实现变革[1]。批判性设计实践试图提供关于事情是怎样的、它们如何成为那样的替代性或推测性观点[2],这给予 Vim 设计以灵感。Vim 的未来故事描述了核动力汽车和城镇、要求所有新建筑物自己发电的法律、一个鼓励人们投票反对消极应对气候变化的政治家的多人游戏。这些场景旨在说明今天的行动可能会对明天产生怎样的影响。

第三,受访者们认识到物理人工制品和环境媒介在鼓励用户参与叙事方面的作用。有一本练习笔记本描述了"一种更个性化的体验,被图像和声音以及······人工制品的物理实体所围绕"(P2)。有一位受访者想"吸引多种感官"(P5),有两位受访者(P1 和 P5)设想将叙事转移到(不止一个)地点。然而,一位受访者哀叹新闻叙事缺乏背景,称用户没有得到足够的信息来将故事置于情景中:"对他们的要求只是一种情绪反应,但人们不能一直感情用事。"(P7)[3]鉴于此,Vim 想让读者凭借物理输入实现参与。在某种程度上,它打印的新闻推送反映了用户与机器有形交互而做出的选择,这会产生个性化体验。物理输入偏好的需求与社交媒体上被动的、算法驱动的新闻推送形成了鲜明对比。即使读者希望 Vim 决定他们的新闻,他们也需要亲自行动,比如,做出影响(故事)内容的选择、(人力驱动)贡献能量、回答问题以参与未来叙事。这些交互旨在鼓励公众参与(讨论)能源未来的议题并做出相关行动。尽管如此,Vim 提供的故事是预先编写的且数量有限的,这限制了用户创作故事的能力,使用户难以成为作者。

第三节　叙事设计阶段

叙事设计(narrative design)通常先于系统设计。叙事设计的目标是更好地整合叙事和体验,这与新闻设计的目标相符。本书引入叙事设计的重要形式方法——GFI(Goals,Feedback and Interpretation)框架,它与作为游戏设计和研究

[1] DOHERTY S,SNOW S,JENNINGS K,et al.Vim:a tangible energy story[C]//Interactive Storytelling:Proceedings of 13th International Conference on Interactive Digital Storytelling (ICIDS).Cham:Springer,2020:271-280.
[2] DUNNE A,RABY F.Speculative everything:design,fiction,and social dreaming[M].Cambridge:MIT Press,2013.
[3] DOHERTY S,SNOW S,JENNINGS K,et al.Vim:a tangible energy story[C]//Interactive Storytelling:Proceedings of 13th International Conference on Interactive Digital Storytelling (ICIDS).Cham:Springer,2020:271-280.

的主要形式方法的 MDA(Mechanics,Dynamics and Aesthetics)①框架相似,却能
弥补 MDA 的缺陷:①在 MDA 中,"机制"(Mechanics)描述的是用户如何行动,而
不是他们为什么想这么做。但在 GFI 中,目标(Goals)模拟了用户行动的原因、动
机和意图,这是趣味性(ludic)②和参与叙事的关键。②MDA 的动态(Dynamics)
描述了玩家输入所导致的系统行为,而不是如何引出系统所支持的用户输入。这
些输入实际上是由玩家与环境的可感知特征的紧密耦合所决定的。③ 在 GFI 中,
反馈(Feedback)模拟了这些功能,这对构建用户活动至关重要。③MDA 的美学
(Aesthetics)描述的是用户的感觉,而不是引起这种感觉的原因。在 GFI 中,唤起
的情感源自用户的想法,这就预设了对他们的体验的解释(Interpretation)。因
此,解释用来描述唤起用户情感和体验的原因。GFI 把游戏设计和开发、互动数字
叙事研究、游戏研究联系起来,它支持系统设计迭代,通过分析基本的叙事设计问
题和系统地观察游戏设计领域,能够更好地分析描述特定的游戏体验(如游戏体验
如何从本质上呈现出叙事性),系统地调查这些体验的因果决定因素,预测游戏结
构的变化将如何影响用户,更好地阐明这些研究工作与游戏设计实践的相关性,以
此驳斥故事和玩法之间长期存在的"对立"关系。GFI 的上述分析效用和生成效用
可能有助于"控制不希望看到的结果,并调整期望的行为"④,从而有助于分解、设
计和研究更广泛的交互新闻(特别是新闻游戏)。这证明了 GFI 强调的一个基本
观点:所有游戏都可以被解读为故事。因为我们是具有叙事智慧的⑤。正如埃斯
本·阿瑟斯(Espen Aarseth)所言:"人们可以叙述任何事情。"⑥尽管所有游戏都在
"讲述"故事,有些故事却比其他故事更有目的性。有观点⑦认为所有反馈都有助
于叙事,所以游戏的叙事潜力与它传达非抽象信息的程度成正比。为了引出预期
的故事,设计师应该专注于操纵游戏的反馈,未来的工作将重点探索如何做到这

① HUNICKE R,LEBLANC M,ZUBEK R.MDA:a formal approach to game design and game research
  [C]//Proceedings of the Workshop on Challenges in Game AI at the 19th National Conference on
  Artificial Intelligence.California:San Jose,2004.
② GAVER B.Designing for homo ludens[J].Magazine,2002,13:3-6.
③ LINDEROTH J.Beyond the digital divide:an ecological approach to gameplay[J].Transactions of the
  digital research association,2013,1(1):17.
④ Hunicke R,leblanc M,ZUBEK R.MDA:a formal approach to game design and game research[C]//
  Proceedings of the Workshop on Challenges in Game AI at the 19th National Conference on Artificial
  Intelligence.California:San Jose,2004.
⑤ HERMAN D.Storytelling and the sciences of mind[M].Cambridge:MIT Press,2013.
⑥ AARSETH E.A narrative theory of games[C]//Proceedings of 6th International Conference on the
  Foundations of Digital Games.New York:ACM Press,2012:129-133.
⑦ BATEMAN C.Fiction denial and the liberation of games[D].Bolton:University of Bolton,2013.

一点。

一、目标

　　目标是用户想在新闻游戏中获得成功的基本条件,它被认为是游戏的关键结构,具有两种广义上的定义(用户定义的①不在本书讨论范围内),是用终极/命令式类型化(ultimate/imperatives typology)建模的。游戏学(Ludological)的目标在游戏中得到编写和认可。而叙述目标(narrative goals)是用户对游戏学目标的解释。游戏一般至少有 3 个最终目标(ultimate goals)(见表 5-1),即决定结局的条件:①赢得一场游戏(win a game);②完成一场游戏(finish a game);③延长游戏过程(prolong the act of playing)②。实现游戏的最终目标需要满足接近的或必要的目标(imperative goal),后 2 种目标更明确地要求用户在游戏中所要达到的特定游戏状态。这些状态至少表现为 10 种类型(见表 5-2):选择(choose)、配置(configure)、创建(create)、查找(find)、获取(obtain)、优化(optimize)、到达(reach)、删除(remove)、解决(solve)和同步(synchronize)③。每一种状态都包含一个逻辑上的二元性,如创建和删除。上述状态命令式地连接空间、时间和实体④等游戏元素。命令可能会无限分解为更具体的命令,进而形成一个游戏学的目标层级(Ludological Goal Hierarchy)⑤,层级的基础投射到玩游戏的某个时刻。例如,在英国 BBC News 网站的记者与研究员在 2015 年合作推出的新闻游戏《叙利亚之行》(Syrian Journey)中,化身成难民的玩家若要完成由陆路进入欧洲其他国家的最终目标,则需要给钱(见图 5-5)。分析一款游戏的完整层次结构是极具挑战性的,因为它必须包含玩家在游戏过程中可能面临的所有游戏目标。然而,游戏学的目标(及其层次结构)是由设计师直接控制的,由他指定满足游戏学目标的条

① BJÖRK S,HOLOPAINEN J.Patterns in game design[M].Massachusetts:Charles River Media Inc,2005.
② ZAGAL J P,DEBUS M S,CARDONA-RIVERA R E.On the ultimate goals of games:winning, finishing, and prolonging[C]//Proceedings of 13th International Philosophy of Computer Games Conference.Bergen:St.Petersburg,2019:3.
③ ZAGAL J P,DEBUS M S,CARDONA-RIVERA R E.On the ultimate goals of games:winning, finishing, and prolonging[C]//Proceedings of 13th International Philosophy of Computer Games Conference. Bergen:St.Petersburg,2019:3.
④ DEBUS M S.Unifying game ontology:a faceted classification of game elements[D].Copenhage:IT University of Copenhagen,2019.
⑤ CARDONA-RIVERA R E,ZAGAL J P,DEBUS M S.Narrative goals in games:a novel nexus of story and gameplay[C]//Proceedings of 15th International Conference on the Foundations of Digital Games. New York:Association for Computing Machinery,2020:3.

件。接下来就要讨论如何谨慎地构建反馈,以便将目标传递给用户,从而激发他们的活动。

表 5-1　最终目标:决定游戏结局的条件

最终目标	目标描述("游戏的终极目标是……")
赢得	在达到预定义状态时评价效果
完成	在达到预定义状态时不评价效果
延长	产生与设计师或用户意图相反的结论

表 5-2　强制性目标:实现游戏最终目标的必要条件

必要目标	目标描述("此命令要求用户……")
选择	从有限元素中选择一个元素
配置	操作元素,使它们处于"正确"的状态
创建	创造一个以前不存在的元素
找到	定位特定的元素
获得	控制一个特定的元素
优化	累积特定元素的请求量
达到	导航到一个特定的位置
删除	删除以前存在的元素
解决	从无限的元素集合中选择一个"正确"的元素
同步	使至少一个元素进入统一的时间或空间

二、反馈

反馈是设计好的多模式刺激,旨在传达关于游戏结构元素的感知信息——潜在的目的(目标)和实现它们的可用方法(机制),它们包括图像、音乐、声音、文本等。以图像和文本为代表的视觉化用户设计主要是用来引导用户在视觉上体验到其应该点击和探寻的故事元素(story elements)。设计反馈可以说是叙事设计师最重要的职责,这也是叙事设计实践与除了最抽象的游戏以外的所有游戏(包括那些不一定把叙事放在首要位置的游戏)相关的原因。叙事设计师理查德·丹斯基

Turkey

The flights from Beirut to Istanbul have taken a large chunk of your money.

After a week in Istanbul, you meet Abu Hassan, a smuggler. He takes you to a busy cafe in the centre of town. He says he can get you to Greece for an initial $3,000 deposit per person.

Do you pay him the deposit?

The week you've just spent in Turkey has already drained a lot of your resources.

Pay him the deposit

图 5 - 5 《叙利亚之行》

(Richard Dansky)认为,人们只关注显著的叙事元素视所构成的游戏叙事——"显性叙事"①。事实上,每款游戏都通过选择场景、道具、角色设计等方式构建了"隐性叙事"。用户一旦决定了什么是游戏资产,就暗含着允许它存在和运作的叙述。一种建立反馈的概念模型的方法是从语言学②引入类型化(typology)(见表 5 - 3)。它类似于法国结构主义叙事学家热拉尔·热奈特(Gérard Genette)于 1972 年在《辞格三集》(Figures III)中提出三分法:叙述行为(narration)(即话语形成的过程

---

① DANSKY R. Screw narrative wrappers[EB/OL].(2014-06-24)[2023-06-07]. https://www.gamedeveloper.com/design/screw-narrative-wrappers.

② COHN N.Your brain on comics:a cognitive model of visual narrative comprehension[J].Topics in cognitive science,2020(12):352-386.

或行为)、故事(story)、话语(discourse)①。在叙事设计可用的反馈类型中:①语音(phonological)反馈是在叙述层面,符号、触觉和声音等都能传达意义。②词汇(lexical)反馈是叙事中更高层次的意义,是最小意义单位的语言清单。③语法(grammatical)反馈是在语篇层面上的,其刺激是根据相应的句法形成的,遵循这种语法有助于构建故事意义和推断潜在意义,例如,有些新闻游戏中的图像序列是从左到右的,这从语法上表明用户是向右前进的,这可能为用户的下一步行动提供线索。④语义(denotational)反馈是在故事层面,包括传达情节事件结构的刺激,它最接近上文提及的"显性叙事"的意义,例如,有些新闻游戏的反馈内容强化了对用户活动的特定解释②。接下来,本节将讨论这种解释和产生这种解释的过程,即GFI 的最后一个元素。

表 5-3　叙事设计可用的反馈类型(**typology of feedback**)

反馈	示例("这种类型的反馈包括……")
语音的	文本符号、线条、形状、触觉、声音、灯光、颜色
词汇的	文字、图像、振动模式、声音、音符、音效
语法的	文本、图像序列、镜头、对话、音乐
语义的	描述、阐述、叙述、刻画

资料来源:CARDONA-RIVERA R E, ZAGAL J P, DEBUS M S.GFI: a formal approach to narrative design and game research[C]//Interactive Storytelling: Proceedings of 13th International Conference on Interactive Digital Storytelling(ICIDS).Cham:Springer,2020:133-148.

三、解释

解释既是从预设中获得意义的情境过程,又是该过程的结果。游戏中的解释通常是指用户体验游戏的结果。在描述游戏中的解释时,一些学者希望摆脱游戏学(ludology)与叙事学(narratology)③的二分法,更细致地了解它们如何相互促进和约束。对于叙事设计,建议从玩家解释的结果转向产生结果的过程。这一过程

---

① 热奈特.叙事话语,新叙事话语[M].王文融,译.北京:中国社会科学出版社,1990:3-4.
② CARDONA-RIVERA R E,ZAGAL J P,DEBUS M S.GFI:a formal approach to narrative design and game research [C]//Interactive Storytelling: Proceedings of 13th International Conference on Interactive Digital Storytelling(ICIDS).Cham:Springer,2020:133-148.
③ ESKELINEN M.The gaming situation[J].Game studies,2001,1(1):68.

强调了叙事设计的定义功能：构建与机制和目标相关的反馈，旨在引导用户对游戏叙事的现有解释转变为用户对游戏叙事的偏好解释。叙事设计还包含机制和目标的改变，只要这些改变是为了影响玩家可能得出的解释。由于叙事目标层级（Narrative Goal Hierarchy）是对游戏学目标层级（Ludological Goal Hierarchy）的解释，它们都包含平行目标层次（Parallel Goal Hierarchies）①。游戏学方面反映了满足上级目标所需的下级目标，也就是"怎么做"。在纵向上，叙事方面反映了激发次级目标所需的上级目标，也就是"为什么"。因此，游戏学方面最好自上而下地阅读，例如，在新闻游戏《叙利亚之行》中，化身成难民的用户通过跳船完成由海路进入欧洲其他国家的最终目标；而叙事方面最好自下而上地阅读，例如，在新闻游戏《叙利亚之行》中，化身成难民的用户为了完成由海路进入欧洲其国家的最终目标而跳船（见图5-6）。层次及其映射是对用户个体来说的，这取决于游戏及其周围的情境。例如，完成（finish）《叙利亚之行》被解释为"难民逃离叙利亚"是合理的，既因为用户有着类似的游戏任务，也因为游戏在开头简单地介绍了叙利亚难民的当前处境以及逃难情况后向用户发问："如果你要逃离叙利亚去欧洲，你会为你和你的家人做出什么选择？让我们来了解一下难民们面临的真正困境。"然而，解释可能是脆弱的。例如，一些新闻游戏的动画帧率非常低，难以表明用户在游戏中的实际行为（如用斧头建造桥梁），以至于他们可能会带着另一种解释离开（如桥梁被建成）。进一步看，在这个位置的物体是一把斧头吗？从它的原型外观得出的反馈确实如此，但用户可能认为它是一个杠杆。在这两种情况下，叙事设计师的任务是将反馈与游戏学目标相匹配，让用户的潜在（现有）解释与设计师的预期（首选）解释相符，或者创造一个与设计师预期反馈一致的游戏学目标。克里斯蒂·丹娜（Christy Dena）为解释提供了一种概念建模的方法：基于问题回答顺序的序列法（the Sequence Method）②。这是一种公认的电视连续剧叙事设计方法。这种方法将用户的解释建模为一个用户的反应过程③，由一系列未回答的问题驱动，并带有答案的（最终）结果，这包括在电视剧开头提出并在接近结尾时回答的总体问题，

---

①　CARDONA-RIVERA R E，ZAGAL J P，DEBUS M S.GFI：a formal approach to narrative design and game research［C］//Interactive Storytelling：Proceedings of 13th International Conference on Interactive Digital Storytelling(ICIDS).Cham：Springer，2020：133-148.

②　LANDAU N.The TV showrunner's roadmap：21 navigational tips for screenwriters to create and sustain a hit TV series[M].Boco Raton：CRC Press，2013：43.

③　ISER W.Interaction between text and reader[C]//SULEIMAN S R，CROSMAN I.The reader in the text.Princeton：Princeton University Press，1980：106-119.

以及多个短期问题,以此持续激发用户的好奇心①。一旦得到回答,这部电视剧要么被迫引入新的核心问题,要么就结束。序列法已获得游戏产业中一些叙事设计师的认可。罗伯特·布莱恩特(Robert D. Bryant)和基思·吉格奥(Keith Giglio)②认为这种方法对于设计关卡的目标非常有用。杰里米·伯恩斯坦(Jeremy Bernstein)③认为这种方法比三幕式结构(3-Act Structure)更有效,因为它是由目标驱动的("接下来会发生什么?"),而且非常适合循环玩法。

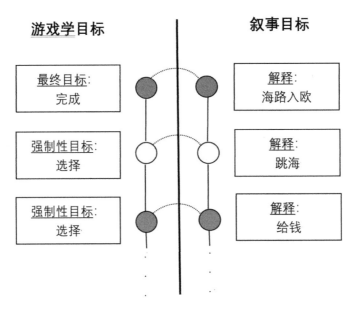

图 5‑6 《叙利亚之行》的平行目标层次

　　MDA 和 GFI 各自具有 3 个分析性的、独立的、有因果关系的抽象层次,这些层次可以按照不同的视角进行分组。目标(如机制)更接近设计师的视角,解释(如美学)更接近用户的视角,反馈(如动态)是这两者之间的桥梁。游戏设计师克林特·霍金(Clint Hocking)创造了游戏叙事失调(ludonarrative dissonance)这个术

①　DENA C.Finding a way:techniques to avoid schema tension in narrative design[J].Transactions of the digital games research association,2017,3(1):27-61.

②　布莱恩特,吉格奥.屠龙记:创造游戏世界的艺术[M].许格格,译.北京:电子工业出版社,2017.

③　BERNSTEIN J.Reimagining story structure:moving beyond three acts in narrative design[EB/OL].(2013-11-06)[2023-06-15]. https://www.gdcvault.com/play/1019675/Reimagining-Story-Structure MovingBeyond.

语,它表示"游戏和故事之间存在着强烈的不和谐"①。该术语后来被广泛应用、被评价,并被重新定义②。在 GFI 中,游戏叙事失调表现为游戏学目标层次和叙事目标层次之间的不匹配。以"延长"为最终目标的新闻游戏往往会出现一定程度的游戏叙事失调,因为这些游戏没有明确的叙事目标,即使游戏中所有最重要的叙事目标都已实现(如支线任务和次要任务),用户仍应继续延长游戏时间,由此产生更具挑战性的"无限叙事"(infinite narrative),这可能会直接激发程序叙事生成(procedural narrative generation)的使用。伴有多个不同结局的新闻游戏也经常存在游戏叙事失调。尽管许多结局是可选的,但用户需要连续完成一定数量的结局,才能见证所有脚本叙事(scripted narrative)。这就产生了不和谐:游戏"告诉用户已经到达一个结局,只是为了让用户能够继续玩游戏,所以结局后面部分的编码不是无关的、重复的或额外的,而是游戏的实际部分"③。游戏不断剥夺用户的"叙述终结感"(a sense of narrative closure),每当用户觉得自己已经完成游戏时,他们便会发现相应的叙事并未完全实现;随着新元素的引入,用户需要重新解释游戏的最终叙事目标。

　　不完美的平行目标层次映射主要表现为 2 种情况:①游戏学目标没有明显的叙事目标;②叙事目标没有明显的游戏学目标。第 1 种情况下,用户无法解释,也就无法知道游戏学目标的存在。实现这一游戏学目标的唯一方法便是让用户偶遇它。偶遇一般会在以下 2 种情况下发生:一种是通过作弊代码(cheat codes),另一种是通过元奖励结构(meta-reward structures),如秘密奖品或成就④。用户能够实现这些游戏目标,却无法通过游戏中的任何交流预测它们,除非诉诸媒体惯例(如"PS4 游戏有奖杯"),否则他们无法理解发生了什么。相反地,当一个叙事目标没有明显的游戏学目标时,用户就没有办法在游戏中实现这个目标。这可能会导致用户受挫、困惑或失望("游戏要求我做这件事,但这是不可能的!")。有时,这是游戏执行中的错误或缺陷造成的结果:玩家被告知要激活一个电灯开关,但由于软

①　HOCKING C.Ludonarrative dissonance in bioshock:the problem of what the game is about[J].Well played 1.0:video games,value and meaning,2009,1:256.
②　BATEMAN C.No-one plays alone[J].Transactions of the digital games research association,2017,3(2):5-36.
③　CARDONA-RIVERA R E,ZAGAL J P,DEBUS M S.GFI:a formal approach to narrative design and game research [C]//Interactive Storytelling:Proceedings of 13th International Conference on Interactive Digital Storytelling(ICIDS).Cham:Springer,2020:133-148.
④　HAMARI J,ERANTI V.Framework for designing and evaluating game achievements[C]//Proceedings of the Digital Games Research Association(DiGRA):Think Design Play.Hilversum:2011,122-134.

件漏洞①,它无法工作。有时,这是有目的设计的结果。

除了分析效用,GFI 还有生成效用来帮助设计游戏。图 5-7 展示了一种基于游戏的交互框架(interaction framework)②,用来描绘 GFI 如何填补 MDA 中必须填补的概念空白,以解释叙事设计相关现象。其中,(游戏)系统(System)包含用户想在游戏中成功而必须实现的游戏学目标,用户观察和解释的反馈(Feedback)呈现出这些目标(Goals)。解释(Intepretation)使玩家在心理上生成叙事目标,进而激发他们不断追寻任务,这构成了他们审美(Aesthetic)体验的一部分。用户试图通过游戏提供的机制(Mechanics)去执行这些任务,致使运行动态(Dynamics)更新游戏的顶层系统(System)。在交互框架中,有学者建议:①解释应该被视为指导叙事设计细化的最终结果;②目标(以及相应的机制)和反馈应该被细化以影响解释③。虽然学者并未指出实现上述建议的具体方法,但他们简单列出了 GFI 能够协助应对的设计挑战:①GFI 能设置和满足用户的期待——设计师和作者(记者)"合作",在形同对话的合作中,用户默认希望演讲者尽可能详细、诚实、切题、清晰,以达到作者所期望的交际效果④。例如,一个故事中看似随机的元素可能会在后面的话语中揭示其目的,或者可能会引导观众误入歧途。平行目标层次结构为我们提供了描述设计师如何设置和操纵用户期望的语言。换言之,新闻游戏可能会给予用户反馈来协助解释特定的叙事目标,通过激发他们的游戏学目标来创造关于游戏玩法的期望,而这些目标反过来可能会被满足或颠覆。这与叙事的功用直觉(narrative affordances)有关,即玩家想象能够继续展开故事的行动机会。在GFI 中,这相当于通过叙事目标来激发游戏目标,进而满足用户期望,游戏目标之后会得到游戏的认可(或奖励)。②GFI 能颠覆和改变用户的期望。由于故事中的行动在功能上可以是多重的⑤,随着剧情的展开,用户对游戏目标的理解可能会发生转变,他们的期望受到叙事上的质疑,然后被颠覆。用户在"意识到"游戏叙事目标的意图后,可能会选择违背游戏目标。

① LEWIS C,WHITEHEAD J,WARDRIP-FRUIN N.What went wrong:a taxonomy of video game bugs[C]//Proceedings of 5th International Conference on the Foundations of Digital Games.New York:Association for Computing Machinery,2010:108-115.

② ABOWD G D.Formal aspects of human-computer interaction[D].Oxford:University of Oxford,1991.

③ CARDONA-RIVERA R E,ZAGAL J P,DEBUS M S.GFI:a formal approach to narrative design and game research [C]//Interactive Storytelling:Proceedings of 13th International Conference on Interactive Digital Storytelling(ICIDS).Cham:Springer,2020:133-148.

④ GRICE H P.Meaning[J].The philosophical review,1957,66(3):377-388.

⑤ DOLEŽEL L.Occidental poetics:tradition and progress[M].Lincoln:University of Nebraska Press,1990.

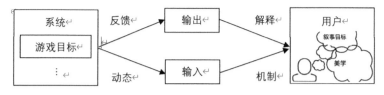

图 5-7　基于游戏的一种交互框架

资料来源：CARDONA-RIVERA R E，ZAGAL J P，DEBUS M S.GFI：a formal approach to narrative design and game research［C］//Interactive Storytelling：Proceedings of 13th International Conference on Interactive Digital Storytelling(ICIDS).Cham：Springer，2020：133-148.

第四节　系统设计阶段

在接下来的设计阶段中，概念经由草图(sketching)、线框图(wireframing)和原型图(prototyping)等技术转化为可反馈的形式——产品。这些技术在交流想法、传递知识和促进思考方面发挥了积极作用。其中，在白板上创建的草图对于理解产品的生命周期至关重要：产品是如何被创建、填充、组织和共享的。虽然这里的一些问题已经在简报文件中得到解决，但谈论这些问题、描述过程和勾勒用户、内容和界面之间的互动可能会产生新的问题，例如，谁拥有并控制一个新闻产品。在传统的新闻范式中，新闻机构拥有并讲述故事，因而故事的所有权并不受关注。而在数字生态系统中，情况就不那么明朗了：读者可以参与构建故事并改变叙述。一系列的快速绘图能够帮助解决所有权的问题。就像新闻机构出于法律和道德的考量调节故事的评论一样，交互新闻产品的创造者成为其所有者，并拥有额外的控制权。这种理解反过来为线框设计提供了依据。线框图又为最初的概念模型提供了结构和功能，即使不能完全解决问题，它也说明了在设计中所预想的与预算、时间和技术等方面的现实性之间取得平衡的挑战。原型制作是研究中最有价值的技术，因为原型是设计概念的具体表现，不同版本的原型代表着设计的迭代：概念模型(conceptual model)、研究原型(research prototype，又称雏形)、转化(translation)，体现了设计者在实现它们的过程中所获得的全部知识和理解，是"设计思考的推动者"和"穿越设计空间的工具"①。在理解新闻实践可能发生的变化方面，研究原型是最重要的。这些原型的创建不仅有助于构思和设计交互新闻

---

① LIM Y K，STOLTERMAN E，TENENBERG J D.The anatomy of prototypes：prototypes as filters，prototypes as manifestations of design ideas［J］.ACM transactions on computer-human interaction，2008，15(2)：2.

产品,还使新闻思维在一个新的环境中——在技术设计中——得以实现,即让新闻价值转化为技术设计。例如,对于如何在交互新闻产品中控制叙事,以及何时添加注释的问题,记者强烈的新闻思维支撑了整个设计过程,他们往往通过参考新闻实践的惯例和限制来解决这些问题:两个信息之间的关系可能不会马上显现,而是在报道的过程中出现。因此,能够随时创建链接或添加注释是很重要的。交互新闻产品可以作为一个工具去捕捉此过程,这既能促进"新闻思考",又能向读者揭示这种思考。它也是一个结合了共享和协作的应用程序,这意味着记者必须放弃一些叙述控制权,以换取更多的用户参与。而用户在参与中能够进一步理解故事,并进行新闻思考。尽管减少一定程度的叙述控制挑战了"独家新闻"的概念,这可能令记者不安,但为物理的、情感的互动和更大的合作而设计故事时可以发现新的价值。

以创建收件箱新闻游戏为例。克里斯·马滕斯(Chris Martens)和罗伯特·西蒙斯(Robert J. Simmons)开发了一款名为"收件箱"(Inbox)的创作工具①,用来创建收件箱新闻游戏。它由一个自定义标记语言(custom markup language)和一个渲染引擎(rendering engine)组成。马滕斯和西蒙斯受 Twine② 和 Ink 的语言最少化(language minimality)和清晰的叙述文本写作启发,他们设计的收件箱工具探索了功用直觉的最小创作集(the minimal set of authoring affordances),支持多线程(M)和选择回复(RC)。③ 现代的电子邮件收件箱是线程化的:收件箱不是由单个邮件的时间顺序组成的,而是由一系列线程组成,每一个线程代表的是具有相同主题的邮件的时间顺序。在收件箱的系统设计中,线程化表现为:一个故事以一组线程为单位进行创作,当引擎或用户操纵一个线程时,故事就会发展。该引擎可以添加新线程,追加新邮件至现有的线程中,并修改用户可能的操作。反过来,用户通过在任何线程上采取任何可能的操作与故事展开互动。主要的用户操作是选择回复电子邮件的固定数量,然后选择发送那个回复。引擎会追加这个回复至现有的线程中,并使用户返回到收件箱视图。默认情况下,当收件箱中没有留

① MARTENS C,SIMMONS R J. Inbox games:poetics and authoring support〔C〕//Interactive Storytelling:Proceedings of 14th International Conference on Interactive Digital Storytelling(ICIDS). Cham:Springer,2021:94-106.

② FRIEDHOFF J.Untangling twine:a platform study〔EB/OL〕.(2013-08-01)〔2023-06-07〕.http://www. digra.org/wp-content/uploads/digital-library/paper_67.compressed.pdf.

③ MARTENS C,SIMMONS R J. Inbox games:poetics and authoring support〔C〕//Interactive Storytelling:Proceedings of 14th International Conference on Interactive Digital Storytelling(ICIDS). Cham:Springer,2021:94-106.

下任何消息（"Inbox 0"）时,游戏将结束①。

　　此外,如果用户在发送信息后立即收到一个回复,容易让人觉得不太可信。有几种方法可以解决这个问题,例如,收件箱游戏《嵌合体:灰度》在发送和接收邮件之间添加了一个时间延迟。对于马滕斯和西蒙斯设计的"收件箱"工具,引擎会在用户发送电子邮件时修改收件箱,然后让用户返回已更改的收件箱,而不是显示邮件已送达。为了模拟收件人回复用户发送的消息所需的"时间",马滕斯和西蒙斯增加了一个一步延迟（one-step delay）,即用户的现下操作不会有响应,只有采取后续操作,才会出现此次操作的反馈②。换句话说,用户可以操作一个线程,但直到他们操作另一个线程后,才会出现之前操作的结果。这种交互方式有利于形成"语境坍塌"③的体验:对某个线程进行操作会立即将玩家的注意力重新引导到另一个不相关的线程上。由于最近收到的电子邮件可以被当作"当前场景"（current scene）来定义一组完整的可用操作,引擎得以大大的简化。然而,它也限制了创作功用直觉的可能性。例如,发送邮件是一个动作,且没有其他类似的可用动作,所以用户无法在一个线程中发送多个并列的电子邮件,除非用户操作其他线程,使引擎添加一个新的场景到线程。此外,回复邮件是对上一封收到的邮件最直接的响应,所以收件箱不会自然地促进一个会话的创作,会话中的一系列响应将随着会话的发展而变化。

　　收件箱的创作语言（authoring languages）显示了功用直觉的 3 个关键表达方式（expressive affordances）:线程（threads）、场景（scenes）、（用户）操作（player actions）。其中,线程是与电子邮件主题相关联的场景列表。一个场景对应玩家收到的一封电子邮件。除了与电子邮件相关的常见数据和元数据（文本、附件、发件人和收件人列表）,场景还定义了一组操作,包括选择回复（RC）及其效果④。图 5-8 展示了一个完整的收件箱脚本,它用一种名为 Camperdow 的标记语言编写,该语言服务于灵活的交互式创作。线程通常以单个"＃"标记开始（图 5-8 中的第 11

① MARTENS C, SIMMONS R J. Inbox games: poetics and authoring support［C］//Interactive Storytelling:Proceedings of 14ᵗʰ International Conference on Interactive Digital Storytelling(ICIDS). Cham:Springer,2021:94-106.
② MARTENS C, SIMMONS R J. Inbox games: poetics and authoring support［C］//Interactive Storytelling:Proceedings of 14ᵗʰ International Conference on Interactive Digital Storytelling(ICIDS). Cham:Springer,2021:94-106.
③ 参见本书第五章第二节的相关内容。
④ MARTENS C, SIMMONS R J. Inbox games: poetics and authoring support［C］//Interactive Storytelling:Proceedings of 14ᵗʰ International Conference on Interactive Digital Storytelling(ICIDS). Cham:Springer,2021:94-106.

行和第 20 行),第二个线程(图 5 - 8 中的第 20 行起)中的其他场景以一对"♯"标记开始(图 5 - 8 中的第 49 行和第 56 行)。最常见的用户操作是通过发送电子邮件来响应线程。马滕斯和西蒙斯在脚本中通过指定每个响应的内容来列出用户的可用响应,允许选择回复(RC),而不允许起草回复(RD)。由于存档操作(archive action)在默认情况下是禁用的,马滕斯和西蒙斯明确地指出用户可以在哪里存档线程(archive the thread),存档命令(the ! archive command)出现在图 5 - 8 中的第 18、54、61 行①。当前"收件箱"工具只包含一组最基础的功能,旨在用线程化叙事。场景选择目前是影响故事状态的唯一方法。文本、操作和场景不受用户在过去做出的多个选择的影响,而且消息线程不能相互影响。马滕斯和西蒙斯认为,从长远来看,按创作者的需求保守地发展语言可能会对产品造成一定的限制②。语言的实施和自然扩展是允许启用或禁用选项,并根据用户是否收到或看到某些场景来阻止消息传递。这种简单的机制赋予用户足够的表达能力,以便用户在多线程的多个会话中达到某个特定点时,能够控制对场景的表达能力。考虑到用户的一个操作会使特定操作的结果延迟出现,马滕斯和西蒙斯计划实施一套更通用的消息延迟控制机制,这包括延迟任意数量的玩家操作,直到在全局状态下设置某些条件,以及延迟到特定的执行时间(wall-clock time 或 wall time)③。

　　Vim④ 是系统设计的另一例子。在能源未来的背景下,Vim 的目标是开发一个研究原型,让人们参与有关能源的议题,激发他们从其他角度思考问题,并鼓励他们考虑个人和政策决定的长期影响。Vim 是一个带有太阳能电池板的木盒(见图 5 - 9)。它根据读者的喜好打印出有关能源的故事,以及需要他们回答的问题。它结合了多种物理计算技术,包括 LED 灯,热敏打印机,按钮和表盘。3G 连接的微控制器负责管理系统,访问含有故事的数据库并记录交互。该盒子由电池供电,电池可以借助太阳能电池板充电,也可以通过人力摇动曲柄充电。盒子有 4 个侧

---

①　MARTENS C,SIMMONS R J. Inbox games:poetics and authoring support［C］//Interactive Storytelling:Proceedings of 14ᵗʰ International Conference on Interactive Digital Storytelling(ICIDS). Cham:Springer,2021:94-106.

②　MARTENS C,SIMMONS R J. Inbox games:poetics and authoring support［C］//Interactive Storytelling:Proceedings of 14ᵗʰ International Conference on Interactive Digital Storytelling(ICIDS). Cham:Springer,2021:94-106.

③　MARTENS C,SIMMONS R J. Inbox games:poetics and authoring support［C］//Interactive Storytelling:Proceedings of 14ᵗʰ International Conference on Interactive Digital Storytelling(ICIDS). Cham:Springer,2021:94-106.

④　Vim 的设计概念参见本书第五章第二节的相关内容。

```
1    ! contact Me "naolin@rivendel.edu"
2      |> full "Naolin Dawson Vega"
3
4    ! contact Prof "wz@rivendel.edu"
5      |> full "Prof. Wei Zhou"
6      |> short "Wei"
7
8    ! contact Recruiter "christine@upprcut.com"
9      |> full "Christine Malcolm"
10
11   # Hey Naolin!
12   ! email |> from Recruiter |> to Me
13   My company is hiring research engineers! You should
14   apply!
15
16   Love, Cece
17
18   ! archive
19
20   # Progress?
21   ! email |> from Prof |> to Me
22   Naolin,
23
24   How is your thesis progress?
25
26   Prof Zhou
27
28   ! respond [Good]
29     |> to Prof
30     |> triggers "good_progress" >>
31     Prof Zhou,
32
33     It's going well actually! I proved that lemma I
34     was stuck on last week.
35
36     Naolin
37
38   ! respond [Bad]
39     |> to Prof
40     |> triggers "bad_progress" >>
41     Prof Zhou,
42
43     To be honest, I haven't made any forward
44     progress. I'm still stuck on that lemma we talked
45     about last week.
46
47     Naolin
48
49   ## good_progress
50   ! email |> from Prof |> to Me
51   Great! Let's meet about it tomorrow.
52
53   WZ (sent from my iPhone)
54   ! archive
55
56   ## bad_progress
57   ! email |> from Prof |> to Me
58   Ok. Let's discuss tomorrow.
59
60   WZ (sent from my iPhone)
61   ! archive
```

图 5 - 8　Camperdown 标记语言编写的一个"收件箱"(Inbox)工具脚本

资料来源：MARTENS C，SIMMONS R J.Inbox games：poetics and authoring support[C]//Interactive Storytelling：Proceedings of 14th International Conference on Interactive Digital Storytelling(ICIDS).Cham：Springer，2021：94-106.

面:①正面是主界面(图 5 - 9 中的第一排第一个);②右面是曲柄和 Vim 能源使用
情况简介(图 5 - 9 中的第一排第二个);③左面有一个写字台(图 5 - 9 中的第一排
第三个);④背面是有关此项目的信息(图 5 - 9 中的第一排第三个)。读者可以用
3 种方式与 Vim 交互:①使用拨号盘和按钮;②通过曲柄提供能量;③提供手写答
复(图 5 - 9 中的第二排第一个)①。

图 5 - 9 Vim 的外观和功能展示

资料来源:DOHERTY S,SNOW S,JENNINGS K,et al.Vim:a tangible energy story[C]//Interactive
Storytelling:Proceedings of 13ᵗʰ International Conference on Interactive Digital Storytelling(ICIDS).Cham:
Springer,2020:271-280.

---

① DOHERTY S,SNOW S,JENNINGS K,et al.Vim:a tangible energy story[C]//Interactive Storytelling:
Proceedings of 13ᵗʰ International Conference on Interactive Digital Storytelling (ICIDS). Cham:
Springer,2020:271-280.

Vim 的原型是一个多媒体系统,包括模拟和数字交互,以及输出。这个原型中的有形物体的功能不是支持情节、角色或设定等叙事特征,而是传达有关系统的信息,例如,正在使用和产生的能量,或者故事组成部分的组织方式,以便用户选择和交互。在设计中,有形的界面决定反馈,并限制叙事的选择。用户可以对故事做出 3 种选择:类别、哲学立场、机器的选择。这里的哲学立场分为 2 种:①技术将解决能源问题;②用户需要改变生活方式。Vim 叙述的故事被设计成新闻摘要,涉及政策、技术、经济和社会这四大类。用户在 Vim 的主界面可以选择是由用户(人类)还是 Vim(机器)产生推送。如果选择由人类生成,则需进一步选择"多做"或"用更少的资源生活",再从政策、技术、经济、社会这 4 个主题中选择一个,用户得到的反馈是按照这些参数量身定制的。如果在 Vim 的主界面选择由机器生成,则直接产生推送。Vim 制作的推送包括过去、现在和未来的各自一个故事,这些故事来自 1 个由 48 个故事组成的库,每个故事有 2~3 句话,标题和日期栏说明了故事发生的地点和年份。政策、技术、经济、社会这 4 个主题分别有 12 个故事,每个主题有上述 2 个哲学立场,每个立场包含 6 个故事。当用户选择主题和立场时,Vim 会生成与该组合匹配的 2 个反馈之一。每次生成推送时,推送条底部都会交替出现以下问题,用户要么被问到"可能发生的最坏情况是什么",要么被问到"可能发生的最好的事情是什么"①。

另一个系统设计的例子是 VR 新闻纪录片 *Tell a tail* 360°。它的内容由 3 个主题构成(见图 5 - 10):支持原型中导航(navigation)的内容、关于犬舍(kennel)的内容、关于非政府组织(NGO)的内容。犬舍的参观分支(The kennel tour)(图 5 - 10 中的实线部分)是现场参观(on-site tours)的替代方案,它可以让用户了解狗舍的日常工作。奇科的救援分支(Chico's rescue branch)(图 5 - 10 中的点线部分)提供给用户一种新奇的体验,跟随非政府组织志愿者救援一只名叫奇科(Chico)的被遗弃的狗。这个分支通过非政府组织在社交媒体 Instagram 上发布的内容来展现救援的不同阶段,包括在动物医院(the veterinary hospital)的诊察(consultation)和治疗(treatment)以及后续收养(adoption)②。表 5 - 4 描述了不同故事的节点(nodes),这些节点按上述分支分组(grouped by branches)。

① DOHERTY S,SNOW S,JENNINGS K,et al.Vim:a tangible energy story[C]//Interactive Storytelling: Proceedings of 13th International Conference on Interactive Digital Storytelling(ICIDS). Cham: Springer,2020:271-280.
② BALA P,DIONISIO M,ANDRADE T,et al.Tell a tail 360°:immersive storytelling on animal welfare [C]//Interactive Storytelling:Proceedings of 13th International Conference on Interactive Digital Storytelling(ICIDS).Cham:Springer,2020:357-360.

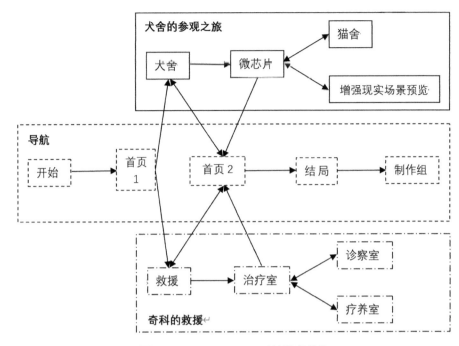

图 5 - 10   *Tell a tail* 360°的故事结构

表 5 - 4   包含 360°种类(视频、全景、以全景结尾的视频)的故事节点

	节点	360°	描述
导航	开始	全景	关于交互和如何开始体验的说明
	首页 1	以全景结尾的视频	犬舍入口有获救的动物和欢迎用户体验的犬舍管理员
	首页 2	以全景结尾的视频	犬舍入口有获救的动物和犬舍管理员
	结局	视频	狗舍管理员结束参观。如果两个分支都被访问过,则会触发此操作
	制作组	全景	制作准许和重启选项
犬舍的参观之旅	犬舍	视频	巡视犬舍设施和辅助人员所做的工作
	微芯片	以全景结尾的视频	兽医用微芯片拯救了一只动物
	猫舍	视频	参观猫的游乐区
	增强现实场景预览	全景	预览增强现实分支中儿童收养和护理动物

（续表）

节点		360°	描述
奇科的救援	救援	视频	在警察的帮助下,非政府组织志愿者从恶劣的生活环境中救出了一只名叫奇科的动物
	治疗室	以全景结尾的视频	奇科被带到一家动物医院
	诊察室	视频	根据兽医诊察摘录,奇科被诊断患有多种癌性生长
	疗养室	以全景结尾的视频	奇科和另一只获救的动物瑟林哈正在休养。非政府组织的 Instagram 帖子显示这两只动物被收养

　　该原型最初是在实时 3D 互动内容创作和运营平台 Unity 2019.3.0a11 中为 VR 头戴式显示器 Oculus Go 和 Gear VR 设备开发的,实施起来却是基于网络的 VR 框架 A-frame1 的交互式网络应用程序（an interactive web application）,以便兼容计算机或智能手机上的网络观看（web viewing）,以及具备三自由度（degree of freedom,简称 DoF）控制器（controllers）的头戴式显示器（Head-mounted display,HMD）（如 Oculus Go）。该原型针对使用 360°视频（web.格式）、图像或 360BBZ〗°BB1〗全景（jpg.和 png.格式）、音频（mp3.格式）的网络观看进行了优化[1]。视频和相同大小的矩形图像（equirectangular images）被投影到一个围绕虚拟摄像机的球体（sphere）上（见图 5 - 11）;如果用计算机观看,就要单击并拖动会旋转的摄像机及其相应视口（viewport）;如果用智能手机或头戴式显示器观看,就要使用设备的传感器来调整摄像机[2]。在整个体验中,用勾勒出的角色（outlined characters）（见图 5 - 12）和按钮表示交互点（interactive points,简称 IP）,这些交互点既能提示用户进行选择,又能超链接到其他故事节点（story nodes）;如果用计算机或智能手机查看,这些交互点会响应点击或触摸;如果用头戴式显示器观看,交互点会响应控制器（controller）的指向和触发器（trigger）的使用。根据故事节点,执行特定动作（如跳过和返回）的选项通过双击或触发遥控器出现,并在做出选

①　BALA P,DIONISIO M,ANDRADE T,et al.Tell a tail 360°:immersive storytelling on animal welfare［C］//Interactive Storytelling:Proceedings of 13th International Conference on Interactive Digital Storytelling(ICIDS).Cham:Springer,2020:357-360.

②　BALA P,DIONISIO M,ANDRADE T,et al.Tell a tail 360°:immersive storytelling on animal welfare［C］//Interactive Storytelling:Proceedings of 13th International Conference on Interactive Digital Storytelling(ICIDS).Cham:Springer,2020:357-360.

择后或长时间不做交互后消失。未来的工作包括在学校环境中对青少年进行测试,解决不同的研究目标,例如,讲故事与沉浸式技术的融合如何有效地提高人们对社会原因的认识,如何将原型扩展至其他类型的媒体①。

图 5 - 11 *Tell a tail* **360°**的原型(Ⅰ)

资料来源:BALA P,DIONISIO M,ANDRADE T,et al.Tell a tail 360°:immersive storytelling on animal welfare[C]//Interactive Storytelling:Proceedings of 13th International Conference on Interactive Digital Storytelling(ICIDS).Cham:Springer,2020:357-360.

图 5 - 12 *Tell a tail* **360°**的原型(Ⅱ)

资料来源:BALA P,DIONISIO M,ANDRADE T,et al.Tell a tail 360°:immersive storytelling on animal welfare[C]//Interactive Storytelling:Proceedings of 13th International Conference on Interactive Digital Storytelling(ICIDS).Cham:Springer,2020:357-360.

---

① BALA P,DIONISIO M,ANDRADE T,et al.Tell a tail 360°:immersive storytelling on animal welfare [C]//Interactive Storytelling:Proceedings of 13th International Conference on Interactive Digital Storytelling (ICIDS).Cham:Springer,2020:357-360.

另一个系统设计的案例是新闻聊天机器人（news chatbot）"COVINFO Reporter"①。由于大多数新闻网站都是以 WordPress 内容管理系统为基础，COVINFO Reporter 需要能够支持嵌入这个内容管理系统的聊天机器人开发平台。考虑到这项工作的未来扩展，该平台还要支持嵌入多个社交媒体平台，以及支持预设的聊天流。根据以上情况，Meta 聊天软件 Messenger 中的聊天机器人 ManyChat（主要针对 Meta）被排除，基于人工智能的聊天机器人框架 Amazon Lex 和基于自然语言处理技术的对话系统工具 Google Dialogflow 不提供自己的 WordPress 插件（一些相关插件由第三方提供），而且这些平台都是为自然语言交互而建设，所以也不是合适的平台选项②。商用聊天机器人平台 Quriobot 最终被选为 COVINFO Reporter 的开发平台，因为其安装和使用相对简单。它提供了很多现成的模板，可以按照每个开发人员的需求进行调整，其控制室（Control Room）被用来管理 COVINFO Reporter，控制室的对话设计器支持建立主动对话，条件规则和不同的步骤类型支持这些对话。在电脑或智能手机上访问 COVINFO Reporter 的渠道主要有 3 种：①Quriobot 提供的网址；②WordPress 网站发布的新闻文章；③多个社交媒体平台（Viber、Slack、WhatsApp、Snapchat 等）③。BBC 网站被选为 COVINFO Reporter 的信息来源，因为它发布了许多网络文章（文本和视频）。COVINFO Reporter 改善了记者的日常工作流程。记者们可以在 BBC 网站上创建内容，也可以使用 COVINFO Reporter 界面来展示他们从 BBC 网站选择的现有内容。基于检索的 COVINFO Reporter 支持预定响应，以促进用户访问多篇新闻文章或代替现有信息的访问。它还能够在与用户的互动中收集信息，根据用户提供的答案，在问题之间智能跳转，提高交互的有效性④。用户与 COVINFO Reporter 的对话流程由 11 个步骤组成：①一开始，界面上会出现一条欢迎信息；②聊天机器人进行自我介绍；③询问用户是否想继续；④如果用户回答"否"，聊天机器人就会终止；⑤如果用户回答"是"，聊天机器人则会显示主题类别的列表；⑥用户选择类别后会显示所选类别；⑦用户可以选择所选类别下的新闻文章；⑧显示用户所选的文章；⑨它询问用户是否需要访问其他信息；⑩如果用户回答"是"，聊天机器人会再次显示类别；⑪如果用户回答"否"，对话则

① COVINFO Reporter 官网：https://botsrv.com/qb/AUTH/COVINFO-CHATBOT.
② MANIOU T A，VEGLIS A. Employing a chatbot for news dissemination during crisis：design，implementation and evaluation[J].Future internet，2020，12(7)：1-14.
③ MANIOU T A，VEGLIS A. Employing a chatbot for news dissemination during crisis：design，implementation and evaluation[J].Future internet，2020，12(7)：1-14.
④ MANIOU T A，VEGLIS A. Employing a chatbot for news dissemination during crisis：design，implementation and evaluation[J].Future internet，2020，12(7)：1-14.

终止。Quriobot 通过添加更多类别或可用文章来支持聊天机器人的持续修改和更新。它的一个局限是，它不能进行响应式设计，即无法在不同的设备类型上以不同的方式显示内容。它更适合智能手机的小尺寸窗口，这对电脑用户来说颇为不便。

第五节　过程（交互行为）设计阶段

交互（interaction）是交互新闻的重要组件，用户的交互能力是交互新闻的关键特征。从交互式叙事设计（interactive narrative design）①的视角看，用户的一个行为通常被描述成用户做选择时的表现，他们的选择影响着交互新闻（这里被当作一个交互叙事系统）中个人叙事体验的实时发展。有向图（directed graphs）的广泛使用从侧面证实了这一观点。有向图常用来总结叙事体验在文学和实践中的进展，它的每个节点（node）代表叙事内容的一个片段（a segment of narrative content），每个有向边缘（directed edge）代表其连接节点（connected nodes）之间的时间顺序（temporal ordering），来自节点的每个传出边缘（outgoing edge）代表可以使体验在时间上朝着目标节点（target node）前进的动作。但这就是用户行为（user actions）可以做到的全部吗？研究表明，表示用户动作的各种概念已成为成功的交互叙事系统（interactive narrative systems）的一部分，其中包括埃丽卡·克莱曼（Erica Kleinman）等人②讨论的叙事回放（narrative rewinding），以及亚伦·雷德（Aaron Reed）③讨论的叙事雕刻（narrative sculpting）、社交导航（social navigation）、故事编写（storywrighting，即以连贯或令人满意的方式组装内容）、生成（generation，即创造新的叙事内容）、谈判（negotiation，即解决用户之间的冲突）、管理（administration，即解释和执行规则）。除了以上表示用户动作的概念，设计师还可以为不同类型的信息定制相匹配的功能集。例如，在中央电视台新闻频道于 2003 年 4 月 26 日播出的调查性新闻报道《北京：对严重急性呼吸系统综合征（SARS）的预防行动》中，用户扮演的记者角色可以主动与其他角色（如医生或患者）互动。其中，记者与医生的对话中有一个重要的叙事片段——"穿防护服"，这个节点在虚拟环境中具有很强的可操作性，据此，设计师设计了一种交互行为——

① KOENITZ H.Towards a theoretical framework for interactive digital narrative[C].AYLETT R，LIM M Y，LOUCHART S.Interactive storytelling.Berlin：Springer，2010：176-185.
② KLEINMAN E，CARO K，ZHU J.From immersion to metagaming：understanding rewind mechanics in interactive storytelling[J].Entertainment computing，2020，33：100322.
③ REED A.Changeful tales：design-driven approaches toward more expressive storygames[D].Santa Cruz：University of California，Santa Cruz，2017.

让用户扮演的记者在新闻故事中练习穿戴防护装备。

　　上述讨论虽然列举了用户作为叙事体验的一部分可能参与的活动例子,拓宽了用户活动的可能性,却对活动背后的共同概念了解有限,无助于识别、比较和发现彼此关联或作为更大整体的一部分的不同类型的行为。"行为种类"(kind of action)的定义来源于叙事雕刻。不同于用户行为仅改变叙事过程的一个方面,叙事雕刻改变了所有叙事体验的发展[①]。不同类型的行为因此被视为改变交互式叙事过程(interactive narrative process)不同方面的行为。获得交互叙事行为(interactive narrative actions)的理论依据很重要,原因有 3 个:①行为是交互叙事设计的一种全新概念工具,使设计师能够全面思考交互的多种应用方式;②行为是交互叙事分析的一个有用视角,使学者能够以更结构化、更细致的方式系统地对用户行为进行分类;③帮助研究人员探索和发现新的用户行为,随着时间的推移,有助于改善他们的共享知识。因此,使交互叙事中的交互模型化有助于识别、比较和发现用户可能执行的不同类型的操作。鉴于此,大卫·图埃(David Thue)提出了一种理解交互叙事系统中用户行为的新方法,此方法提供了一个识别、比较和发现交互叙事系统中一切用户行为的共同基础[②]。这有助于辨别 2 种特定行为的类型,在此基础上可以区分多种类型的行为,包括可能从未使用过的类型。与其他研究相比,图埃的方法有两个重要优势:①它是灵活的(flexible),图埃已成功运用一组共享元素来重新定义上述所有的用户行为概念(详细讨论了叙事雕刻),后续研究得以在共同的理论基础上直接比较不同类型的行为;②它是生成性的(generative),从为"简单"交互叙事系统中的一组交互元素建模开始,设计师或分析师可以通过结构化分析(structured analysis)递归地扩展模型。通过这种分析的结构,每个新的扩展都揭示了一种需要考虑的独特行为。潜在的模型集合是无限的,但当设计者或分析师决定不需要新的扩展时,扩展过程就结束了[③]。

　　图埃的方法围绕交互过程这一概念展开。他首先将交互过程定义为一个一般结构(a general construct),再在交互叙事的背景下对其进行解释,从而与哈特穆

①　KOENITZ H.Towards a theoretical framework for interactive digital narrative[C].AYLETT R,LIM M Y,LOUCHART S.Interactive storytelling.Berlin:Springer,2010:176-185.

②　THUE D.What might an action do? toward a grounded view of actions in interactive storytelling[C]// Interactive Storytelling:Proceedings of 13th International Conference on Interactive Digital Storytelling (ICIDS).Cham:Springer,2020:212-220.

③　THUE D.What might an action do? toward a grounded view of actions in interactive storytelling[C]// Interactive Storytelling:Proceedings of 13th International Conference on Interactive Digital Storytelling (ICIDS).Cham:Springer,2020:212-220.

特·克尼茨(Hartmut Koenitz)对交互式叙事过程的定义相匹配①。在克尼茨看来,交互式叙事过程是由用户所实施的行为和交互叙事系统所提供的机会共同创造的,是所有能产生交互叙事体验的元素(包括可执行代码、艺术资产及其所在的计算硬件)的集合②。图埃认为,交互过程是6个数据元素和3个函数的集合(见图5-13):数据描述信息,当输入其他数据时,函数产生数据③。图5-13中的实线方框表示函数,小箭头表示数据流,大箭头表示交互式循环,斜体表示为达到清晰效果而形成的短暂元素,右侧的两张小尺寸图是交互过程的简化缩写版本。数据的具体描述如下:①目标对象(a target object,简称TO)标识了能够通过在过程中进行交互而更改的对象,如一个叙事世界;②一组参与者(a set of actors,简称A)标识了哪些参与者可以通过参与这个过程来对目标对象采取行动和(或)观察目标对象;③初始状态(an initial state,简称IS)定义了在任何参与者体验开始时目标对象应该如何;④一组可能的状态(a set of possible states,简称PS)定义了目标对象可能存在(如在叙事体验的不同时间)的每一种方式;⑤一组可能的观察结果(a set of possible observations,简称PO)定义了参与者可能收到的关于目标物体的每一个观察结果;⑥一组可能的动作(a set of possible actions,简称PA)定义了参与者为改变目标对象可能执行的每一个动作。函数的具体描述如下:①观察函数(observation function,简称OF)根据目标对象的当前状态来确定每个参与者应该观察到的内容(给定一组可能的观察结果);②动作函数(action function,简称AF)根据每个参与者接收到的观察结果来确定每个参与者要执行的可能动作(这表示可能合作或不合作的所有参与者的联合效果);③转换函数(transition function,简称TF)决定如何使用所有参与者动作的向量(每个参与者一个),来让目标对象从当前状态转换为新状态(给定一组可能的状态)④。

---

① THUE D.What might an action do? toward a grounded view of actions in interactive storytelling[C]// Interactive Storytelling:Proceedings of 13th International Conference on Interactive Digital Storytelling (ICIDS).Cham:Springer,2020:212-220.

② KOENITZ H.Towards a theoretical framework for interactive digital narrative[C].AYLETT R,LIM M Y,LOUCHART S.Interactive storytelling.Berlin:Springer,2010:176-185.

③ THUE D.What might an action do? toward a grounded view of actions in interactive storytelling[C]// Interactive Storytelling:Proceedings of 13th International Conference on Interactive Digital Storytelling (ICIDS).Cham:Springer,2020:212-220.

④ THUE D.What might an action do? toward a grounded view of actions in interactive storytelling[C]// Interactive Storytelling:Proceedings of 13th International Conference on Interactive Digital Storytelling (ICIDS).Cham:Springer,2020:212-220.

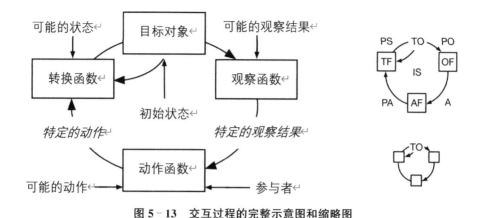

图 5‑13　交互过程的完整示意图和缩略图

　　图埃提出的交互过程选择目标对象(TO)作为叙事世界,因而为克尼茨所定义的交互式叙事过程建立了一个模型。该模型通过观察叙事世界为用户提供机会,而且使他们有能力采取行动改变叙事世界;它还可以描述任何交互式叙事过程,而交互式叙事过程将用户行为视为有向图中节点之间进行的事情。具体地说,当目标对象(TO)是故事的叙事世界时,有向图的每个节点都是叙事世界的一种状态,每个传出边缘都是用户的潜在行为,每个传入边缘(incoming edge)描述了叙事世界如何基于所选择的动作在状态之间进行转换。观察函数(OF)允许状态以玩家可能无法观察到的方式发生变化。[①] 函数执行(function execution)是指交互过程中的每个函数都必须执行,这意味着系统或个人(一个或多个)必须做一些工作来生成函数的输出数据,这种灵活的方式可以确保完全模拟或(和)数字化交互过程。按照人工智能研究的传统,"智能体"(agent)泛指能感知一些输入并采取行动以产生一些输出的实体。因此,每个函数都由一个或多个智能体执行。例如,动作函数(AF)由过程的参与者(A)执行,而转换(TF)和观察函数(OF)可能由系统执行,或由过程的参与者(A)执行[②]。

　　作为一个说明性例子,新闻游戏《叙利亚之行》可以用交互式叙事过程(即以叙事世界为目标对象的交互过程)来建模。目标对象是叙利亚之行的叙事世界,意思是故事发生的虚构地点,以及其中的每个对象和角色。参与者(A)只包括一名用

①　THUE D.What might an action do? toward a grounded view of actions in interactive storytelling[C]// Interactive Storytelling:Proceedings of 13th International Conference on Interactive Digital Storytelling (ICIDS).Cham:Springer,2020:212-220.

②　THUE D.What might an action do? toward a grounded view of actions in interactive storytelling[C]// Interactive Storytelling:Proceedings of 13th International Conference on Interactive Digital Storytelling (ICIDS).Cham:Springer,2020:212-220.

户(玩家)。初始状态(IS)包括玩家所扮演的角色(叙利亚的难民)站在叙利亚的海港(见图5-14),一组可能的状态(PS)是由两条故事主线(一是到达埃及后由海路进入欧洲,二是由陆路到达土耳其,再进入欧洲其他国家)共延伸出的48条支线组成的,每条支线都是不同的状态,是通过执行一组可能的动作(PA)中的一个动作来达到的,每个动作都会引导用户跳转到游戏的特定页面。每一个可能的观察结果(PO)都对应于每一条支线中出现的文本(有时还有配图)。观察函数(OF)由玩家执行;他们必须以一种允许他们感知每一条支线内容的方式来玩游戏(页面右侧实时显示玩家所选的逃跑路线和他们的进度)。玩家通过选择要执行的一个动作(如点击"付他定金"按钮),在每个页面末尾执行动作函数。最后,玩家执行转换函数(TF);给定当前状态(如在埃及),他们点击选项按钮(如"利比亚")到达动作文本给定的部分(如进入"利比亚"页面),从而将叙事世界转换到一个新的状态。交互过程对于建立交互的模型通常很有用,因为它代表了参与者(A)影响变化的一种方式——过程的目标对象(TO)可以通过执行动作函数(AF)以服从转换函数(TF)来改变。这种表现行为变化的能力允许设计师或分析师在交互式叙事过程中识别和区分不同类型的用户行为。

图 5-14 《叙利亚之行》的初始状态

在更高层次上,图埃的方法从交互式叙事过程的基本模型(特别是前文提到的以叙事世界为目标对象的交互过程)开始,然后通过步骤的递归序列(recursive sequence)发展成一个更完整的模型。每个步骤都会检查交互过程中的一个元素(数据或函数),并提示设计师或分析师回答一个具体的问题:任何智能体是否应该(或可以)改变这个元素? 如果答案是"否",则不采取任何进一步措施,并在下一步中检查流程的另一个元素,直到所有元素都被检查。如果答案是"是",那么模型必须扩展,添加一个具有特定目标对象的新交互过程,其中包含设计师或分析师刚刚回答"是"的元素。检查是递归的:设计者或分析师必须定义这个新交互过程的元素们(包括哪些智能体执行其函数),然后针对每个元素询问是否有任何智能体应该(或可以)更改该元素? 如果每个答案都是"是",那么模型必须再次扩展,创建一个新的交互过程,其中包含要检查的元素。一旦设计师或分析师选择对剩下的每个未经检查的元素回答"否",这就意味着每个过程的每个元素都经过了检查,至此模型才算完成。设计师或分析师可以选择每个元素定义所包含的细节深度来满足其目标[1]。

用户行为的两个概念——叙事回放和社交导航——对图埃的模式提出了挑战。叙事回放允许玩家重新审视叙事世界的某些部分,就好像它们在时光倒流一样,为改变先前的决定和选择不同的动作提供了机会[2]。回放不同于用户行为遍历有向图的典型方式。遍历通常从一个节点开始,然后访问离起点越来越远的更多节点。同时,允许回放的有向图还必须包含遍历到更接近起点的节点的边缘。对于图埃的建模方法而言,叙事回放可以在以叙事世界为目标对象(TO)的基本交互式过程中找到:通过动作函数(AF)选择特定的动作,用户可以使世界的状态变成重新访问以前访问过的状态。尽管叙事回放可以在图埃的单个模型中被成功地识别为一种活动,但没有 2 个模型可以区分允许或不允许叙事回放的过程。这表明,图埃提出的区分不同"行为种类"的概念,也许只是有效区分行为的方法之一。社交类新闻游戏(social news games)常被看作是一种交互式叙事模式,与其有关的行为概念被称为社交导航,因为用户必须理解、推理和操纵一组非玩家角色(Non-Player Character,简称NPC)之间的模拟社交关系网。它不同于利用有向

---

① THUE D.What might an action do? toward a grounded view of actions in interactive storytelling[C]// Interactive Storytelling:Proceedings of 13th International Conference on Interactive Digital Storytelling (ICIDS).Cham:Springer,2020:212-220.

② KLEINMAN E,CARO K,ZHU J.From immersion to metagaming:understanding rewind mechanics in interactive storytelling[J].Entertainment computing,2020,33:100322.

图改变叙事世界①。当使用图埃的方法对社交类新闻游戏中的交互建模时,将会产生1个含有2个交互过程的模型:针对叙事世界的基本过程;针对叙事世界的动作函数(AF)的第二个过程。创建第二个过程是因为每个非玩家角色都是一个人工智能的智能体,能够改变基本过程的动作函数(AF)来修改自己的行为。虽然社交类新闻游戏的用户通常不能直接影响任何非玩家角色的行为,但他们可以通过在叙事世界中的行为间接影响这些行为。图埃的建模方法目前无法将"改变叙事世界"和"改变叙事世界以影响另一个参与者(A)改变动作函数"区分为不同类型的行为,未来研究应对此进行探索。

第六节 评估阶段

原型是可使用的产品,设计的社会价值在使用中变得明显。在评估阶段中,目标用户一般会试用原型并给予反馈以改进设计。正如斯蒂芬·文森(Stephan Wensveen)和本·马修斯(Ben Matthews)所观察到的,"任何将设计作为对世界的干预并研究其后果的工作,或者在现场部署原型并分析其使用情况的工作"②都是以一种探究情况和检查实践的方式进行的。评估是设计的一个优势,因为评估得出的信息对使用环境有着洞察力,在设计中是有价值的。更确切地讲,正是通过使用和反思所设计的原型,才能获取更多有关产品的人和技术的知识。这些知识被用来发展关于如何重新设计产品以更好地适应环境的想法,或者被用来发展关于设计新产品以促使环境发生变化的想法。从这个意义上说,设计的产品可以帮助揭示当前实践的潜在发展方向。就像设计需要评估一样,交互新闻也需要评估传播效果,因为产生新闻效果是交互新闻的核心价值。不管是衡量用户参与交互后认知、态度和行为的改变,还是确认传播意义到位与否,或者是确保新闻价值的实现,传播效果评估都是一项重要议题。美国学者埃弗雷特·罗杰斯(Everett M. Rogers)指出,"受众对媒介效果的满足是以其主动使用和参与大众传播为基础的,而且传播媒介常常影响受众个体的认知感受、激活个体情感,进而经过理性认识和情感共鸣达到行为趋同的效果。"③按照罗杰斯的说法,交互新闻的传播不仅作用于用户的感知层面,还会影响其情感层面,接触和使用此类新闻可能引发用户的思

① REED A.Changeful tales:design-driven approaches toward more expressive storygames[D]. Santa Cruz:University of California, Santa Cruz,2017.
② WENSVEEN S,MATTHEWS B.Prototypes and prototyping in design research[C]//RODGERS P A, YEE J.Routledge companion to design research.London:Routledge,2015:268.
③ 罗杰斯.创新的扩散[M].唐兴通,郑常青,张延臣,译.第5版.北京:电子工业出版社,2016.

考,进而强化或改变其价值判断和行为反应。因此,交互新闻的传播效果体现在为认知、心理和行为三个层面。传播效果的概念可以分为微观和宏观两种,"在微观层面,传播效果是指传播行为造成受众的感知、态度和行为的变化,即传播者的目的和意图凭借新闻传播活动得以实现的程度;在宏观层面,传播效果是指大众传媒的传播活动对受众和社会产生的(直接或间接、有意或无意、显性或隐性)结果与影响的总和。"①交互新闻融合了新闻、设计、信息技术等多个领域的理念,其跨学科特性使寻找和采访一组具有代表性的交互新闻创造者来收集传播效果的评价框架变得颇具挑战性,所以笔者采取另一种方法,系统地回顾相关文献,以确定一组恰当的评估要素。笔者分析后发现,用户体验是最常见的评估项。交互式数字叙事的创作者经常使用用户体验来评价叙事的成功②。因此,本节将基于微观视角,从用户体验的角度考察交互新闻用户认知、心理和行为的转变标准,这是形成对作者有用的自动反馈的基础。

　　受众研究(Audience Studies)是一个系统研究和发展受众接受媒体(包括交互式数字叙事)的相关理论的领域。其中,用户体验的概念化描述了体验的过程,以及设计与体验之间的关系,但这些尚未扩展到用户体验的评价框架或反馈。用户体验活动代表微观用户体验(micro UX),旨在根据用户需求(即宏观用户体验,简称 macro UX)改进系统③。虽然很多现有文献已将用户体验形式化并分解成更简单的维度,却产生了大量关于用户体验的不同解释。此外,研究人员通常只对用户体验的特定方面(如"有效性""自主性""可用性")感兴趣,而"控制""操纵""个性化"等概念却很少受到关注——尽管它们可能为"智能体"(agency)维度的用户体验提供有用的见解。通过系统地回顾这些在不同程度上相互重叠的解释,笔者梳理出 45 个概念,共涵盖 9 个类别——"智能体""认知""沉浸""情感""戏剧性""奖励""动机""失调""实现行为促进",如附录中的附表 1 所示。笔者的目的不是重新界定用户体验,或者提出一个有关用户体验维度的权威列表,而是更广泛地理解用户体验,以揭示用户体验的哪些(尽量少的)维度可以被用来评估交互新闻的传播效果,进而为交互记者生成自动反馈,以协助他们的创作。值得注意的是,本节重点考虑主观用户体验,这是因为系统或用户的内在固有属性(比如,选择数量、外在

---

① 孙瑞.虚拟现实场景新闻的时空再现及策略研究[D].哈尔滨:哈尔滨工业大学,2019:58-59.

② UTSCH M N R, PAPPA G L, CHAIMOWICZ L, et al.A new non-deterministic drama manager for adaptive interactive storytelling[J].Entertainment computing,2020,34(11):100364.

③ VON SAUCKEN C,MICHAILIDOU I,LINDEMANN U.How to design experiences:macro UX versus micro UX approach[C]//Proceedings of 2nd International Conference on Design,User Experience,and Usability(DUXU).Heidelberg:Springer,2013:130-139.

目标等交互设计有关的细节,开始体验的动机,用户技能)不太可能形成对生产者有用的自动反馈。在这一阶段,笔者将从用户体验和媒体效果两方面对拟建的交互新闻进行评估。

一、智能体(agency)

有关智能体的 6 个维度:①自主性(autonomy)是指用户自主行事或感知自由,这与系统提供的选项数量、质量以及导航自由有关。②有效性(effectance)是指选择产生的影响和感知意义,这与识别用户行为何时以及如何通过清晰的反馈影响系统有关。③控制(control)是指生产者能够有意识地追求特定的目标和结果,或者生产者能够在多大程度上说服用户采取特定的行动。④(熟练地)控制或操纵(manipulation)是指用户认为自己被系统操纵的程度。⑤个性化(personalization)是指用户认为系统提供的体验与他们本身行为的匹配程度,这与用户认为自我意愿的表达程度,以及他们觉得系统理解这种表达并做出相应反馈的程度有关。⑥可用性(usability)是指评判一个交互性新闻产品或系统在实际应用场景中实现用户特定目标的指标体系。

二、认知(cognition)

有关认知的 8 个维度:①逻辑一致性(logical consistency)是指交互新闻中的事件、人物行为、叙事的主题和思想的一致性。②模糊性(ambiguity)是指交互新闻叙事的抽象程度或清晰程度,当用户对故事倾向于有且只有一种解释时,叙事就被认定是不模糊的。③故事化程度(degree of storification)是指用户形成自我叙事和心智模式的程度。④叙事理解(narrative understanding)是指用户多大程度上能按生产者期望的那样去理解交互新闻中的故事。⑤游戏理解(game understanding)是指用户对交互新闻中的游戏元素(如目标、规则、边界)、如何与故事互动以及如何影响故事的了解程度。⑥感知理解(perceived understanding)是指用户感觉他们了解而非臆测内容的程度。⑦挑战(challenge)是指用户对交互新闻产品或系统使用难度的判断,以及他们认为这种难度是否是必要的、有意义的和令人愉快的。⑧感知现实主义(perceived realism)是指交互新闻的内容与现实的亲近度或共鸣度,这与事件和角色行为的合理性、系统和角色的可感知智能程度以及用户感觉体验没有被策划(精心安排)的程度有关。

三、沉浸（immersion）

有关沉浸的 7 个维度：①在场感（presence）是指用户与作为中介的人一起处于中介空间的感觉，这与用户感觉自己离开现实世界并进入数字（虚拟）世界的程度有关。②怀疑中止（suspension of disbelief）是指用户不再对传递体验的媒介抱有意识的程度。③专注度（degree of focus）或吸收度（degree of absorption）是指用户将能力和注意力聚焦在体验上的程度。④认同（identification）或联系（connection）是指用户面向不同的故事元素所采取的视角和情感倾向，这包括用户对角色和故事的认同程度，以及对不同角色的依恋、共情和同情程度。⑤连续性（continuity）是指用户持续参与故事的程度和时长，它将意识和行动融合在一起，不会因语气的突然变化或突然发生的无关事件而中断叙事。⑥审美愉悦度（aesthetic pleasantness）是指交互新闻产品的设置和布局对用户的吸引力。⑦安全感（safety）有时与沉浸相联系，这涉及超过一定程度的沉浸可能会造成用户的不安全感。

四、情感（affect）

有关情感的 2 个维度：①情感强度（affect intensity）是指交互新闻自身表达情绪的强度和用户受交互新闻影响所产生情绪的强度。②情感类型（affect type）是指情感的种类，但单独罗列现有文献中超过 40 种的情感（如兴奋、愤怒、沮丧等）似乎没什么用，而应把重点放在辨别交互新闻自身表达的情感与用户受交互新闻影响所产生的同种情感之间的差异。

五、戏剧性（drama）

有关戏剧性的 7 个维度：①好奇心（curiosity）在这里被定义为用户对交互新闻的故事、进程和操作可能性的兴趣程度，更简单地说，是用户想要发现更多的欲望。②新颖性（novelty）是指用户经过不同的体验元素感知到的新鲜感和创新性。③多样性（variety）是指用户的选择、经历和行动的数量和多元性。④封闭性（closure）是指用户认为所体验的故事的完整程度，以及所有故事元素的相关性的显示程度。⑤不确定性（uncertainty）是指故事进展、系统反应和进程的不可预测性，它包含悬念（suspense）和惊喜（surprise）。⑥情境或叙事提示唤起的期望

(expectation)也包含悬念(suspense)和惊喜(surprise)。⑦期望的结果(desired outcomes)是指用户害怕和期望的后果,以及用户对故事进展和系统进程的满意度。

六、奖励(rewards)

有关戏剧性的 4 个维度:①终极欣赏(eudaimonic appreciation)是指按照常见生活经验的推断、生活意义的洞察,以及源对用户的感知和生活故事的挑战程度,去评估交互新闻体验的感知认知和情感意义。② 成就感(sense of accomplishment)是指用户认为自己在交互新闻中的投入是值得的,这与用户在多大程度上发现体验的内在奖励有关。③学习(learning)是指交互新闻的体验能在多大程度上提高用户的技能、知识或智力。④兴趣(interest)的激发是指交互新闻的体验能在多大程度上引起用户对主题或交互式数字叙事的兴趣。

七、动机(motivation)

有关动机的 6 个维度:①目标(objectives)是指用户在体验交互新闻的过程中产生的内在目标。②活动(activities)是指用户计划或想要执行的操作类型(连接、解决、感觉、社交、体验故事和角色、探索、实验、创造、破坏)。③ 强化(reinforcement)是指让用户保持动力的奖励类型(完成、进步或成就),它被纳入动机而非奖励类别的原因在于这里的奖励是为了延续欲望。④继续(to continue)体验交互新闻的欲望强度。⑤互动(to interact)的欲望。⑥重新体验(to replay)的欲望。

八、失调(dissonance)

有关失调的 3 个维度:①互动性(interactivity)是指用户对参与或互动的程度的感受和满意。②叙事性(narrativity)是指用户对交互新闻侧重于叙事元素而非游戏元素的感知。③失调(dissonance)是指用户对交互新闻中的游戏和叙事元素之间不和谐程度或和谐程度的感知。

九、实现行为促进（action）

有关实现行为促进的 2 个维度：①信息搜索（information search）；②人人分享（sharability）。

在用户体验层面，交互新闻的传播效果可以用传播值来进行整体性评估。"传播值是一种测量新闻传播效果的定量评估方法，指的是新闻价值在传播过程中的实现程度，由受众人数与新闻传播的社会反响指数的乘积所构成的价值量，是新闻传播值的量化尺度。"[①]这里的受众人数是指参加测试的实际人数占样本总人数的相对比例。例如，测试是实验者一对一解释完成的，而且没有放弃作答的情况发生，参加测试的人数就与样本人数是相同的，受众人数比是 100%。社会反响指数是指受众对"一级指标"，即"智能体""认知""沉浸""情感""戏剧性""奖励""动机""失调"和"实现行为促进"这 9 个维度的客观评分。由于本测试将"一级指标"的 9 个维度拓展成若干细则，在进行社会反响指数的计算时，首先要将这 2 个层级的权重和占比进行适当的分配。第一层级是实现交互新闻传播效果的一般共性，正好为 9 个维度，因此将其比重均分，都设定为 11.11%。第二层级是对一级指标的细分，由于各部分细则划分不一，做出以下比重设定："认知"划分了 8 个细则，故每个细则各分配 12.5%；"沉浸"和"戏剧性"都划分了 7 个细则，故每个细则各分配 14.29%；"智能体"和"动机"都划分了 6 个细则，故每个细则各分配 16.66%；"奖励"划分了 4 个细则，故每个细则各分配 25%；"失调"划分了 3 个细则，故每个细则各分配 33.33%；"情感"和"实现行为促进"划分了 2 个细则，故每个细则各分配 50%。根据以上一、二级指标的权重分配，可形成各效果的公式定义，如下所示：

$$S_k = a_1 * X_{k1} + a_2 * X_{k2} \cdots\cdots a_i * X_{ki}$$

这个公式可以用来计算交互新闻各维度的传播值。其中，S_k 表示第 k 名用户对各维度的评分（1～5 分），以此代表用户在体验过程中对交互新闻由低到高的满意程度，1 分最差，5 分最好；a_i 表示第 i 个细则的比重，X_{ki} 表示用户对第 i 个细则的评分。假设计算一级指标"认知"的传播值，一名用户对二级指标"逻辑一致性""模糊性""故事化程度""叙事理解""游戏理解""感知理解""挑战""感知现实主义"的评分分别为 5 分、4 分、3 分、2 分、3 分、1 分、2 分、4 分，那么，交互新闻设计中"认知"这一维度的传播值得分是 12.5%×5+12.5%×4+12.5%×3+12.5%×2+12.5%×3+12.5%×1+12.5%×2+12.5%×4=3 分。如果是为了专门了解某一

---

① 江昀.论科技新闻传播值的测定及其传播效果评价[J].求实,2006(2):285-286.

交互新闻的各维度传播值,也可以采取实验室的方式,随调查问卷附上被调查的那则交互新闻,先请调查对象体验该新闻,然后再请他们填写交互新闻传播效果评估表,这样的调查可以集中反映某一交互新闻的传播效果,如附录所示。

未来的工作将研究人工智能和自然语言处理(Natural Language Processing,简称 NLP)技术,以帮助自动收集这些维度上的数据结果。在交互新闻的制作过程中,这些信息不仅有助于发现问题,还有助于为用户量身订制体验,而无需大规模的迭代测试;交互记者可以专注于更复杂的叙事,不会因叙事的分支如何影响用户而分心。例如,在新闻游戏中,"情感强度"和"情感类型"似乎是制作者感兴趣的概念,而且似乎有大量关于使用自然语言处理技术进行情感检测的文献①②,由此推断,自然语言处理技术也许能帮助检测新闻游戏的用户情感体验,以便制作者深入了解基于用户情感体验的创作可能性。对于"感知现实主义"和"逻辑一致性"等概念来说,更直接的检测方法是查看源的哪些属性能够带给用户期望的结果。相比之下,"在场感"和"专注度"等概念与系统和内容属性以及其他概念具有复杂的因果关系,并且更难建模。媒介心理学和受众研究的相关文献③进一步讨论了源和上述一些概念,以及这些概念之间的关系本质等。生产者通常想为用户创造某种效果模式,例如,周期性的建立和释放"好奇心"④。尽管生产者在讲述线性故事时可以想象、预测和创造这种效果,但当潜在故事的空间增加时,就很难追踪这种效果了。如果"好奇心""不确定性""情感反应""情境或叙事提示唤起的期望"可以自动建模,那么它们就有可能被反映给生产者,以便生产者在所有可能的叙事路径中更有效地调整内容和风格,并沿着所有分支调整其对用户的影响,从而获得更好的生产控制和用户体验。

除了用户体验,交互新闻的传播效果评估还应包括新闻专业主义的实现程度,即衡量用户对新闻信息的感知和准确性。新闻专业主义原则作为众多新闻从业者的职业信仰体系和道德准则已被广泛采用,它理应成为交互新闻的核心原则,指导

① REAGAN A J,MITCHELL L,KILEY D,et al.The emotional arcs of stories are dominated by six asic shapes[J].EPJ data science,2016,5(1):31.

② ALM C O, ROTH D, SPROAT R. Emotions from text: machine learning for text-based emotion prediction [C]//Proceedings of the Conference on Human Language Technology and Empirical Methods in Natural Language Processing.Stroudsburg:Association for Computational Linguistics,2005: 579-586.

③ GREEN M C,JENKINS K M.Interactive narratives:processes and outcomes in user-directed stories[J]. Journal of communication,2014,64(3):479-500.

④ ROTH C,KOENITZ H.Evaluating the user experience of interactive digital narrative[C]//Proceedings of 1st International Workshop on Multimedia Alternate Realities.New York:Association for Computing Machinery,2016:31-36.

设计实践的整个过程。基于国际新闻工作者联合会（International Federation of Journalists，简称"国际记联"或 IFJ）公布的《全球记者道德宪章》（Global Charter of Ethics for Journalists）①，有学者建议从以下 5 个方面对拟建的交互新闻进行评估：①公平公正（fairness and impartiality）原则主要体现在交互新闻设计的 4 个阶段——背景调查、系统设计、叙事设计、过程（交互行为）设计，设计人员应考虑基于多个来源的内容设计（如主题），以平衡报道，特别是根据技术带来的沉浸式差异来考虑不同来源和事实之间的平衡。②交互新闻的过程（交互行为）设计阶段尤其需要关注独立（independence）原则，考虑到用户作为行动者参与新闻事件可能与这一原则相冲突，设计师在过程（交互行为）设计阶段应该区分观点与事实，确保用户以相对中立的态度参与或观察新闻事件。③真相与准确（truth and accuracy）原则贯穿整个设计过程，场景、角色、动画和交互等细节一般都要与新闻事实相一致，让用户从多渠道获取准确的信息。④人性（humanity）原则提醒设计师，在系统设计、叙事设计和过程（交互行为）设计阶段应该避免过度暴力和血腥的内容，在评估阶段重视用户体验，以减少不良反应。⑤问责制（accountability）原则与交互新闻的评估思想是一致的。所有交互新闻都应经过仔细评估和迭代改进，以确保产品的用户友好性和社会可接受性②。上述 5 个方面的评估将以一对一的半结构化访谈的形式展开，旨在了解目标用户对交互新闻的新闻专业主义的看法和建议。在访谈中，评估者可以考虑针对新闻的六要素（即 5W1H：who/when/where/what/why/how）生成 6 个问题来衡量被访者对新闻信息的准确性感知。迭代版本（iteration）的评估主要来自研究参与者关于交互新闻传播效果的问卷调查和访谈。

第七节 跨学科协同设计

英国牛津大学的路透社新闻研究所（Reuters Institute for the Study of Journalism，简称 RISJ）出版过一本关于协作新闻（collaboration in journalism）兴

① International Federation of Journalists（IFJ）Congress.Global charter of ethics for journalists［EB/OL］.（2019-06-10）［2023-06-27］.https：//www.ifj.org/who/rules-and-policy/global-charter-of-ethics-for-journalists.html.
② WU H Y，CAI T，LIU Y，et al.Design and development of an immersive virtual reality news application：a case study of the SARS event［J］.Multimedia tools and applications，2021，80（2）：2773-2796.

起的书,描述了跨越国界和专业领域的协作新闻①。按照此书的说法,致力于复杂问题传播②的交互新闻可视为 种协作新闻,因为它的实践没有固定的、统一的模式,而是一套多种因素同时影响的各种实践理念的集合,也是一种集体的实践,更是一种优先考虑组织间的分工协作关系的新闻工作形式。它借鉴了复杂性理论中的一个范例方法——多学科合作。这种合作以多层次系统的突发复杂行为为特征③。新媒体的跨码性法则④正是这种方法的直接体现。按照跨码性的说法,新闻媒体可以由两个不同的层面构成——"文化层面"和"计算机层面"。前者包括故事与情节、组合关系与视点、拟态与情感宣泄;后者包括进程与数据包(通过网络传输的数据包)、分类与匹配、函数与变量、计算机语言与数据结构⑤。随着种种文化形式的传播都趋向以计算机为基础——由计算机创建、分发、存储和归档,计算机的逻辑会对新闻媒体的传统文化逻辑产生深远的影响,换言之,计算机层面影响文化层面。具体地讲,计算机可以模拟世界、呈现数据、允许人工操作,所有计算机程序背后都有一套主要操作(如搜索、匹配、分类、筛选),人机交互(又称人机互动,Human-Computer Interaction 或 Human-Machine Interaction,简称 HCI 或 HMI)界面遵循计算机的本体论、认识论和语用学,这些都会影响新闻媒体的文化层面,包括新闻媒体的内容、组织形式和新出现的类型。"合成"这两个层面会产生一种全新的新闻媒体文化,它综合了人类的意义和计算机的意义,这既包括人类文化模拟世界的传统方式,也包括计算机呈现世界的独特手段。除了可编程性,文化的计算机化进程会逐步实现所有文化范畴和文化概念之间的跨码,即在含义和(或)语言层面,文化的范畴和概念可以转换成计算机的本体论、认识论和语用学伴生的新范畴和新概念。⑥ 用于计算工具、操控机械或通信工具的交互界面不适合展示文化记忆、价值观和体验,所以用户不再与计算机"交互"(interfacing),而是与以数字形式编码的文化(即文化数据)在"文化交互界面"进行"交互"。反之,简单地模仿老旧的文化形式不能发挥计算机的优势:数据呈现和处理的灵活性、用户的交互式控制、运行模拟程序的能力等。⑦ 因此,文化交互界面不仅使用标准人机交互界面的既有隐喻(如借用人工物理环境的惯例)和指令语法,还积极创造自己

---

① SAMBROOK R.Global teamwork:the rise of collaboration in investigative journalism[M].Oxford:Reuters Institute for the Study of Journalism,2018.

② 参见本书第一章第一节的相关内容。

③ LANSING J S.Complex adaptive systems[J].Annual review of anthropology,2003,32:183-204.

④ 参见本书第四章第四节的相关内容。

⑤ 马诺维奇.新媒体的语言[M].车琳,译.贵阳:贵州人民出版社,2021:45.

⑥ 马诺维奇.新媒体的语言[M].车琳,译.贵阳:贵州人民出版社,2021:46-47.

⑦ 马诺维奇.新媒体的语言[M].车琳,译.贵阳:贵州人民出版社,2021:71.

的语言。它的语言是一个混合物：传统文化形式的惯例与人机交互界面的惯例的混合、沉浸式环境与操控系统的混合、标准化与原创性的混合①。

交互新闻需要问题专家和记者之间的合作②，故倡导跨学科的协同设计。共同设计（co-design）能够将含有意义相似的术语、实践活动和价值标准的不同学科联合起来，以解决复杂问题③。图 5-15 展示了跨学科专家如何从复杂系统的角度合作设计交互新闻。交互新闻通过信息（information）、叙事（narrative）和交互（interactivity）这 3 个平行部分来促进协同设计，以确保它们在最终产品中的平衡。它们的交集涉及复杂系统（complex systems）④。在硬科学（hard science）和软科学（soft science）领域，基于主体（agent）和系统动力学（system dynamics）的建模方法⑤被用来定期分析复杂系统的现象，为各类决策者提供信息⑥。"复杂叙事"（complex narratives）是叙事和复杂系统交叠的产物，它使看似巧合或无因果关系的事件产生令人惊讶和印象深刻的后果⑦，借此娱乐和迷惑受众。玩家与游戏系统之间的交互同样复杂，因而许多学者和游戏开发者支持整体和系统思维的设计方法⑧。信息、叙事和交互这 3 个方面的专家一致同意以下复杂系统的原则：首先，复杂系统由多种具有动作（actions）、规则（rules）和内部状态（internal states）的实体（entities）组成⑨。它们的非线性和多因果（multi-causal）交互⑩导致系统动态随时间的推移变成事件的时间序列（chronological sequence of events），进而呈

---

①　马诺维奇.新媒体的语言［M］.车琳，译.贵阳：贵州人民出版社，2021：91-92.

②　RIEDLINGER M，MASSARANI L，JOUBERT M，et al.Telling stories in science communication：case studies of scholar-practitioner collaboration［J］.Journal of science communication，2019，18（5）：1-14.

③　THARCHEN T，GARUD R，HENN R L.Design as an interactive boundary object［J］.Organization design，2020，9（1）：1-34.

④　ATMAJA P W，SUGIARTO.When information，narrative，and interactivity join forces：designing and co-designing interactive digital narratives for complex issues［C］//Interactive Storytelling：Proceedings of 15th International Conference on Interactive Digital Storytelling（ICIDS）.Cham：Springer，2022：329-351.

⑤　STERMAN J.System dynamics at sixty：the path forward［J］.System dynamics review，2018，34：5-47.

⑥　STERMAN J.System dynamics at sixty：the path forward［J］.System dynamics review，2018，34：5-47.

⑦　VAROTSIS G.Complex narrative systems and the minimisation of logical inconsistencies in narrative and dramatic writing［J］.New writing，2019，16（2）：226-237.

⑧　KOENITZ H，ELADHARI M P.The Paradigm of game system building［J］.Transactions of the digital games research association，2021（5）：65-90.

⑨　ABAR S，THEODOROPOULOS G K，LEMARINIER P，et al.Agent based modelling and simulation tools：a review of the state-of-art software［J］.Computer science review，2017（24）：13-33.

⑩　KNOLLER N，Roth C，Haak D.The complexity analysis matrix［C］//Interactive Storytelling：Proceedings of 14th International Conference on Interactive Digital Storytelling（ICIDS）.Cham：Springer，2021：478-487.

现出紧急模式(emergent patterns),如关键转变(critical transitions)①和全系统适应(system-wide adaptions)②。系统动态中的不确定变量(indeterminate variables)往往导致不确定的事件序列,表现为随机性或难以预测的事件,如基于自由意志的选择。这种不确定性意味着:对于每一组实体,都有一个能产生众多事件序列的可能性事件所组成的网络(a network of possible events)。信息、叙事和交互这3个方面的区别在于各自对复杂系统的关注。信息方面的目标是将问题尽可能准确地建模为系统。这包括确认细节的细化程度,例如,根据用户的认知需求来决定是基于单个角色还是角色组别进行建模③。叙事方面通过一系列基于情感的方式(affect-based ways)促进用户对系统的理解④。这些方式主要包括:①以多模态(multimodal)和沉浸式呈现系统。②使系统的实体和事件更容易被识别,从而更容易与用户的心智模型(mental model)和以往经历相一致⑤。交互性方面负责管理对系统不确定性的探索。它提供适合用户精神运动(psychomotor)技能的用户界面(user interface,简称 UI)和交互机制(interaction mechanics),以便修改系统的变量来探索"如果"("what-ifs")。上述这些差异表明,信息、叙事和交互这3个方面其实互不冲突,甚至能够相互融合。综上,基于复杂系统的设计确保了交互新闻组件的动态性,并促进了复杂问题传播⑥。此外,如果设计得当,系统的事件就是可叙述的,不再需要围绕系统动力学的"外在叙述"(extrinsic narrative)。

在信息方面,信息专家(如学科专家)应该参与交互新闻的背景研究,因为复杂问题所涉及的认知、情感和精神运动超出了记者和交互工程师的专业知识范围,需要咨询信息专家以获得官方解释。然而,单靠信息专家很难获得有关用户的完整资料,尤其在目标用户还未确定的情况下。识别目标用户涉及细化用户信息、叙事和交互相关属性,这些活动应由相应专家完成。记者根据主题内容设计叙事风格

① SCHEFFER M, CARPENTER S, FOLEY J A, et al. Catastrophic shifts in ecosystems[J]. Nature, 2001, 413:591-596.

② HOLLAND J H. Studying complex adaptive systems[J]. Journal of systems science & complexity, 2006 (19):1-8.

③ SIMONS J. Complex narratives[J]. New review of film and television studies, 2008, 6:111-126.

④ BULLOCK O M, SHULMAN H C, HUSKEY R. Narratives are persuasive because they are easier to understand: examining processing fluency as a mechanism of narrative persuasion[J]. Frontiers in communication, 2021, 6:719615.

⑤ BELLINI M. Interactive digital narratives as complex expressive means[J]. Frontiers in virtual reality, 2022(3):854960.

⑥ GAJOS K Z, WOBBROCK J O, WELD D S. Automatically generating user interfaces adapted to users' motor and vision capabilities[C]//Proceedings of the 20th annual ACM Symposium on User Interface Software and Technology(UIST). New York: ACM Press, 2007:231-240.

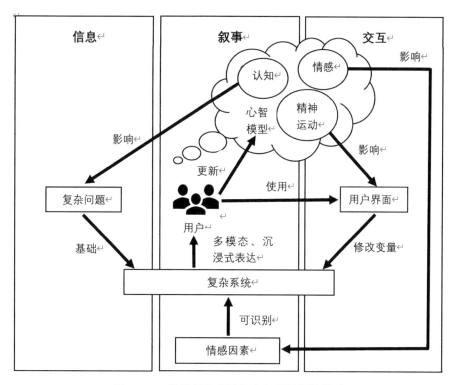

图 5‑15 基于复杂系统的交互新闻设计模型

和体验,交互工程师根据有关交互的用户属性、叙事风格和体验,制定最优的交互类型和体验。在交互方面,虽然信息专家和记者可以概述实体(即人物和对象)间的交互(inter-entity interactions)以及用户与系统之间的交互(audience-system interactions),实际的交互机制(interactivity mechanics)却超出了他们的专业范围。交互新闻的交互机制需要动态叙事组件(dynamic narrative components),以便一个原型故事(a protostory)实例化(instantiate)不同的叙事①。最常见的动态组件是由分支或突发事件组成的动态情节②,它通常由手工制作的(hand-crafted)组件和程序组件(procedural vectors)一起完成。叙事向量(narrative vectors)是一种手工制作的组件,用来表示"情节点"或重要"事件",设计师可以用它创造出吸引人的"叙事节奏"(narrative beats)。配有相关资产(assets)的叙事向量可以兼任

---

① KOENITZ H.Towards a specific theory of interactive digital narrative[C]//KOENITZ H,FERRI G, HAAHR M,et al.Interactive digital narrative.New York:Routledge,2015:91-105.
② KNOLLER N.Complexity and the userly text[C]//Grishakova M,Poulaki M.Narrative complexity: cognition,embodiment,evolution.Lincoln:University of Nebraska,2019:98-120.

程序组件。程序组件可以直接控制情节①,例如,新闻游戏中的人工智能运用物理引擎(physics engine)和角色移动机制(character movement mechanics),对故事世界进行智能管理②。程序组件展现的高度交互性有利于复杂问题传播。故事世界各组成部分之间的相互作用可能引发出乎意料的事件,从而极大地拓宽了叙事的潜在空间③。考虑到一些突发事件可能偏离记者的目标,叙事向量和规则就成了它们的"限制者"。假如处理得当,这种"选择性互动"将有效地传达意义④。因此,信息专家、记者和交互工程师应该遵循协同设计的模型(见图5-16),结合他们在数字技术方面的经验来确定交互新闻的技术要求(如软、硬件规格),以实现复杂问题传播的共同目标。

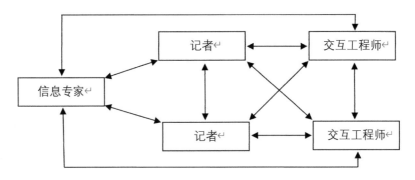

图5-16 一个信息专家与多个记者、多个交互工程师之间的协作模式

"初始设计、多模式和沉浸式加强、技术规范"的设计顺序适用于除程序组件以外的每个设计元素,这些元素都是先由信息专家创建、再由其他专家逐步完善

---

① ATMAJA P W,SUGIARTO.When information,narrative, and interactivity join forces:designing and co-designing interactive digital narratives for complex issues[C]//Interactive Storytelling:Proceedings of 15th International Conference on Interactive Digital Storytelling(ICIDS).Cham:Springer,2022:329-351.

② KOENITZ H.Towards a specific theory of interactive digital narrative[C]//KOENITZ H,FERRI G, HAAHR M,et al.Interactive digital narrative.New York:Routledge,2015:91-105.

③ RYAN J O, MATEAS M, WARDRIP-FRUIN N.Open design challenges for interactive emergent narrative[C]//Interactive Storytelling:Proceedings of 8th International Conference on Interactive Digital Storytelling(ICIDS).Cham:Springer,2015:14-26.

④ ATMAJA P W,SUGIARTO.When information,narrative, and interactivity join forces:designing and co-designing interactive digital narratives for complex issues[C]//Interactive Storytelling:Proceedings of 15th International Conference on Interactive Digital Storytelling(ICIDS).Cham:Springer,2022:329-351.

的①。信息专家将复杂系统理解为可能事件的时序网络(a chronological network of possible events),他们按照事实提出事件,并且进一步确定事件的表达以及可操作的系统变量(比如,用户能否观察到角色的焦虑迹象)来帮助用户理解。然后,记者将多模态和沉浸式元素(如背景音乐、创造的主角)添加到表达中,使实体和事件更易于识别(例如,用幽默或戏剧化的方式),并维持系统机制的正常运转。之后,交互工程师将其他专家的工作整合到原型设计中,把规则转化为用户界面、控制方案(control scheme)和表达资产等可执行的设计。尽管不同工种都参与了交互新闻的设计活动,但他们的参与程度可能大不相同。记者和信息专家能够设定叙事向量的具体内容以及向量中供用户操作的系统变量(system variables),但他们容易忽略用户界面和控制方案。由于采用复杂系统的思维,协同设计方法在以下两个方面比普通设计方法更严格:①可能事件的时序网络应该按时间顺序排列;否则,信息专家将很难维持其结构中的因果关系;②可能事件的时序网络不能简单地通过重组叙事向量得出②。

协同设计方法(co-design methodology)产生了两种设计工作流程(design workflows):垂直路线(vertical route)和水平路线(horizontal route)③。垂直路线是指完成一个方面的工作后再开始下个方面的工作。从软件工程的角度看,水平路线与设计方法学(design methodology)具有相同的优势。由于没有限制一个专家可以与多少其他专业领域的人合作设计,可能会出现各种专家组合。例如,信息专家处理信息方面的问题,并向记者寻求组成一个连贯原型的建议,以及向交互专家寻求设定可操作变量的建议。如图 5 - 16 所示,当同一个信息专家与两个或两个以上团队(记者和交互工程师组成)合作时,可能产生不同的交互新闻来传播同一个复杂问题。在这种情况下,团队通过直接的沟通渠道连接起来,或者通过信息专家间接地分享信息,他们的沟通方向在图 5 - 16 中用箭头表示。相反的情况

①　ATMAJA P W,SUGIARTO.When information,narrative,and interactivity join forces:designing and co-designing interactive digital narratives for complex issues[C]//Interactive Storytelling:Proceedings of 15th International Conference on Interactive Digital Storytelling(ICIDS).Cham:Springer,2022:329-351.

②　ATMAJA P W,SUGIARTO.When information,narrative,and interactivity join forces:designing and co-designing interactive digital narratives for complex issues[C]//Interactive Storytelling:Proceedings of 15th International Conference on Interactive Digital Storytelling(ICIDS).Cham:Springer,2022:329-351.

③　ATMAJA P W,SUGIARTO.When information,narrative,and interactivity join forces:designing and co-designing interactive digital narratives for complex issues[C]//Interactive Storytelling:Proceedings of 15th International Conference on Interactive Digital Storytelling(ICIDS).Cham:Springer,2022:329-351.

是多个信息专家为同一个交互新闻做出贡献,他们对原叙事和交互组件稍作修改
(即"再利用",repurposing)来传达各种复杂问题。

第六章　局限性

第一节　引　子

　　虽然交互新闻对新闻业的发展助益颇多,但我们仍需对它的影响保持警醒,在没有充分评估它局限性的情况下,谨慎地做出支持它的承诺。正如人工智能专家菲利普·阿格雷(Philip E. Agre)所提出"思辨的技术实践"(critical technical practice),"在可预见的未来,批判性的技术实践需要结合两种路径:①精湛的设计制作;②自身的反思批判。"①他主张停止用狭隘的世界观中去思考人工智能,而是用社会科学的视角去理解它②。迈克尔·迪特尔(Michael Dieter)把菲阿格雷提出的"思辨的技术实践"设为数字人文(digital humanities)的一个目标。迪特尔引用"思辨的"一词并不是强调悲观主义和毁灭,而是强调对技术工作的条件和目标的扩展理解……,认识到技术运作(workings)是具有历史特殊性的实践,以这种持续展现的认识反过来引导技术实践③。本章将沿用这种思路,希望读者批判性反思交互新闻的实践,这也反映出交互新闻工作者日益尖锐的立场。交互新闻的批判性反思来自多方面,既可以在批判理论、政治经济学、新媒体研究、科学和技术研究等领域的理论层面展开,也可以在交互新闻实践的权力关系以及更广泛的社会、政治、经济和文化背景等方面展开。笔者选取数据过热、编码过热、人工智能的依赖、心理交互的弱化这四个方面来探讨交互新闻的局限性。

第二节　数据过热

　　交互新闻目前面临的最大问题是对数据和代码的盲目崇拜。虽然质化的新闻被认为很重要,但新闻的量化形式被认为是消除了不确定性的"硬回答"。正如戴维斯所言:"数据新闻不同于常规的传统新闻。这是概率和不确定性之间的区别。

① AGRE P E.Towards a critical technical practice:lessons learned in trying to reform AI[C]//BOWKER G, STAR S L, TURNER W, et al. Bridging the great divide:social science, technical systems, and cooperative work.Hillsdale:Lawrence Erlbaum Associates,1997:131-158.
② 王鹏.从《数据新闻手册2》看数据新闻的实践[J].青年记者,2019(21):45-46.
③ DIETER M.The virtues of critical technical practice[J].Differences,2014,25(1):216-230.

就传统新闻而言,可能存在某种疑问,但就数据新闻而言,你可以说有 92 项竞选筹款。用数据新闻你可以做到十分精确。"早在 20 世纪 60 年代,美国学者菲利普·迈耶(Philip Meyer)就提出了"精确新闻学"(Precision Journalism)的概念,此概念中的"精确"是指"在新闻实践中应用社会科学和行为科学的研究方法",通过科学抽样收集资料,分析这些资料,并运用数据验证事实①。同时期,随着计算机的大规模应用和互联网的发展,计算机成为新闻从业者所使用的重要工具。从最开始对民意调查做定量分析,再到用数据库查找佐证新闻事实的数据,计算机辅助报道已然成为新闻行业的一种主流报道方式。仅 1989 年到 1996 年的普利策新闻奖评选中,就有 8 篇运用计算机辅助报道的新闻获奖②。以计算机辅助报道为手段、以精确新闻为报道思想的新闻报道范式逐渐被业界所接受并广泛使用。21 世纪以来,随着信息化社会的不断发展,社会的数据化程度进一步加深,计算机的信息处理能力也飞速提升。计算机辅助报道在信息处理能力的"量"与"质"上都发生了变化,这要求记者成为"数据库管理者""数据新闻要像科学一样严谨"③,数据新闻的概念自此正式登上历史舞台。从这个意义上说,精确新闻和计算机辅助报道在一定程度上催生了数据新闻,它们是不同时代背景下利用数据进行新闻报道的不同方式。许多数据新闻工作者认为:"在信息时代,记者们比以往任何时候都更需要组织、验证和分析数据洪流,他们更像是事实的采集者,而非故事的讲述者。"④

一些人由此得出数据新闻优于其他类型的新闻⑤。这意味着与数据新闻相关的交互记者可能不愿去充分质疑数据。数据记者纳特·西尔弗(Nate Silver)是博客 FiveThirtyEight 的创始人,他表示:数据新闻和质化新闻事实上是互补的,但数据新闻提供的中立和精确是以情感和逸事为主导的传统质化新闻所无法提供的,几乎所有的事情(包括情感)都能数据化(data-fied)而且被做得更好,比如,曲棍球运动员的毅力可以转换成一些关键的表现指标和相应的量化分数⑥。诚然数据是重要的信息来源,交互记者仍需关注数据的来源构成,谨防形成依赖惯性而使制度化的结构再生。当官员成为主要消息来源的时候,记者与官员定期接触所形成的

① 尼基·厄舍.互动新闻:黑客、数据与代码[M].郭恩强,译.北京:中国人民大学出版社,2020:252.
② 梅耶.精确新闻报道:记者应掌握的社会科学研究方法[M].肖明,译.第 4 版.北京:中国人民大学出版社,2015:2.
③ 苏宏元,陈娟.从计算到数据新闻:计算机辅助报道的起源、发展、现状[J].新闻与传播研究,2014,21(10):78-92,127-128.
④ 梅耶.精确新闻报道:记者应掌握的社会科学研究方法[M].肖明,译.第 4 版.北京:中国人民大学出版社,2015:4.
⑤ LORENZ M.Why is data journalism important[C]//GRAY J,CHAMBERS L,BOUNEGRU L.The data journalism handbook.Sebastopol:O'Reilly Media,2012:6-11.
⑥ 尼基·厄舍.互动新闻:黑客、数据与代码[M].郭恩强,译.北京:中国人民大学出版社,2020:252.

关系使他们更容易同情这些官员,从而导致消息来源单一而且"系统性地偏袒某些人物、团体或组织"①。如同传统新闻有时对官方信源的依赖,数据来源也可能形成其特定偏向②。此外,新闻聊天机器人的使用方式可能导致数据所有权和隐私的问题。在对澳大利亚广播公司(ABC)创建的新闻聊天机器人的研究中,希瑟·福特(Heather Ford)和乔纳森·哈钦森(Jonathon Hutchinson)发现,由于澳大利亚广播公司依赖于 Meta(曾用名 Facebook)和 ChatFuel 的私人基础设施,它运营其新闻聊天机器人的方式可能会影响公共服务媒体的问责原则③。

大量的数据集触手可及,这会带来好处,同时也暗藏风险。一个数据库本身就包含了许多人类的决策,比如,收集什么,遗漏什么,以及如何分类、排序或分析。这意味着受众很可能会误解得出的结论。例如,提供有组织犯罪信息的数据库没有某个组织的信息,这并不能说明该组织不参与有组织犯罪,而只能说明没有关于他们行为的可用数据。迈克尔·戈伦贝斯基(Michael Golebiewski)和达娜·波伊德(Danah Boyd)将这种数据缺失称为"数据空白",并指出数据空白在某些情况下可能会"被动地反映社会中的偏见或成见"④。在一个数据饱和的空间中,这种数据缺失与"缺失的数据集"密切相关,暗示了收集数据时的社会选择⑤。哥伦比亚大学数据科学研究所所长和计算机科学教授周以真(Jeannette M. Wing)教授指出:"你可以(利用数据和技术)发现规律、联系,甚至是因果关系,这是人类所不能做到的,但其中也充满陷阱,社会偏见可能会影响信息模型的建立。"⑥由此会产生以下问题:①数据库对谁最有用?②他们是否拥有利用数据库所需的工具和能力?③这些信息是否会被已经很强大的人利用以促进他们的利益?

从这些角度出发,受众的权利动态也值得考虑。由于量化有能力去创造、定义和分类社会现象,一些机构可能会利用量化去生产特定的权力类型。有些新闻机构中的记者采用了逸事式的统计学应用,他们寻找数据可能不是为了发掘故事线

① SILVER N. What the Fox knows[EB/OL].(2014-03-17)[2019-05-05].http://fivethirtyeight.com/features/what-the-fox-knows.
② 罗文辉.新闻记者选择消息来源的偏向[J].新闻学研究,1995(50):1-13.
③ GRAY J,BOUNEGRU L,CHAMBERS L.Mapa76 hackathon[C]//GRAY J,CHAMBERS L,BOUNEGRU L.The data journalism handbook.Sebastopol:O'Reilly Media,2012:84-85.
④ FORD H,HUTCHINSON J.Newsbots that mediate journalist and audience relationships[J].Digital journalism,2019,7(8):1013-1031.
⑤ GOLEBIEWSKI M,BOYD D.Data voids:where missing data can easily be exploited[EB/OL].(2018-05-01)[2023-08-26].https://datasociety.net/wp-content/uploads/2018/05/Data_Society_Data_Voids_Final_3.pdf.
⑥ ONUOHA M. On missing data sets[EB/OL].(2016-02-03)[2023-08-21].https://github.com/MimiOnuoha/missing-datasets.

索,而是为了支撑先前设定的故事,这会造成不正确的断言。西尔弗强调:"问题不是失败地引用了量化的证据,而是当这样做时,他们是以一种逸事化和为了某种目的而非严格实证的方式进行的,并且没有提出有关数据的正确问题。"艾莉森·施拉格(Allision Schrager)"担心数据会给评论营造一种错误的权威感,因为数据分析本质上具有偏见……数据可以被用来证明一个特定的假设,由数据支撑的新闻属于意见新闻(opinion journalism)。"①因此,必须从宏观的社会视角去审慎地看待这种新闻的量化。这可能意味着在发布调查结果前,扩大用户测试的范围,以确保提供足够的上下文来向受众正确解释数据库;或者设计一些便于受众访问数据库界面的功能②。然而,更多数据会导致更好决定的假设在多个层面上受到质疑。克莱尔·方丹(Clare Fontaine)和其他学者质疑的是过于简化的关系和"更好"的确切含义③。温迪·埃斯佩兰德(Wendy Espeland)和米切尔·史蒂文斯(Mitchell Stevens)也认为:"我们一开始都是通过被量化的、分类的棱镜来认识社会现实的。"④可见,数据(集)可能是基于隐性假设创建的,这包括人口统计学的数据。除非交互记者察觉到所有隐含在数据中的潜在假设、核查这些假设,以及在他们的分析中界定这些假设,否则他们很容易去展示这些数据的表面价值,而非一个被收集信息的架构集(constructed set)。

尽管一些记者有统计学知识背景或者自学统计学专门知识,他们有着量化社会数据的初级能力,而且他们致力于用负责任的态度开发最佳实践⑤,但明科夫认为记者可能还不充分了解数据的局限性,不完全具备可靠的数据分析力量。他解释道:"要使原始数据有意义,这需要更多的分析力量和进行独立研究的意愿,而非延续记者传统上感觉舒适的做事方式。"⑥例如,《纽约时报》经常使用民调数据,却疏于核查这些数据的收集过程。本杰明·托夫(Benjamin Toff)曾指出"汽车共

① SCHRAGER A.The problem with data journalism[EB/OL].(2014-03-19)[2023-08-21].http://qz.com/189703/the-problem-with-data-journalism.
② RAHMAN Z,WEHRMEYER S.Searchable databases as a journalistic product[EB/OL].(2018-12-01)[2023-08-21].https://datajournalism.com/read/handbook/two/working-with-data/experiencing-data/searchable-databases-as-a-journalistic-product.
③ FONTAINE C.Driving school choice[EB/OL].(2017-04-20)[2023-08-21].https://medium.com/m/global-identity-2?redirectUrl＝https%3A%2F%2Fpoints.datasociety.net%2Fdriving-school-choice-16f014d8d4df.
④ ESPELAND W N,STEVENS M L.A sociology of quantification[J].European journal of sociology,2008,49(3):401-436.
⑤ Responsible Data. What is responsible data? [EB/OL].(2016-03-29)[2023-08-21].https://responsibledata.io/what-is-responsible-data/.
⑥ SCHRAGER A.The problem with data journalism[EB/OL].(2014-03-19)[2023-08-21].http://qz.com/189703/the-problem-with-data-journalism.

享服务优步(Uber)造成有执照的出租车服务价格大幅下跌的故事'所提供的一些数据集主要是以坊间传闻,以及最近几个月出租车所有者和出租车委员会所面临的销售和拍卖困境的孤立个案加以呈现的'。"①犯罪数据的统计也是如此。除非事件严重到一定程度,否则为了保持较低的犯罪统计率,美国警方会用特殊的方法记录国内的骚乱,比如,发生在同一地点的多起枪击案被当作一个事件来记录。记者需要核查警方给的枪击案数据②。如果新闻编辑室决定发布含有人员数据的数据库,数据库就有将公众关注的焦点从更广泛的系统性问题转移到个人行为的嫌疑③。在前文提到的《给医生的欧元》案例④中,制药公司和医疗专业人员之间的资金流动显然是一个公共利益的问题,但在个人层面上,医生可能不认为自己是一个代表公共利益的人。

事实是,为了证明一个问题的广泛性和系统性(作为一个模式,而不是一次性的),来自多个个体的数据是必要的。这些人通常没有能力在数据发布前否决或修正数据,他们拥有的权力在很大程度上取决于他们是谁。政治公众人物(politically exposed person,简称PEP)可能有信息曝光的预期,也有采取行动的足够资源,而医疗保健专业人员可能不期望参与调查。一旦数据库发布,它所涉及的人的可见性可能会迅速改变。据有关医生反馈,与他们名字相关的网络搜索结果中,现在排名最高的一个是他们在该数据库中的页面。即使个人同意公布他们的数据,记者也必须决定这些数据对公众有多长时间的利益,以及是否和何时应该被删除⑤。《通用数据保护条例》(GDPR)可能会影响记者管理个人数据的方式,以及个人撤销同意其数据被纳入的可用机制。可见,负责任的数据实践应该是一种持续的方法,而不是在特定时刻才考虑的清单。记者应该优先考虑人的权利如何被体现在从数据收集到发布的整个过程中,这是优化新闻以获得信任的核心。为此,有学者提出了一些做法建议:①在新闻产品发布之前,确立数据错误的修复流程,这有助于找到错误的来源。②建立反馈渠道。特别是当个人在调查中被意外提及时,很可能会有反馈(或投诉)。要让反馈变成改善用户体验的依据。③要么

① TOFF B.Are NYC taxi medallion prices really "Plummeting"? [EB/OL].(2014-11-30)[2023-08-21]. http://benjamintoff.com/2014/11/30/medallions.
② 尼基·厄舍.互动新闻:黑客、数据与代码[M].郭恩强,译.北京:中国人民大学出版社,2020:249-250.
③ RAHMAN Z,WEHRMEYER S.Searchable databases as a journalistic product[EB/OL].(2018-12-01) [2023-08-21].https://datajournalism.com/read/handbook/two/working-with-data/experiencing-data/searchable-databases-as-a-journalistic-product.
④ 参见本书第四章第四节的相关内容.
⑤ RAHMAN Z,WEHRMEYER S.Searchable databases as a journalistic product[EB/OL].(2018-12-01) [2023-08-21].https://datajournalism.com/read/handbook/two/working-with-data/experiencing-data/searchable-databases-as-a-journalistic-product.

保持数据库更新,要么明确标记不再维护。在新闻语境中,数据库的交互性使受众对其更新程度有着一定的期望;而随着时间的推移,保持数据集和数据库软件的更新需要大量的资源,比如,添加新一年的数据需要合并新数据和旧数据,并在用户界面添加额外的时间维度。④观察受众如何使用数据库。搜索或使用的趋势很可能为未来的报道和调查提供线索。⑤保持透明。很少有数据库是完整的,每个数据库都有特定的选择。与其掩饰这些选择,不如让它们清晰可见①。随着数据集日益增大,记者在运用统计方法去寻找故事方面也困难重重。美国计算机辅助报道研究所的邮件列表上反复出现记者要求提供统计学帮助,以及在不熟悉的问题上相互指导的信息。例如,一名记者罗纳德·坎贝尔(Ronald Campbell)在电子邮件中写道(见图6-1):

各位,

　　我正苦于寻找将几个测量关联起来的方法。其中之一可用棒球比赛举例。有很多棒球比赛,所以我们可以设定其他变量。

　　我的问题是这样的:我尝试把我设定的其他变量和棒球比赛的分数相互关联。一些比赛输了,那就是负的;一些比赛赢了(正的)。

　　正负数不是真正的棒球比赛得分,但它们确实是数学意义正的和负的数字。我需要去确定,分数和另一边的变量之间是否存在显著关系。

　　我的初步想法是对分数进行平方,为了测试相关性使负数变成正数。我的这种统计方法是否科学? 在处理正负混合值时,是否还有其他更合理的方法?

图6-1　坎贝尔请求统计学帮助的邮件

资料来源:尼基·厄舍.互动新闻:黑客、数据与代码[M].郭恩强,译.北京:中国人民大学出版社,2020:251.

另一名记者蒂姆·汉德森(Tim Henderson)用电子邮件进行如下回复(见图6-2):

　　如果你用交叉表对条目1>0和条目2≤0进行分析,那会发生什么? 这是否也表明一种相关? 我的意思是,如果它是一种关于比赛的赢/输 vs.小吃店的获利/损失,那这可能会告诉你一些事情。一条拟合直线的散点图可能将比赛和小吃店的高回报或低损失联系起来。我说的这些可能都是错的,却有助于你理清思路。

图6-2　汉德森回复坎贝尔问题的邮件

资料来源:尼基·厄舍.互动新闻:黑客、数据与代码[M].郭恩强,译.北京:中国人民大学出版社,2020:251.

---

① RAHMAN Z, WEHRMEYER S.Searchable databases as a journalistic product[EB/OL].(2018-12-01)[2023-08-21].https://datajournalism.com/read/handbook/two/working-with-data/experiencing-data/searchable-databases-as-a-journalistic-product.

第三节 编码过热

交互新闻还容易放大编码的作用。当其他职员面临裁员危机时,交互记者却不断被聘用。尽管新闻机构的前景一度不乐观,但《底特律自由报》(*The Detroit Free Press*)、《明尼阿波利斯星论坛报》(*The Minneapolis Star Tribune*)等都市新闻编辑室都发布了有关交互记者的招聘广告。《纽约时报》即便在进行一个百人重组计划,也发布了关于交互记者的招聘广告。此外,编码被视为记者的必备技能。一位记者告诉《美国新闻评论》说:"编码是一种新的语法。至少,如果学生不知道网页是什么,也不知道它们是如何制作的,那么在这个游戏中他们不可能坚持很久。"[1]美国的尼曼新闻媒体实验室(Nieman Journalism Lab)负责人约书亚·本顿(Joshua Benton)表示:"你看,不是每个记者都应该学习 Python! 但是,如果你想要保证未来顺利就业,Python 可能就是一个可以做到的不错的投资。"现在许多新闻学院都开设了编程课或授予编程专业的学位,教授编码成为培养未来记者的重要组成部分。就像新闻学院梅迪尔新闻学院的教授米兰达·马利根(Miranda Mulligan)所写的那样:"记者们应该更多地学习编写代码。"她指出:"如何制作软件去讲述故事,以及如何利用代码展示新闻,是目前记者们可以学习的最热门、最紧迫的技能组合。"[2]虽然很多新闻专业的学生学了一些基本的 HTML 技能,并足以处理网页问题,但 MediaShift 的资助者罗纳德·勒格朗(Ronald Legrand)表示:"编程意味着不仅要学习一些 HTML 的知识,而且我的意思是要学习真正的计算机编程。"[3]在线新闻协会(The Online News Association)开办了一组论坛来帮助记者提高他们的编程技能。其中一场的主题是"开发人员的工具和路线"。美国计算机辅助报道研究所也提供了调查性报道方面的很多编程课程。

然而,作家奥尔佳·卡费(Olga Khazan)认为,不应该要求所有记者学习编码,因为对于不擅长编码的记者来说,学习代码会分散他们在真正想做的事情方面取得进展的很多精力,从而影响他们的未来职业发展。她解释道:"除了那些占比很小、真正想成为新闻编辑室开发人员的新闻专业学生,以我的经验来看,大多数新

① SPINNER J.The big conundrum:should journalists learn code? [EB/OL].(2014-09-24)[2023-08-21]. http://ajr.org/2014/09/24/should-journalists-learn-code.

② MULLIGAN M.Want to produce hirable grads,journalism schools? teach them to code[EB/OL]. (2012-09-05)[2023-08-21]. http://www.niemanlab.org/2012/09/miranda-mulligan-want-to-produce-hirablegrads-journalism-schools-teach-them-to-code.

③ LEGRAND R.Why journalists should learn computer programming[EB/OL].(2010-06-02)[2023-08-21].http://mediashift.org/2010/06/whyjournalists-should-learn-computer-programming153.

闻学院的学生只想成为记者、作家和编辑(或者是他们的广播电视同行)。与此同时,报道和写作的岗位竞争越来越激烈,并且随着媒体机构在网络方面变得更懂行,它们正在建立专门致力于网页编辑和设计工作的团队。我从自己的经验里能总结的是,如果你想成为一名记者,学习代码将没什么帮助。这只会浪费你本应该写专栏文章或进行实习的时间——这才是导致这些岗位越来越稀缺的真正因素。"①还有一种观点认为,记者可以不会编码,但他们应该对代码有所了解,以便于与新闻编辑室里编码的人更轻松地讨论设想的项目,从而促成交互新闻团队与新闻编辑室里其他团队的融合②。此外,在设计具体功能和数据结构中,程序员总是用变量替换常量以提供更多的操作选择,与无处不在的选择相伴的可能是道德焦虑感。用户想要或者需要这种自由吗? 格雷厄姆·魏因布伦(Grahame Weinbren)表示:就交互媒体来说,做出选择关乎道德责任感③。通过把这些选择转移到用户身上,作者把再现世界和其中人类状况的责任转递给了用户。

第四节　人工智能的依赖

交互新闻突出了人工智能在新闻领域的便捷应用,算法可以用来收集和分析事实,机器人能够接管一些特定的新闻工作,让记者多任务处理,并在几分钟内生成一篇调查性报道。事实上,人与计算的结合与其说是协作,不如说是使用计算机复制既定的新闻实践,技术承诺自动化的生产过程,以最小成本产出大量内容。用户看似乐于接受机器人报道,实际上,他们几乎无法分辨机器人生成的报道与记者撰写的报道④。记者们认为自动化的内容可以解放他们,所以乐于与机器人一起工作,让它们从事更多人类特有的工作,比如创作、分析和个性化。这可能导致两种结果:①记者变得多余;②竞争迫使人类"在那些他们可以做出改变的任务上做得更好"⑤。

这里还有一个问题:根深蒂固的新闻实践。正如玛丽·杨(Mary L.Young)和

① KHAZAN O.Should journalism schools require reporters to"Learn Code"? No[EB/OL].(2013-10-21) [2023-08-21]. http://www. theatlantic. com/education/archive/2013/10/should-journalism-schoolsrequire-reporters-to-learn-code-no/280711.

② 尼基·厄舍.互动新闻:黑客、数据与代码[M].郭恩强,译.北京:中国人民大学出版社,2020:255.

③ WEINBREN G.In the ocean of streams of story[J].Millennium film journal,1995:28.

④ CLERWALL C.Enter the robot journalism:users' perceptions of automated content[J].Journalism practice,2014,8(5):519-531.

⑤ VAN DALEN A.The algorithms behind the headlines:how machine-written news redefines the core skills of human journalists[J].Journalism practice,2012,6(5-6):648-658.

阿尔弗瑞德·赫尔米达（Alfred Hermida）所言，创建"自动化新闻"（automated news）的程序本身就是基本新闻规范和实践的一种表达。他们在研究《洛杉矶时报》的"凶杀案报道"（The Homicide Report）网站时发现，尽管使用了算法，记者们"还是回到了熟悉的、历史性的和性别化的实践中"，以提供情感和人类利益的背景；而机器人报道虽然纳入了程序员和非人类演员的身份以使内容更加完整，但是（这些报道）本身就是凶杀案报道的基本规范和实践的表达①。也许是因为技术很容易适应现有的新闻实践，机器人报道并没有挑战现有的新闻形式，这表明既定的新闻实践可能会抑制新闻业在新环境中扩展交互性概念的能力。科技研究发现，未来的计算技术将允许人通过触摸、声音或生物识别接口，以物理或数字形式与他人、物体和信息进行交互。用户与媒体的交互可能会跨越平台、对象和环境，变得更加碎片化。虚拟现实能够与现实生活融合在一起。在这样的情况下，传统的新闻产出可能不适合新技术所要求的交互类型。

当技术要求的内容传递和用户互动风格与现有新闻实践格格不入时，会发生什么呢？设计师很可能将面临平衡新闻报道和准确传达事实的挑战。这不仅关乎如何设计一个合理的叙事框架，让新闻故事的时间、空间和因果关系更加可信②；还关乎如何生动地描述当前的新闻故事，而不是像传统记者或叙事者那样分开事实与观点。这种叙事方式必须谨慎处理，否则可能会削弱向公众讲述真相的能力，从而导致道德困境③。以人工智能的一个分支——生成式人工智能（generative AI）为例。它的输出结果表面上（在语言上）看似流畅，诱使用户将其视为事实，而不是对其进行事实核查。如果用户不对输出内容持有怀疑态度，他们会很容易接受与事实不符的内容。有些用户似乎过于"信任人工智能"，以致在没有仔细阅读基础文章的情况下就使用人工智能系统。这一发现与有关人工智能写作支持的社会动力学分析（social dynamics analysis）④不谋而合：用户对潜在支持者（这里是指人工智能工具）的信任在决定他们如何看待系统及其输出方面起着至关重要的作

① YOUNG M L，HERMIDA A.From Mr.and Mrs. outlier to central tendencies：computational journalism and crime reporting at the Los Angeles Times[J].Digital journalism，2015，3（3）：393.

② HARDEE G M.Immersive journalism in VR：four theoretical domains for researching a narrative design framework[C]//LACKY S，SHUMAKER R. Virtual，augmented and mixed reality.Cham：Springer，2016：679-690.

③ DE LA PEÑA N，WEIL P，LLOBERA J，et al.Immersive journalism：immersive virtual reality for the first-person experience of news[J].Presence-teleoperators and virtual environments，2010，19（4）：291-301.

④ GERO K I，LONG T，CHILTON L.Social dynamics of AI support in creative writing[C]//Proceedings of the 2023 CHI Conference on Human Factors in Computing Systems.New York：ACM Press，2023：1-15.

用。人工智能实际上还未赢得这种信任。记者对真相负有责任,必须不断赢得受众的信任,所以记者培训的一个重要部分就是要保持怀疑态度并核查消息来源。一个针对新闻专业研究生的用户研究发现,他们经常对输出内容持有一定的怀疑态度,并且习惯于充分阅读、理解、评估内容,所以完全有机会在输出结果的早期阶段纠正可能存在的误导部分,确保最终内容的准确无误①。但并非所有的内容创作者都会如此谨慎,事实核查意识薄弱的创作者有可能在结果中混入错误信息。因此,使用基于生成式人工智能的工具需要培训和经验,而怀疑理应是培训的一部分。记者应该被教育对人工智能生成的结果持合理的怀疑态度。此外,未来工作必须加强对事实核查的支持,例如提供整篇文章和脚本的并排审查页面,为脚本突出显示文章来源句子并用颜色编码②。

对于如何应对新技术,新闻机构通常有两个选择:①停滞不前;②充满风险。在互联网的早期,对新闻编辑室的民族志研究③发现,记者和编辑倾向于简单地使用新的平台,而不改变他们潜在的态度和做法。比起超文本和多媒体,记者似乎更喜欢线性文本;比起参与式新闻和另类信息流,他们似乎更喜欢传统的守门员规范④。戴维·莱夫(David M.Ryfe)认为,挑战是本体论的,而非技术或经济的:记者沉迷于以往的成功和"基本规则",这些构成了他们的互动,并"将新闻固定在传统上"⑤。从这个意义上说,新闻态度和既定实践阻碍了新闻机构的创新。应对数字媒体更积极进取的做法是:专注技术,鼓励扁平的结构和协作工作,鼓励创新和创造力,积极应对风险⑥。事实上,记者们一直处于一种不确定的状态:①调整和优化内容;②担心过度依赖技术⑦。他们最大的关切是技术处理内容的不透明,以及处理规则变化所带来的风险。在过去,新闻价值决定了新闻内容;而现在,视频

① WANG S, MENON S, LONG T, et al. Reelframer: Co-creating news reels on social media with generative AI[EB/OL].(2023-04-19)[2023-08-30].https://arxiv.org/abs/2304.09653v1.

② PETRIDIS S, DIAKOPOULOS N, CROWSTON K, et al. Anglekindling: supporting journalistic angle ideation with large language models[C]//Proceedings of 2023 CHI Conference on Human Factors in Computing Systems.New York:ACM Press,2023:1-16.

③ BOCZKOWSKI P.Digitizing the news: innovation in online newspapers[M].Cambridge: MIT Press, 2005.

④ STEENSEN S.Online journalism and the promises of new technology:a critical review and look ahead [J].Journalism studies,2011,12(3):311-327.

⑤ RYFE D M.Can journalism survive: an inside look at American newsrooms[M].Cambridge: Polity Press,2012.

⑥ BOYLES J L.The isolation of innovation:restructuring the digital newsroom through intrapreneurship [J].Digital journalism,2016,4(2):229-246.

⑦ NIELSEN R K,GANTER S A.Dealing with digital intermediaries:a case study of the relations between publishers and platforms[J].New media & society,2018,20(4):1600-1617.

的传播范围、类型或长度取代了新闻价值，"新闻本身的呈现和基调故而不可避免地发生了变化。"①记者判断新闻是否具备社会和民主价值观的能力是新闻实践合法性的基础，所以此功能的削弱是令人担忧的。有一种观点认为，需要改变这些核心价值观。正如约翰·斯蒂尔（John Steel）所言，新闻业"反映和代表公众利益的能力长期以来存在着一些问题"，新闻业现在需要重新考虑这些不加批判地接受和珍视的规范和核心价值②。彼特·约瑟夫（Beate Josephi）也表示，对核心价值观的推崇预先阻止了新闻业在经济压力下的任何激进重组③。杰安娜·胡亚宁（Jaana Hujanen）认为，参与式传播可能引起新闻核心价值观的改变④。相反，多尔蒂强调，核心价值观并不是核心问题，而是这些价值的实现方式——新闻的生产过程、输出物及其相关文化——阻碍了新想法的产生。尽管新闻编辑团队引入了机器人，但在大多数情况下，他们并没有构建这些技术，也没有控制它们，他们追随而不引领技术进步的现状进一步遏制了创新。在一个用户生成的内容与新闻一起分发的环境中，在一个优秀报道不一定被社交网络推荐的环境中，在一个虚假新闻可能与专业记者的报道具有同等影响力的环境中⑤，新闻价值似乎至关重要，但记者并不是唯一能够提供适当的新闻价值体系的人。

第五节　心理交互的弱化

从字面上理解，"交互"侧重用户与媒体对象在身体层面的交互，比如，点击链接、按下按钮、移动身体等，而往往忽视了心理层面的交互。心理层面的反思、解决问题、填补、假设、回忆、联想和认同机制等心理过程，其实不与客观存在的交互结构有关，而是在用户完全理解文本或图像的基础上。在心理过程的驱动下，人与技术的关系愈发密切，进而推动新闻故事的生产和消费。这种偏移是现代媒体发展史中精神生活外化的一个结构性体现，符合新媒体技术对心理过程进行外化（externalize）和客体化（objectify）的趋势——新媒体技术可以加强或控制心理过

① BELL E,OWEN T.The platform press:how silicon valley reengineered journalism[M].New York:Tow Center for Digital Journalism,2017.
② STEEL J. Reappraising journalism's normative foundations［C］//PETERS C, BROERSMA M. Rethinking journalism again.Abingdon:Routledge,2016:35-48.
③ JOSEPHI B.How much democracy does journalism need?［J］Journalism,2013,14(4):474-489.
④ HUJANEN J.Participation and the blurring values of journalism[J].Journalism studies,2016,17(7):871-880.
⑤ ALLCOTT H,GENTZKOW M.Social media and fake news in the 2016 election[J]Journal of economic perspectives,2017,31(2):211-236.

桯。这一论述是基于以下假设:心理呈现和心理运作与外部的视觉效果是同构(isomorphism)的关系①。20 世纪 80 年代,VR 技术的先驱者杰伦·拉尼尔(Jaron Lanier)发现,VR 技术能够把心理过程完全客体化,更准确地说,它能够与心理过程融为一体②。在沉浸式新闻中,VR 技术提供的第一人称体验可能对用户产生强烈的情感影响③。2010 年的一次沉浸式新闻实验早已证实这一点,"在真实的地方,用真实的身体重温真实的故事"的感觉反复出现,这种感觉被称为"真实的反应"④。如果"真实反应"在 10 多年前有意义,那么在如今更加高级的沉浸式媒体技术(如录制 8K 的完整球形视频)的支持下,产生强烈情感冲击的可能性要高得多⑤。

在新闻报道中使用情感内容通常与一种由经济原因驱动的"马基雅维利式"(Machiavellian)编辑策略有关——情感驱动的故事是一种给用户他们想要的东西的手段,从而满足了当今公共议程(public agenda)的需求。沉浸式新闻的强烈体验性质似乎更接近唤起情感反应,将观众与严肃问题联系起来。过去,大多数沉浸式新闻的主题有关社会⑥,描绘难以接近的或偏远地区的现实。例如,《纽约时报》于 2015 年发布的首个 VR 新闻纪录片《流离失所》(The displaced)从 3 个孩子的视角展现令人痛心的全球难民状况,揭示并证实了沉浸式新闻在引发人们对社会相关话题的认识方面的潜力。用户"置身"于新闻故事会产生一种独特的情感联系——情感嵌入(emotional embodiment),这是主观、情感和地点的动态结合的结果⑦。事实上,这种引发情绪的新闻体验被质疑损害了新闻的准确性和客观性。创造基于事实的内容,同时又在情感上引人入胜,本身就被打上了悖论的烙印⑧。

---

① 马诺维奇.新媒体的语言[M].车琳,译.贵阳:贵州人民出版社,2021:56.
② 马诺维奇.新媒体的语言[M].车琳,译.贵阳:贵州人民出版社,2021:56.
③ LECHELER S.The emotional turn in journalism needs to be about audience perceptions:commentary [J].Digital journalism,2020,8(2):287-291.
④ DE LA PEÑA N,WEIL P,LLOBERA J,et al.Immersive journalism:immersive virtual reality for the first-person experience of news[J].Presence:teleoperators and virtual environments,2010,19(4):291-301.
⑤ PÉREZ-SEIJO S,DE GRACIA M J B,REIS A B.Immersed in the news:how VR and 360-degree video have triggered a shift in journalistic storytelling[C]//GARCÍA-OROSA B,PÉREZ-SEIJO S,VIZOSO Á.Emerging practices in the age of automated digital journalism:models,languages,and storytelling. London:Routledge,2023:67-77.
⑥ DE BRUIN K,DE HAAN Y,KRUIKEMEIER S,et al.A first-person promise? a content-analysis of immersive journalistic productions[J].Journalism,2020,23(2):1-20.
⑦ BAÍA-REIS A.Immersive media,social change,and creativity:a framework for designing collaborative 360° video productions[D].Porto,Stanford:University of Porto and Stanford University,2020.
⑧ AITAMURTO T.Normative paradoxes in 360° journalism:contested accuracy and objectivity[J].New media and society,2019,21(1):3-19.

许多新闻用户表示,他们会因高度情绪化而远离新闻。这延伸出一个问题:"丰富"的新闻体验到底是否是观众想要的? 为了回答这个问题,首先应该理清沉浸式新闻如何以及在何种程度上允许人们在个人和公共层面上与故事产生情感联系。这取决于记者是否会从技术炒作转向意义构建。从这个意义上说,"新闻编辑室应该找到可持续实施战略的方法——不一定要依赖炫酷的技术,而是巧妙地讲故事,利用熟悉的工具,把虚拟元素与移动叙事结合起来。"①相关研究不应该集中在具体的受众指标上(如沉浸感或现场感),而应该从人文、哲学的视角出发,将沉浸式新闻作为一个无所不包的生理-社会-心理过程进行评估,其主要目标是促进用户的理解。在技术媒体性(tech mediality)和注意力(或意图)的二分法的交汇处揭示情感、智力和行动之间的联系,可能是发掘未来沉浸式新闻工作最佳实践的关键。

拉尼尔还指出,虚拟现实会带来"后象征交流"时代——无需通过语言或其他符号来交流②。通过具体操作(如添加一个链接、切换到另一画面、选择一个新的场景等),超链接将"联想"这一人类最重要的心理过程外化和客体化。在过去,用户看一幅图像时可能会联想到其他图像;如今,用户被程序要求遵循一些预设的、客观存在的联系,他们只有点击一幅图像才能跳转到下一幅图像。心理过程的外化和客体化赋予了路易·阿尔都塞(Louis Althusser)所提出的"询唤"(interpellation)一词更新的含义:"要求我们将他人的思想结构误以为是自己的。"③工业社会要求用户认同他人的身体形象,而交互媒体要求用户认同他人的心理结构。交互新闻的用户故而被要求遵循交互新闻工作者的心理轨迹。这是适用于认知劳动(cognitive labor)的信息时代的一种新型身份认同。

① KANGASNIEMI J.From empty hype to a crucial tool:pushing the boundaries of immersive journalism[R/OL].(2021-08-03)[2023-08-07].https://reutersinstitute.politics.ox.ac.uk/sites/default/files/2021-08/RISJ_Final%20Report_Jenni_2020_Final.pdf.
② 马诺维奇.新媒体的语言[M].车琳,译.贵阳:贵州人民出版社,2021:57.
③ ALTHUSSER L.Ideology and ideological state apparatuses(notes towards an investigation)[C]//ALTHUSSER L.Lenin and Philosophy.New York:Monthly Review Press,1971.

第七章　新闻再想象

第一节　引　子

近年来，创新和新技术对媒体来说可能是突破性的，并有力地塑造了数字化。而在当前充满挑战的时代（特别是 2022 年后），经济和地缘政治的不确定性迫使许多人开始转向储蓄和反思，这将影响电信、媒体和科技行业。管理咨询公司德勤（Deloitte）在《2023 年德国电信、媒体和科技（Telecommunications，Media，Technology，简称 TMT）预测》中强调："重点是进一步发展和优化现有技术和产品。"德勤合伙人兼媒体与电信行业技术主管安德烈亚斯·金特纳（Andreas Gentner）博士解释道："企业将专注于现有产品和技术的智能化进一步发展。"[①]此外，更多的合作肯定是未来几个月和几年的大趋势之一。其中，与媒体用户建立数字联系和关系比以往任何时候都重要。这要求媒体产品更加方便、与用户更加相关，以兴趣和社区为基础。目前，新闻媒体应该围绕其核心服务进行创新，投资那些"已被证明能产生忠诚度和长使用时间"的媒体形式[②]。《赫芬顿邮报》（*The Huffington Post*）与 BuzzFeed 背后的人杰克·雷利（Jack Riley）希望传统新闻出版商去了解 Z 世代的媒体习惯。雷利表示："下一代人把他们的媒体时间花在看垂直视频上，他们的知己来自同行，他们乐于让不透明的算法代表他们策划内容。这对新闻界有各种各样的影响，特别是当涉及信任问题和他们作为'守门人'的角色时。但这也提供了重新定义新闻业的面貌以及如何将其货币化的机会。"在纽伦堡举行的"下一阶段的数字出版"（Next Level Digital Publishing）活动也对数字出版和新闻业做出了类似的预测。德国《纽伦堡日报》（*Nürnberger Nachrichten*）的副主编芭芭拉·齐内克（Barbara Zinecker）意识到："出版商正处于一个历史性的时刻。"[③]本章梳理了 3 个未来可能会发生决定性变化的新闻业领域——传感器新

---

① SCHWEGLER P.Die medientrends für[EB/OL].(2022-12-15)[2023-09-29]. https：//blog.medientage. de/die-medientrends-f%C3%BCr-2023.

② SCHWEGLER P.Die medientrends für[EB/OL].(2022-12-15)[2023-09-29]. https：//blog.medientage. de/die-medientrends-f%C3%BCr-2023.

③ SCHWEGLER P.Die medientrends für[EB/OL].(2022-12-15)[2023-09-29]. https：//blog.medientage. de/die-medientrends-f%C3%BCr-2023.

闻、人工智能新闻、体现新闻价值观的非新闻设计。

第二节 交互(参与性)新闻中的传感器

媒体和新闻实践在历史上随着技术进步而齐头并进①。大数据、传感器、定位系统、可穿戴设备和社交媒体被预测为 2014 年之后的 25 年里的 5 大技术趋势②。制作者运动(maker movement)推动了利用便宜和便利的技术制作传感器硬件的发展。为收集信息创建的传感装置组件有：①带摄像头的手机；②加速器；③GPS；④麦克风；⑤无线电等。用传感器收集信息的好处是可以量化一些抽象的东西。例如，语言很难表述清楚个人的健康情况，而可穿戴设备的传感器和相应的手机应用程序可以为个体提供一些他/她自己的健康数据，如果据此收集庞大人群的健康数据并总结分析结果，也许能够得到一些造福人类的重要结论。当然，医院系统已存有大量健康数据，而其他机构碍于隐私等因素，属实难以获得这些数据，所以它们考虑在保证自愿的前提下，以众筹的方式收集每个传感器用户的健康数据，这或许比医院的样本更具典型性。因此，传感器有机会成为公众获取信息的一种重要方式。随着媒体对数据的需求量不断增加，传感器开始进入大众传播领域③。2013 年 5 月，托尔数字新闻中心提出，新闻媒体机构可以利用传感器收集实时数据，再根据这些数据撰写新闻报道。移动革命的到来进一步推动新闻与传感器的结合。皮尔霍夫在邮件中告诉厄舍："起初，我们把移动设备作为一种'有则更好'的工具来开发。它是那种要在大项目的结尾被抛出来，以用户没想到的方式给其带去惊喜的一类东西。老实说，我们有时候还会因为移动设备而挣扎，因为它有太多限制了。但是这些限制在某种程度上也是一种解放，因为它迫使你把关注点放在用户和叙事的基本元素上。"④2013 年 6 月，托尔数字新闻中心召集研究员、技术工程师和新闻工作者等成立了"传感器新闻"(sensors journalism)工作小组，并于次年编写了《传感器与新闻》(*Sensors and Journalism*)一书，此书编著者弗格斯·皮特(Fergus Pitt)将传感器新闻定义为"依靠互联网逻辑下的大数据而形成的一种非独立的新闻报道类型"，其核心是"靠互联网技术和传感器技术获取数据"⑤。

① ÖRNEBRING H.Technology and journalism-as-labour：historical perspectives[J].Journalism，2010，11(1)：57-74.
② 斯考伯，伊斯雷尔.即将到来的场景时代[M].赵乾坤，周宝曜，译.北京：北京联合出版公司，2014.
③ 史安斌，崔婧哲.传感器新闻：新闻生产的"新常态"[J].青年记者，2015(19)：81-83.
④ 尼基·厄舍.互动新闻：黑客、数据与代码[M].郭恩强，译.北京：中国人民大学出版社，2020：256.
⑤ 皮特.传感器与新闻[M].章于炎，等译.北京：北京大学出版社，2017.

如此看来,传感器新闻并不是一件特别新鲜的事,每天播出的天气预报就是气象卫星在高空利用传感器和相应的航天遥感技术收集数据而做出的报道。

传感器多种多样:①用户身边普遍存在的传感器,如可穿戴设备和智能手机隐藏的一些传感功能,以便记者以"众筹"的方式收集数据;②公共设施中的传感设备;③按需采购或动手 DIY 的一些简单实用的传感器,定制化传感器的成本可能较高,并且需要更多跨界的探讨和合作。记者应该结合报道选题去决定是否需要传感器以及合适的传感器类型。传感器通常会在一些解释性、调查性报道中发挥很好的作用。利用精准的传感数据做的解释性、调查性报道会在一定程度上增加报道的权威性和说服力。比如,《南佛罗里达太阳哨兵报》(*The South Florida Sun Sentinel*)做过的一个关于警察鲁莽行为(如忽视限速规定)的调查报道。该报道利用公共记录和用于公路收费的"阳光通行"(sun pass)系统中的时间标记来追踪严重的超速违规行为。《今日美国》(*USA Today*)推出的《幽灵工厂》(*Ghost factory*)项目是"传感器新闻"的另一个例子。它收集检测了残留在全美 430 个废弃工厂地点的土壤样本中的重金属污染物①。

传感器还为交互(参与性)新闻、人物报道和突发性报道做出贡献②。鉴于交互新闻的重点不是传播新的信息,而是让受众参与其中,传感器能够赋予这类新闻以价值与意义。它虽牺牲了一定的精准度,却能吸引社区参与调查,从而帮助媒体与用户建立更深的联系,并以此降低传感器新闻的成本。记者对社区以有用的方式协助分析和展示信息也表现出浓厚的兴趣。比如,《休斯敦纪事报》(*The Houston Chronicle*)的一个项目旨在调查休斯敦石油工业对贫困社区的环境造成的影响。开展此项目的记者认为美国国家环境局(EPA)每 6 天测量 1 次的数据不够准确,所以她与社区合作,让该社区居民使用一种工业标准的化学检测仪器——有机蒸气检测器。根据从这种传感器上获取的数据,记者发现环境中苯含量的水平高于癌症风险的临界值,其中一个社区竟超出了 27 倍③。另一个案例是纽约公共广播电台的纽约公共之声的一个名为《蝉追踪者》(*Cicada tracker*)的项目,该项目负责人基夫发现,每到夏季,温度达到一定高度后,土壤中的蝉虫就开始繁衍,蝉鸣声影响到人们的生活。该电台就邀请听众用温度传感器测量自家后院的温度,探测什么温度时有蝉出现。这次跟科技搭边又好玩的互动,吸引了许多听众,收到很好评价。土壤温度能帮助预测蝉出现的时间,他的项目团队随即使用无线电广

---

① 皮特.传感器与新闻[M].章于炎,等译.北京:北京大学出版社,2017.
② 皮特.传感器与新闻[M].章于炎,等译.北京:北京大学出版社,2017.
③ 尼基·厄舍.互动新闻:黑客、数据与代码[M].郭恩强,译.北京:中国人民大学出版社,2020:257-258.

播室(Radio Shack)的部分设备制作了一个大众能够复制的传感器样机。公众只要花很少的钱就能复制开发自己的传感器,纽约公共之声也会在一些公共活动中赠送这种传感器。该项目团队最终从 800 个地点获取了超过 1 750 个温度读数①。2010 年,环境部公布了实时空气污染指数,其中却缺少直径小于 2.5 微米的特殊污染物(particulate matter,简称 PM)的数据,这种污染物可能会对人体造成不可逆的伤害②。鉴于 PM2.5 官方数据的缺乏,2011 年 11 月,一场名为"我为祖国测试空气"的全国性运动开始了。这项运动由一家环境非营利组织发起,倡导每个公民为监测空气质量做出贡献,并在他们自己的社交媒体平台上公布结果。该组织为感兴趣的志愿者提供培训,测试设备由市民共同出资。经过两年的公众宣传,PM2.5 数据最终被纳入政府数据发布。这些数据在网页上滚动展示,记者可以在技术人员的协助下对一段时间内的趋势进行报道③。

如今,人人几乎都有一部智能手机,智能手机上的传感器记录了一些个人数据,记者能否把这当成信息源,在当事人允许的情况下尝试做一些有意思的人物报道?德国的数据新闻机构 OpenDataCity 与"时代在线"合作开发的应用程序《无所不知的手机》(Verräterisches handy)④便是一个现实的例子。为了探究手机中个人数据的实际意义,德国政客马尔特·施皮茨(Malte Spitz)决定公开他自己手机上的个人数据。之后,他向电信巨头——德意志电信(Deutsche Telekom)提起诉讼,要求德意志电信提供 6 个月的数据,并把这些数据交给"时代在线",以构成视觉呈现的基础。单独的数据片段一般是无害的,但它们集合后就会形成反映个人生活(习惯和偏好)的用户画像。根据施皮茨公布的个人手机数据,公众可以了解他在 6 个月内的所有行动,比如,他的工作地、游览过的城市、什么时候上街散步、什么时候乘火车、什么时候坐飞机、什么时候醒来、什么时候睡觉等。即使德意志电信已将施皮茨的部分数据加密,也就是说不会公布他呼叫了谁以及谁呼叫了他,毕竟此类信息不仅侵犯了他人的隐私权(即使那些号码是加密的),还会过多地暴露施皮茨自己的隐私(但现实中政府部门可以获取这些信息)⑤。《无所不知的

① 皮特.传感器与新闻[M].章于炎,等译.北京:北京大学出版社,2017.
② 新华社.全国空气质量实时发布系统 25 日在北京正式启动[EB/OL].(2010-11-25)[2023-08-19]. https://www.gov.cn/jrzg/2010-11/25/content_1753524.html.
③ MA J X. Alternative data practices in China[EB/OL].(2018-12-01)[2023-08-19]. https://datajournalism.com/read/handbook/two/assembling-data/alternative-data-practices-in-china.
④ OpenDataCity,Zeit Online.Verräterisches handy[EB/OL].(2017-03-24)[2023-09-29]. https://www.zeit.de/datenschutz/malte-spitz-vorratsdaten.
⑤ VENOHR S.Data journalism at the zeit online[C]//GRAY J,CHAMBERS L,BOUNEGRU L.The data journalism handbook.Sebastopol:O'Reilly Media,2012:37-40.

手机》的开发者洛伦兹·马特扎特（Lorenz Matzat）和迈克尔·克雷尔（Michael Kreil）表示："最早我们用像 Excel 和谷歌 Fusion Tables 这样的工具去理解数据。之后，我们开发了一个地图界面，允许受众以非线性的方式进行互动。为了展现从手机储存的数据中发掘出个人生活细节的程度，地理数据与网络上公开的个人信息（推特、博文、党务信息和其他网站上的公开日历项）被联系起来，极大地扩展了通话数据的信息量。"《无所不知的手机》的开发团队还与"时代在线"内部的图形和研发部门合作开发了一个导航界面：用户按下播放按钮后，可以线上体验施皮茨的一段生活。用户用速度控制按钮调整步伐，用暂停按钮随时停止体验，用下方的日历去到任何一个时间点（每一竖栏对应一个日子）。这个应用程序成功上线后，其大量流量来自德国以外的地区，开发者遂决定开发一个英文版的应用。《无所不知的手机》在赢得德国"格里姆在线奖"后，又在 2011 年 9 月被美国在线新闻协会（Online Journalism Association in the US）授予"在线新闻协会奖"（Online Journalism Awards），这是德国新闻网站首次获此殊荣①。

2016 年，OpenDataCity 利用谷歌数字新闻计划（Google's Digital News Initiative）的资金建立了 xMinutes 应用程序的测试版，其目标是利用传感器数据（比如，用户的运动数据，或者用户是否使用移动数据或已知的 Wi-Fi 网络滚动智能手机等信息），为不同场景中的用户提供合适的新闻（context-aware news）。xMinutes 应用程序被包括德国之声（Deutsche Welle）、《明镜周刊》和今日新闻（Tagesschau）之内的共约 37 家德国媒体机构使用。该程序用 RSS、JSON 或 API 从出版商处导入内容，并向用户提供 5～25 篇文章的提要，这些文章尽可能满足用户的新闻消费需求。OpenDataCity 的董事总经理兼 xMinutes 应用程序开发团队领导马可·马斯（Marco Maas）补充说："我们需要用户全天阅读大约 100 条新闻，以估计他们典型的一天的阅读习惯是什么样的。"②xMinutes 应用程序以语义和结构的方式分析内容，以确定内容属于书面片段、音频片段还是视频；它还能分析一篇文章的长度，普通人阅读这篇文章的耗时，以及德语不流利的人需要多长时间才能完成。然后，它能够通过分析用户的行为以及来自运动传感器和互联网传感器的数据来确定最佳匹配。例如，如果用户在某地度过了一整夜，系统就假设那是家；如果用户在那里待了一整天，早上却在其他地方，系统就假设这可能是工作地

---

① VENOHR S.Data journalism at the zeit online[C]//GRAY J，CHAMBERS L，BOUNEGRU L.The data journalism handbook.Sebastopol：O'Reilly Media，2012：37-40.

② CIOBANU M.OpenDataCity is using sensor data to give readers the right news at the right time[EB/OL].（2017-03-24）[2023-09-29].https://www.journalism.co.uk/news/opendatacity-is-using-sensor-data-to-give-readers-the-right-news-at-the-right-time/s2/a701292/.

点;如果用户的智能手机正在移动或正在使用新的 Wi-Fi 网络,就意味着用户可能正在运行或在公共场所,其需求将与办公室或在家中时不同。马斯表示:"周末是一个特例,因为人们在周末不会做同样的事情,他们也不是一直在同一个地方,这就是为什么我们需要对产品进行用户测试。"①xMinutes 需要通过一个简短的新用户注册流程来获得有关该用户的出生地、感兴趣的城市和主题。在初始步骤之后,新闻流将完全根据传感器数据和用户行为进行定制。开发过程的某些方面已被证明具有挑战性,例如,内容重复,以及参与媒体对其材料进行地理标记的能力。马斯说明了内容重复的处理方法:"如果这是一条全国性的新闻,系统将默认《明镜周刊》或今日新闻是第一个报道它的人,当地和区域出版商稍后会从当地的角度报道它。"地理定位的问题也常常出现,因为一个国家可能有多个同名城镇。马斯表示:"我们正在考虑创建一个模型,把文章与模型对照检查,以便确定具体的城镇。"②

除了传感器,远程操控的无人机也可以采集交互新闻所需的信息。它能全方位观察记者无法亲临的高危现场。例如,一名记者使用无人机拍摄了残留污染的切尔诺贝利核电站的旧址③。远程操控的无人机还能捕捉只有在空中视角才能发现的新闻事件。新闻业对无人机的使用一直有着严格的管控。美国公共广播电台雇用会使用小型飞行器的专业人员,从空中视角展现了美国大规模的棉花田景象④。萨尔瓦多的《新闻报》(La Prensa)操控无人机报道了总统选举的投票规模⑤。还有一些新闻编辑室采用了普通民众使用无人机拍摄的天气、爆炸和火灾等方面的图片和视频。无论是传感器还是无人机,它们使记者跳脱出基于机构数据采集的解释性假设,帮助记者发掘数据背后的东西。

---

① CIOBANU M.OpenDataCity is using sensor data to give readers the right news at the right time[EB/OL].(2017-03-24)[2023-09-29].https://www.journalism.co.uk/news/opendatacity-is-using-sensor-data-to-give-readers-the-right-news-at-the-right-time/s2/a701292/.

② CIOBANU M.OpenDataCity is using sensor data to give readers the right news at the right time[EB/OL].(2017-03-24)[2023-09-29].https://www.journalism.co.uk/news/opendatacity-is-using-sensor-data-to-give-readers-the-right-news-at-the-right-time/s2/a701292/.

③ Professional Society of Drone Journalists.Q&A with the photographer who explored chernobyl with a drone[EB/OL].(2014-08-29)[2023-09-29].http://www.dronejournalism.org/news/2014/8/qa-with-the-photographer-whoexplored-chernobyl-with-a-drone.

④ 皮特.传感器与新闻[M].章于炎,等译.北京:北京大学出版社,2017.

⑤ DIEP F.Salvadoran newspaper sends drone to cover presidential election[EB/OL].(2014-02-04)[2023-09-29].http://www.popsci.com/article/technology/salvadoran-newspaper-sends-dronecover-presidential-election.

第三节　人工智能新闻

媒体的数值化编码、媒体对象的模块化结构[1]使涉及媒体的创建、访问等操作有了自动化的可能。从这个角度看,人类的(至少是部分)意志可以在创作过程中被移除。"低水平"的自动化技术大多已发展成熟,应用于大量图像编辑、3D 图形、文字处理、平面设计等商业软件中,通过模板或简单的算法就能生成或修改一个媒体对象。比如,媒体自动生成的一个体验是用户登录网站后网页实时自动生成,即网页从数据库中提取所需信息,再依靠既有模板和脚本对这些信息进行格式化处理。"高水平"的自动化是人工智能的一个分支,它要求计算机在某种程度上理解其生成内容所蕴含的意义——语义。计算机之所以展现出智力和技能,是因为程序严格限制了用户与之进行交互的内容和方式,换言之,程序引导用户在有限范围内与之交流,假装具有智能[2]。

聊天机器人是由公司开发的一个基于人工智能的特定软件类别组成,用于自动化与客户的通信和交易管理[3],以此减少响应时间,改善客户服务,提高满意度和参与度[4]。高科技新闻业给新闻编辑室带来了新的可能性。继网络媒体、移动媒体和社交媒体之后,公共服务新闻正迎来第 4 波浪潮——在整个媒体价值链中引入自动化实践。这一波新的自动化浪潮融合了人工智能、认知技术方面的各类形式,所以难以对自动化新闻进行同质定义。它的一个常见定义是"新闻编辑室自动生成新闻"的不同手段[5]。此定义侧重写作过程本身的自动化,却忽略了人工智能带给媒体组织的其他用途。于是,一些学者把自动化新闻与基于量化和计算的更广泛的转型背景相关联,认为自动化是一种"制度化管理的创新过程,用于处理记者在收集、汇编、创作和传递新闻时面临的问题"[6]。这个定义阐释了自动化如何为新闻的生产和传播流程增加价值,以及记者如何看待自动化技术在日常工作

---

① 参看本书第四章第四节的相关内容。
② 马诺维奇.新媒体的语言[M].车琳,译.贵阳:贵州人民出版社,2021:32-33.
③ ANDROUTSOPOULOU A,KARACAPILIDIS N,LOUKIS E,et al.Transforming the communication between citizens and government through AI-guided chatbots[J].Government information quarterly, 2019,36(2):358-367.
④ RADZIWILL N M,BENTON M C.Evaluating quality of chatbots and intelligent conversational agents [J].Software quality professional,2017,19(3):25-35.
⑤ WU S,TANDOC E C,SALMON C T.When journalism and automation intersect:assessing the influence of the technological field on contemporary newsrooms[J].Journalism practice,2019,13(10):1238-1254.
⑥ MILOSAVLJEVIĆ M,VOBIČ I.Our task is to demystify fears':analyzing newsroom management of automation in journalism[J].Journalism,2021,22(9):2203-2221.

中的使用。

　　新闻编辑室的初次自动化实践可以追溯到 40 多年前①,并在过去几年中飞速发展。其生成的自动化内容具有两个特点:①经常更新,而且是市民日常生活的一部分②,如天气预报、交通信息、体育结果、医疗报告和金融报告;②生产这些内容会消耗记者大量的日常工作时间,为媒体提供的附加值却很少③。自动化在新闻方面的其他有用应用包括:①新闻采集过程中,数据的自动删除和图像的自动搜索;②新闻的自动选择,即轻松、快速地识别趋势故事和确定消息来源的可信度;③写作过程的自动化,即直接(通过机器撰写时事通讯)或间接使用翻译、转录和基于人工智能的可视化工具;④新闻的自动发布,即在网站和社交媒体上自动发布新闻。在结构化新闻领域,记者把故事数据化(datafy)为单元(units),这些单元可以用算法进行重组和动态重复使用④,适用于政治、财经、体育和科学等可模板化生产新闻的特定领域。美联社、路透社、彭博新闻社(Bloomberg News,简称彭博社)、法新社等媒体机构对此都有代表性实践。路透社、成都每日经济新闻社利用人工智能撰写财经类新闻。《纽约时报》曾报道,约三分之一的彭博社新闻内容是由自动化技术创作的⑤。《华盛顿邮报》开发的自动化写稿机器人 Heliograf 从 2016 年起参与奥运会和美国总统选举的报道。日本 NHK 电视台的自动写稿系统在 2011 年 3 月的东京大地震报道中表现突出。腾讯 2015 年推出的 DreamWriter 和新华社的快笔小新等产品是国内自动化报道方面的代表性实践。2018 年全国两会期间,新华社推出的“媒体大脑”从 5 亿网页中梳理出全国两会舆情热词,并生成发布全球首条由机器生产的两会视频新闻,这个过程仅耗时 15 秒。

　　接下来是人工智能增强新闻报道的阶段。这一阶段侧重运用机器学习和自然语言处理技术,分析数据并揭示相关趋势。例如,阿根廷《民族报》(La Nación)2019 年起使用人工智能支持数据团队,后与数据分析师和开发人员合作建立 AI 实验室,以进一步强化 AI 应用⑥。2019 年,BBC 发布了机器学习引擎原则框架

①　LINDEN C G.Decades of automation in the newsroom[J].Digital journalism,2017,5(2):123-140.

②　RIVAS-DE-ROCA R.Oportunidades de la robotización en el periodismo local:el caso de'mittmedia'[J].Index comunicación,2021,11(2):165-185.

③　VAN DALEN A.The algorithms behind the headlines:how machine-written news redefines the core skills of human journalists[J].Journalism practice,2012,6(5-6):648-658.

④　JONES R,JONES B. Atomising the news:the (in) flexibility of structured journalism [J]. Digital journalism,2019,7(8):1157-1179.

⑤　上观新闻.这家美国科技媒体悄悄用 AI 写新闻稿,结果却酿出“新闻灾难”⋯⋯[EB/OL].(2023-01-19)[2023-09-12].https://www.sohu.com/a/632398111_121332532.

⑥　腾讯研究院.拐点时刻? AIGC 时代的新闻业[EB/OL].(2023-08-29)[2023-09-18].https://new.qq.com/rain/a/20230829A07GRX00.

（Machine Learning Engine Principles Framework），其中的方法反映了 BBC 编辑价值观，改善了用户体验，保障了数据处理的透明度和安全性。算法方面的经验让 BBC 的研发部门能够识别内容（在主题、语气、角度或媒介方面）的差距，也促使编辑团队意识到这样的差距[①]。BBC 的研发部门在语言技术、会话式新闻和工作流程改进等领域也取得了进展。在内容制作方面，为了更好地维护 BBC 第四频道的档案材料，BBC 的研发部门使用机器学习来选择该频道播放的节目。在第一阶段，人工智能首先扫描档案中超过 27 万个待播节目并识别它们的特征，再选出最能代表 BBC 四台特点的 150 个节目并对它们进行排名，最终确定晚上播出其中的两个节目。在第二阶段，建立一个名为《机器制造：当 AI 遇到档案》的实验计划，旨在尽量减少人工干预，测试不同人工智能解决方案的可能性（对象和场景识别、字幕分析、视觉能量以及这三种技术的组合），向观众展示这些技术的工作原理，培养受众的数字素养。在内容分发方面，BBC World 为不同的年龄组和地区提供不同的版本，但这种个性化是手动完成的，尚未自动化。BBC 的研发部门面临的一个挑战是无法在公共服务环境中应用现成的度量工具和自动化解决方案，而开发他们自己的系统对资源和时间要求很高。BBC 的自动化新闻报道一直依赖于外部平台 Arria NLG Studio，而不是开发自己的解决方案。这表明 BBC 必须在数据质量、解释以及算法配置方面做出努力，以便整合 BBC 的价值观[②]。

人工智能在舆情分析方面的应用也是人工智能增强新闻报道的例子。在舆情分析环节，人工智能能辅助完成情感分析、主题检测、预测与趋势分析等任务，帮助组织更好地理解公众观点与态度，以应对复杂的舆情环境和市场环境。例如，美联社与 NewsWhip 合作开发的应用能够协助记者追踪内容的传播情况，预测未来几个小时内的故事和话题的趋势，分析内容将如何推动用户的社交参与，为内容策略的调整提供依据，以更好地满足用户需求。《华盛顿邮报》推出 ForYou 推荐系统，用人工智能模型检测订阅倾向和用户流失情况。还有些媒体使用人工智能评估人类记者的新闻报道。例如，英国《金融时报》利用机器人检查报道中引用的信源是否过多地来自男性；国际调查记者联盟运用人工智能来筛选金融和法律文件中值得探究的细节。尽管如此，自动化事实核查系统（automated fact-checker）仍不能

① EBU.The next newsroom:unlocking the power of AI for public service journalism[EB/OL].(2019-11-19)[2023-08-30]. https://knowledgehub. ebu. ch/news-journalism/news-report-the-next-newsroom-unlocking-the-power-of-ai-for-public-service-journalism.

② RODRÍGUEZ-CASTRO M,GONZÁLEZ-TOSAT C.Journalism's cruise control:how can public service media outlets benefit from AI and automation?[C]//García-Orosa B, Pérez-Seijo S, Vizoso Á. Emerging practices in the age of automated digital journalism:models, languages, and storytelling. London:Routledge,2013:93-104.

理解上下文的细微差别。Full Fact 的自动化事实核查(automated fact-checking)主管麦文·巴巴卡尔(Mevan Babakar)以英国前首相特雷莎·梅(Theresa M. May)的说法为例。当时她的政府分配给国民医疗服务体系(National Health Service,简称 NHS)的资源比反对党工党(Labour Party)在竞选宣言中承诺的要多。这一说法经事实核查是准确的,但要让它对公众有意义和有用,就需要在更广泛的背景下理解它:这样的分配尚不足以让国民医疗服务体系有效运作。然而,自动化事实核查系统还不能在信息来源之间建立这种上下文联系(contextual connections)①。关于具备理解语义能力的媒体(如聊天机器人)的生成过程尚在研究中。

　　人机对话是人工智能在其发展演进过程中始终绕不开的核心问题之一。作为人工智能技术应用的主要分支,聊天机器人的本质是利用自然语言处理技术的在线人机对话系统。早在 2010 年,一些国外学者和机构就开始研究聊天机器人如何影响新闻传播方式、新闻消费习惯和新闻业务流程。相比之下,我国的新闻聊天机器人发展较为缓慢,相关的理论研究从 2017 年才开始。中央人民广播电视台于 2018 年推出的"下文"应用程序是我国新闻聊天机器人的早期代表。新闻媒体中的聊天机器人最初用于把传统新闻内容转播到社交媒体②,并起到用户提醒、聚合和监控内容的作用。后来,聊天机器人与传感器新闻相结合,把现实世界中的传感器数据作为来源,推动自动化新闻条目的合成和分发,涵盖了污染和动物福利等主题③。聊天机器人在新闻媒体中的应用使用户能够及时获取有用信息;减少记者的人力劳动和日常工作负担,进而使他们专注于质量,考虑新闻工作中的最佳实践,如检查多个来源、反思和勤奋,加强深入分析和报道的能力。嵌入新闻平台的聊天机器人是一种替代叙事的手段,它会促进新闻的分类,特别是在大数据时代,这有助于用户找到他们感兴趣的特定新闻主题④。新闻聊天机器人的另一好处是机器人能够基于记者收集到的信息模拟回应,使用户与信息来源聊天,而不是阅读经记者采访的信源引述,视角从第三人称变成第二人称,吸引用户更接近新闻的故

① BORGES-REY E.Journalism with machines? from computational thinking to distributed cognition [EB/OL].(2018-12-01)[2023-08-15].https://datajournalism.com/read/handbook/two/working-with-data/computational-reasoning-at-full-fact-and-urbs-media.
② LOKOT T,DIAKOPOULOS N.News bots:automating news and information dissemination on twitter [J].Digital journalism,2015,4(6):682-699.
③ THURMAN N,MOELLER J,HELBERGER N,et al.My friends,editors,algorithms,and I[J].Digital journalism,2018,7:447-469.
④ VEGLIS A,MANIOU T A.Embedding a chatbot in a news article:design and implementation[C]//Proceedings of ACM 23rd Pan-Hellenic Conference on Informatics.New York:ACM Press,2019:169-172.

事和"人物"①。新闻聊大机器人不仅促进了信息传递的个性化以及消息来源和接受者之间的即时互动,还培养了用户的信任感和忠诚度②。这对危机报道(crisis reporting)意义重大,因为准确、及时和定制的信息传播对公众非常重要。

几项研究指出,用户信任自动化新闻业③,他们将可信度(trustworthiness)归因于第三方计算机角色(third-party computerized actors)以及用于选择和策划新闻的算法过程④。他们一致认为基于自动化的个性化是获取新闻的好方法,而且他们对媒体的不信任几乎不会影响这一观点。学者们对此的解释是,用户没有意识到基于自动化的个性化与新闻机构运营之间的实际联系,他们"相信自动化技术在一定程度上不受政治或不可信的新闻媒体的影响"⑤。福特和哈钦森把新闻机器人视为现有社会关系(这里是指受众和媒体组织之间)的中介⑥。乔基姆·哈夫利奇(Joachim R. Höflich)进一步指出,机器人在调解群体间关系时可能扮演着一个连接或分裂的角色⑦。本·施奈德曼(Ben Shneiderman)介绍了一个以人为中心的人工智能(Human-Centered Artificial Intelligence,简称 HCAI)二维框架(two-dimensional framework)。此框架将自动化(automation)或自主性(autonomy)水平与人类控制(human control)水平分开,旨在生产可靠(reliable)、安全(safe)和值得信赖(trustworthy)——RST 三目标——的计算机应用程序。精心设计的自动化适当保留了人类的控制,这有利于提高性能和实现创造性的改进⑧。聊天机器人的设计还可以参考"共享控制系统"(shared-control systems)——人类控制人形虚拟模型同步完成任务。如果人形虚拟模型不能准确

① DIAKOPOULOS N. Algorithmic accountability:journalistic investigation of computational power structures[J].Digital journalism,2015,3(3):398-415.
② SÁNCHEZ-GONZALES H M,SÁNCHEZ-GONZÁLEZ M.Bots as a news service and its emotional connections to audiences:the case of politibot[J].Doxa.Comunicación,2017:51-68.
③ WÖLKER A,POWELL T E.Algorithms in the newsroom? news readers' perceived credibility and selection of automated journalism[J].Journalism,2021,22(1):86-103.
④ SÁNCHEZ-GONZALES H M,SÁNCHEZ-GONZÁLEZ M.Bots as a news service and its emotional connections to audiences:the case of politibot[J].Doxa.Comunicación,2017:51-68.
⑤ THURMAN N,MOELLER J,HELBERGER N,et al.My friends,editors,algorithms,and I[J].Digital journalism,2018,7:447-469.
⑥ FORD H,HUTCHINSON J.Newsbots that mediate journalist and audience relationships[J].Digital journalism,2019,7(8):1013-1031.
⑦ HÖFLICH J R.Relationships to social robots:towards a triadic analysis of media-oriented behavior[J]. Intervalla platform for intellectual exchange,2013,1(1):35.
⑧ SHNEIDERMAN B. Human-centered artificial intelligence:reliable,safe and trustworthy [J]. International journal of human-computer interaction,2020,36:495-504.

地表征人类控制，就可能增加人类操作员的工作量，而不是提高性能①。

　　危机时期，新闻聊天机器人具备向广大受众（用户）有效传递关键信息的能力，它可以更有力和有效地履行社会责任职能。在过去十几年中，人类曾面临公共健康危机，媒体的危机报道向公民展示相关实际问题的及时、准确信息，是有效应对此类危机的办法之一。正如弗朗茨·克鲁格（Franz Krüger）所言，报道信息应该像重大公共健康危机所要求的那样全面、充分②。不仅如此，技术的快速发展要求媒体具备利用现有技术工具来发挥其社会效用的能力。聊天机器人为受众和媒体专业人士提供了一个切实可行的解决方案，以应对严重的全球健康危机，前提是它们被用来满足受众的特定需求。在用户看来，用于危机报道的理想聊天机器人是高性能（快速、高效和可靠）、智能（知识渊博且预测准确）、无缝（简单流畅）和有风度（理解我、讨人喜欢）③。这些特点是以尼科尔·拉齐威尔（Nicole Radziwill）和摩根·本顿（Morgan Benton）的研究为基础的。他们的研究总结了聊天机器人的一系列理想特质，并将其归为 6 类：①性能，这反映了处理意外输入的能力和对人类的适当升级；②功能性，这与语言准确性有关；③人性，即人性化的互动；④情感，这包括愉悦性、礼貌性和个性特征；⑤道德和行为，即尊重用户隐私、对社会问题的敏感性和可信度；⑥可访问性，即检测用户的意思或意图并对社交线索做出反应④。

　　新闻聊天机器人的发展促使人机通信（Human-Machine Communication，简称 HMC）作为一个研究领域的形成⑤。大多数人机通信研究的基本理论假设是：人类是沟通者（communicator），机器是媒介（mediator）。罗伯特·戴尔（Robert Dale）指出，随着技术的发展，在不久的将来，在对话中将很难区分聊天机器人和人类⑥。正如计算机科学家阿兰·图灵（Alan Turing）曾经在游戏中提出的思考：一个人能否分辨出他/她是在与另一个人还是一台机器交流？换言之，社会是否已经

① GRIFFITHS P, GILLESPIE R B. Sharing control between humans and automation using haptic interface:primary and secondary task performance benefits[J].Human factors,2005,47(3):574-590.
② KRÜGER F.Ethical journalism in a time of AIDS[J].African journal of AIDS research,2005,4(2):125-133.
③ PICCOLO L S G,ROBERTS S,IOSIF A,et al.Designing chatbots for crises:a case study contrasting potential and reality[C]//Proceedings of 32nd International BCS Human Computer Interaction Conference(HCI).Belfast:Learning and Development Ltd,2018.
④ RADZIWILL N M,BENTON M C.Evaluating quality of chatbots and intelligent conversational agents[J].Software quality professional,2017,19(3):25-35.
⑤ GUZMAN A L.Human-machine communication:rethinking communication,technology,and ourselves[M].New York:Peter Lang,2018.
⑥ DALE R.The return of the chatbots[J].Natural language engineering,2016,22(5):811-817.

集体达到了智能机器(如聊天机器人)能够通过"图灵测试"(Turing Test)的程度?
一些学者认为,拥有"类人"行为可能是评估聊天机器人的成功标准之一①。当机
器扮演这个以前的人类角色时,会发生什么? 有些学者认为,人机通信必须被重新
设想为一种不单基于媒介(消息渠道),而是基于沟通者(消息源)的技术研究方
式②。然而,就新闻聊天机器人而言,明确区分人类与机器仍然很重要,因为这样
可以避免沮丧。设计对此起着重要作用。在大多数情况下,聊天机器人的"形式"
是由设计师决定的。例如,设计师用人性化的形式创建了用户友好型聊天机器人
的应用程序,这个机器人可以改变用户对"人或机器"的看法③。总之,在新闻聊天
机器人中嵌入人类元素有助于建立用户对聊天机器人应用程序和整个社会技术倡
议的信任。詹妮弗·扎莫拉(Jennifer Zamora)回顾了 20 世纪 90 年代的虚拟智
能体的相关文献,把响应效率纳入聊天机器人的成功标准。可见,一个有效的聊天
机器人既需要用户界面设计,还需要一个基于人工智能的强大流程来支持对话和
正确地结束会话。用户和新闻聊天机器人之间的有效互动不仅取决于设计,还取
决于用户的偏好和兴趣。此外,扎莫拉指出,应该根据上下文选择最佳的交互机
制,例如,尽可能把容易出错的文本输入替换成选择。为了创造一种真正的包容性
体验,新闻聊天机器人在整个导航过程中应该一步步地指导用户,帮助他们搜索和
选择新闻④。内容在新闻聊天机器人的有效性方面也起着重要作用。沙德洛克·
罗伯茨(Shadrock Roberts)和蒂尔南·多伊尔(Tiernan Doyle)鼓励危机应对组织
基于数据的操作性和共享问题,与当地民众建立联系,并了解政策对数据收集和共
享的影响。报道危机的新闻聊天机器人应该帮助用户快速访问特定信息(比如,进
入医院和医疗设施的指示、到道路安全指示和/或相关当局的紧急联系方式)以及
清晰的新闻类别。这些信息可能会根据不同的危机类型而有所不同⑤。在未来,
关于聊天机器人的研究重点包括:它在危机报道中的更多应用方式、如何把它纳入

① LOUWERSE M M,GRAESSER A C,LU S L,et al.Social cues in animated conversational agents[J].
Applied cognitive psychology,2005,19(6):693-704.
② LEWIS S C, GUZMAN A L, SCHMIDT T R. Automation, journalism, and human-machine
communication:rethinking roles and relationships of humans and machines in News [J]. Digital
journalism,2019,7(4):409-427.
③ MANIOU T A, VEGLIS A. Employing a chatbot for news dissemination during crisis:design,
implementation and evaluation[J].Future internet,2020,12(7):1-14.
④ ZAMORA J. I'm sorry, dave, I'm afraid I can't do that:chatbot perception and expectations[C]//
Proceedings of ACM 5th International Conference on Human Agent Interaction.New York:ACM Press,
2017:253-260.
⑤ ROBERTS S,DOYLE T.Understanding crowdsourcing and volunteer engagement[C]//MOLINARI D,
MENONI S,BALLIO F.Flood damage survey and assessment:new insights from research and practice.
London:John Wiley and Sons Inc,2017:121-134.

新闻工作流程、如何借助从用户那里收集数据的能力来实施众包计划、如何防止"假新闻"（错误信息）的传播①。

　　大多数研究表明，记者已普遍克服自动化带来的失业威胁；相反，他们已经意识到自动化的益处。正如特提亚娜·洛科特（Tetyana Lokot）和尼克·迪莫普洛斯（Nick Diakopoulos）所言，"自动化新闻和信息共享带来了潜在的积极效用"②，这包括机器人"在道德约束和自主意识下，对公共媒体领域产生的积极影响"③；以及自动化新闻通过促进商业模式创新来保持其在新媒体生态系统中的空间和相关性④，进而激发新闻业的投入和产出⑤。具体地讲，媒体的所有自动化举措都会影响其商业模式，其中的大多数举措被解释为对组织的效率和声誉的积极影响，比如，加速新闻的制作和分发、扩大其报道范围、完成耗时的任务和降低人力成本⑥。值得注意的是，这些经济效益必须与其他一些外部因素保持平衡，否则就会陷入迪莫普洛斯揭示的"幻灭低谷"（trough of disillusionment），即不懈追求新闻创新中"光明、闪亮的东西"所产生的某种疲劳。这在技术中很常见：一个新的、闪亮的小工具或先进的方法被过度承诺，被媒体炒作，期望值大幅上升，然后，泡沫通常会破灭，期望值回到现实。例如，自动化需要拥有特定技能的人工智能工程师的监督。这一人群的高薪酬往往超过节约的人力资源成本。这种幻灭持续一段时间后会让位于"启蒙的斜坡"（slope of enlightenment），效率的进步终究是由"生产力平台"（plateau of productivity）中技术的真正能力来实现的⑦。因此，自动化新闻业的未来在很大程度上是由人类塑造的。

　　媒体机构的自动化实践既与创新的需求有关，又与自动化带给日常新闻实践的潜在好处有关，这两个方面本质上是相互交织且平衡的。只有这样，新闻活动才能在实现其社会目的的同时保持可持续性。特别是在公共服务媒体努力平衡创新

①　MANIOU T A, VEGLIS A. Employing a chatbot for news dissemination during crisis: design, implementation and evaluation[J].Future internet,2020,12(7):1-14.

②　LOKOT T, DIAKOPOULOS N.News bots: automating news and information dissemination on twitter [J].Digital journalism,2015,4(6):682-699.

③　JONES B, JONES R. Public service chatbots: automating conversation with BBC News[J]. Digital journalism,2019,7:1032-1053.

④　CAWLEY A.Digital transitions: the evolving corporate frameworks of legacy newspaper publishers[J]. Journalism studies,2019,20(7):1028-1049.

⑤　MARCONI F, SIEGMAN A.A day in the life of a journalist in 2027: reporting meets AI[EB/OL]. (2017-12-01)[2023-08-15].https://www.cjr.org/innovations/artificial-intelligence-journalism.php.

⑥　SCHAPALS A K, PORLEZZA C.Assistance or resistance? evaluating the intersection of automated journalism and journalistic role conceptions[J].Media and communication,2020,8(3):16-26.

⑦　DIAKOPOULOS N.Towards a design orientation on algorithms and automation in news production[J]. Digital journalism,2019,7(8):1180-1184.

（公共服务媒体的价值观之一）①和核心价值观（如独立性、多样性和普遍性）的交叉点上，自动化发挥着极其重要的作用。公共服务媒体一般在社会层面（而非经济层面）寻求投资回报，所以它愿意在组织结构、流程、产品等方面不断探索②，这为自动化实践提供了机会。尽管公共服务媒体乐于试验自动化新技术，但自动化创新可能与公共服务媒体的核心价值观相冲突。冲突的 5 个方面是：①平衡范围和独特性；②提供多样化的节目；③保证自动化策略背后的逻辑透明性；④用户主权；⑤与商业中介的关系③。前两个方面与公共服务媒体的内容和服务的算法个性化直接相关。由于个性化可能侵蚀社会凝聚力和公共服务管理的普遍性，"当前的算法没有将公共服务媒体的内容独特性作为一个参数。"④虽然公共服务媒体传统上一直以编辑决策、节目和服务的多样性为目标，但算法建议并不能保障此目标的达成。因此，一些学者呼吁开发一种"公共服务算法，将选择标准缩小到个人偏好，以确保意外收获"⑤。透明性是有关公共服务媒体的问责制和社会责任的另一个传统价值观。公共服务媒体的责任是在编辑决策方面保持透明，但算法设计和应用背后的逻辑往往是保密的，是媒体手中的宝贵资产。上述第 4、5 方面都涉及传播权，这两个方面也与透明性有关。随着自动化程度的加深，用户自由选择内容的权利与公共服务媒体的议程设置能力之间的冲突加剧⑥。公共服务媒体被认为是数字生态系统中的"信任岛"（islands of trust）⑦。按照《通用数据保护条例》的要求，

① FORD H, HUTCHINSON J.Newsbots that mediate journalist and audience relationships[J].Digital journalism,2019,7(8):1013-1031.

② MAZZUCATO M,CONWAY R,MAZZOLI E,et al.Creating and measuring dynamic public value at the BBC:UCL institute for innovation and public purpose(IIPP)[2020]19[A/OL].(2020-12-08)[2023-09-01].https://www.ucl.ac.uk/bartlett/public-purpose/publications/2020/dec/creating-and-measuring-dynamic-public-value-bbc.

③ RODRÍGUEZ-CASTRO M,GONZÁLEZ-TOSAT C.Journalism's cruise control:how can public service media outlets benefit from AI and automation? [C]//García-Orosa B, Pérez-Seijo S, Vizoso Á. Emerging practices in the age of automated digital journalism:models, languages, and storytelling. London:Routledge,2023:93-104.

④ SØRENSEN J K,HUTCHINSON J.Algorithms and public service media[C]//LOWE G F, VAN DEN BULCK H,DONDERS K.Public service media in the networked society.Goteborg:Nordicom,2018:91-106.

⑤ VAN DE BULCK H, MOE H. Public service media, universality, and personalisation through algorithms:mapping strategies and exploring dilemmas[J].Media, culture & society,2018,40(6):875-892.

⑥ SØRENSEN J K,HUTCHINSON J.Algorithms and public service media[C]//LOWE G F, VAN DEN BULCK H,DONDERS K.Public service media in the networked society.Goteborg:Nordicom,2018:91-106.

⑦ SØRENSEN J K, VAN DE BULCK H, KOSTA S.Stop spreading the data:PSM, trust, and third-party services[J].Journal of information policy,2020,10:474-513.

公共服务媒体应该保护他们收集的所有数据的隐私,以透明、独立和可信的方式处理数据①。

　　想象一下,在不久的将来,你是一名记者。你正在做一个故事,为了获得灵感,你要求对话智能体(conversational agent)整合超过 15 个匿名数据库。考虑到融合数据集的大规模和高度复杂性,可视化软件可能无法排除你搜索中产生的异常结果。于是,你的大脑植入物(brain implant)接入(plug into)数据库,让你轻松地浏览数据集。虽然编校过的、单独的数据集能有效保护个人的身份数据,但你可以通过组合数据集推断出一些人的身份。当你打算在新闻中使用这些个人信息时,你让对话智能体运行一个神经网络来确定披露这些信息是否会产生道德或法律影响。此网络进行"n+"模拟,模拟虚拟记者模根据道德准则和监管框架做出不同决策。当它在后台运行时,你设法隔离一些异常值(outliers),并确定几个有趣的趋势。你不想让异常情况仅仅是错误,而是从中发掘出一些可添加到新闻故事中的东西,所以你让对话智能体检查历史档案,看看这些异常情况是否吻合某件(些)重大历史事件。你还让对话智能体运行一个预测模型(predictive model)来计算既定趋势在可预见的未来持续存在的可能性。② 埃迪·博尔赫斯-雷伊与《泰晤士报》(The Times)前数据记者尼古拉·休斯(Nicola Hughes)曾在谈话中提到过这些类似于《少数派报告》(The Minority Report)中的场景。③ 这些场景无一例外强调和环境融为一体的计算概念——普适计算(ubiquitous computing 或 pervasive computing,简称 ubicomp,又称普存计算、普及计算、遍布式计算、泛在计算)。在普适计算的模式下,人们能够在任何时间、任何地点以任何方式进行信息的获取与处理。

　　普适计算的概念出现于 19 世纪末,表示计算可以从台式计算机扩展到周围环境中,并逐渐演变为物联网、可穿戴计算、增强现实、平静计算、普适计算、位置媒体和近距离通信等概念。普适计算的普及得益于大幅提高的计算能力及其不断扩大

① RODRÍGUEZ-CASTRO M,GONZÁLEZ-TOSAT C.Journalism's cruise control:how can public service media outlets benefit from AI and automation? [C]//García-Orosa B, Pérez-Seijo S, Vizoso Á. Emerging practices in the age of automated digital journalism:models, languages, and storytelling. London:Routledge,2023:93-104.

② BORGES-REY E.Journalism with machines? from computational thinking to distributed cognition [EB/OL].(2018-12-01)[2023-08-15].https://datajournalism.com/read/handbook/two/working-with-data/computational-reasoning-at-full-fact-and-urbs-media.

③ BORGES-REY E.Journalism with machines? from computational thinking to distributed cognition [EB/OL].(2018-12-01)[2023-08-15].https://datajournalism.com/read/handbook/two/working-with-data/computational-reasoning-at-full-fact-and-urbs-media.

的应用环境,物理世界和虚拟世界之间的边界变得可渗透(淡薄、模糊)①。普适计算的最初承诺是建立一个由相互连接的处理器组成的无缝系统,它将"把自己编织到日常生活的结构中,直到它们与日常生活无法区分"②,很多关于普适计算的文章据此描述了一个不远的未来——"一个即将到来的未来"③。如同历史上每次重大技术创新对新闻业的影响,人工智能和自动化的发展促使新闻业引入来自计算和数据科学的原则和工作实践,这一方面增强了新闻工作者的能力,另一方面开始修改新闻工作流程和专业思维。正如学者所说:"每个领域的每个公司、每个组织,无论是企业还是公共部门,都必须思考如何围绕人工智能重新定位自己,就像20年前他们必须思考如何围绕网络技术重新定位自己一样。"博尔赫斯-雷伊提议采用分布式认知(distributed cognition)的概念框架探讨普适计算环境中的新闻认知,即当今的新闻认知是如何依赖于(并因此分布于)用于报道新闻的机器的,以及与数据和自动化紧密合作的记者该如何内化一系列计算原则。④

博尔赫斯-雷伊认为,计算思维(computational thinking)在新闻报道中的普适性部分缘于这两种专业实践之间的相似性。在追溯计算概念的历史意义时,彼得·丹宁(Peter J. Denning)和克雷格·马特尔(Craig H. Martell)指出:"计算被认为是评估数学函数所遵循的机械步骤,而计算机相当于进行计算的人。"⑤20世纪80年代,计算与新的科学方法相联系,其重点从机器转移到信息处理。新闻业和计算自此形成了共同的最终目标——管理信息,即策划和简化信息,并以受众喜欢的形式包装它⑥。操作上,计算是公式化的,即采取一系列基于语法的程序性步骤来解决问题,这要求较高的计算思维水平。随着计算成为新闻编辑室的一种常态,越来越多的记者在新闻报道中运用计算思维,以求"能够以新闻流程要求的速度和准确性来解决现代新闻中的诸多问题"⑦。周以真指出:计算思维的本质是

① DOHERTY S.Journalism design:interactive technologies and the future of storytelling[M].Oxford:Routledge,2018:10.
② WEISER M.The computer for the 21ˢᵗ century[J].Scientific American,1991,265(3):94-104.
③ DOURISH P, BELL G.Diving a digital future:mess and mythology in ubiquitous computing[M].Cambridge:MIT Press,2011:23.
④ BORGES-REY E.Journalism with machines? from computational thinking to distributed cognition[EB/OL].(2018-12-01)[2023-08-15].https://datajournalism.com/read/handbook/two/working-with-data/computational-reasoning-at-full-fact-and-urbs-media.
⑤ 丹宁,马特尔.伟大的计算原理[M].罗英伟,等译.北京:机械工业出版社,2017.
⑥ BORGES-REY E.Journalism with machines? from computational thinking to distributed cognition[EB/OL].(2018-12-01)[2023-08-15].https://datajournalism.com/read/handbook/two/working-with-data/computational-reasoning-at-full-fact-and-urbs-media.
⑦ BRADSHAW P.Computational thinking and the next wave of data journalism[EB/OL].(2017-08-03)[2023-08-16].https://onlinejournalismblog.com/2017/08/03/computational-thinking-data-journalism/.

"抽象出超越时间和空间等物理维度的概念"①，以解决问题、设计系统和理解人类行为。自从新闻编辑室引入自动化技术以来，许多编辑室利用算法实现了自动化新闻和"自动化新闻报道"（automated journalism）②。计算思维的融入促使新闻"从描述性故事转向抽象推理、自主研究和可视化的量化事实"，从而赋予记者"互补的、有逻辑的、有关算法的技能、态度和价值观"③。事实上，计算对记者来说并不是一个全新的概念，报道金融、商业、房地产和教育等领域动态的记者常常需要运用抽象的思维方式来理解市场表现、股票回报、家庭净资产等。有趣的是，自动化不仅没把记者从繁重的任务中解放出来，反而引入了一系列新的编辑活动，而且这些活动以前并不是由记者执行的。例如，美联社将图像识别引入其工作流程后，记者和摄影师不得不从事传统上与机器学习相关的任务，这包括为训练数据贴上标签、评估测试结果、纠正元数据和生成概念定义④。记者的工作流程和编辑职责已经发生了转变，他们可能需要填充数据或知识源、配置系统、监督和维护自动化，处理新闻自动化所带来的计算问题，胜任算法新闻制作带来的新的工作类型，只有这些新类型的工作才能充分实现自动化的价值。例如，《华尔街日报》早在五年前就发布了机器学习记者（Machine Learning Journalist）、自动化编辑（Automation Editor）和新兴流程编辑（Emerging Processes Editor）等职位的广告，这些职位都与人工智能和自动化的扩张有关⑤。

这种基础设施的扩张以及随之而来的编辑职责的多样化逐渐形成了一个有趣的悖论：记者遇到的一些工作问题反而需要一台像记者一样思考和行动的机器来解决。这个悖论在新闻自动化的进程中变得越来越普遍。以写一篇新闻报道这种典型的新闻工作为例。记者一直困惑于该如何让计算机按照人类的标准调查或撰写新闻报道。一般来说，记者必须发挥他们的创造力，报道新闻以吸引和/或告知公众，问题是如何让一台机器写出看似人类记者写的新闻。过去 10 年中，记者和

① WING J M.Computational thinking and thinking about computing[J].Philosophical transactions of the royal society A：mathematical，physical and engineering sciences，2008，366：3717.

② MANIOU T A，VEGLIS A. Employing a chatbot for news dissemination during crisis：design，implementation and evaluation[J].Future internet，2020，12(7)：1-14.

③ GYNNILD A. Journalism innovation leads to innovation journalism：the impact of computational exploration on changing mindsets[J].Journalism，2014，15(6)：713-730.

④ BORGES-REY E.Journalism with machines? from computational thinking to distributed cognition [EB/OL].(2018-12-01)［2023-08-15］.https：//datajournalism.com/read/handbook/two/working-with-data/computational-reasoning-at-full-fact-and-urbs-media.

⑤ BORGES-REY E.Journalism with machines? from computational thinking to distributed cognition [EB/OL].(2018-12-01)［2023-08-15］.https：//datajournalism.com/read/handbook/two/working-with-data/computational-reasoning-at-full-fact-and-urbs-media.

技术专家一直在合作,试图解决这个问题。目前,一个通用的解决方法是实施自然语言生成技术(natural language generation,简称 NLG)来自动生成新闻报道[①]。为了让报道更有故事性、语言更加自然友好,这个方法仍然需要人类记者预先规划好一部分的内容和角度。与算法和自动化的新闻制作方法相比,人类记者仍然具有一些基本的竞争优势。正如 JournalismAI 的经理马蒂亚·佩雷蒂(Mattia Peretti)所强调的那样,人工智能应该"不会夺走人类记者的工作"。新闻科技公司 Hearke 的创始人珍妮弗·布兰德尔(Jennifer Brandel)表示,人工智能是冷漠无情的,而人类记者可以带来更多的人文关怀[②]。他们更灵活,更能适应快速变化的世界。他们可以在发现的故事类型以及将这些故事表达为引人入胜的叙事中表现出创造力。而且他们可以访问机器无法数字化的重要信息。因此,算法在新闻领域很少完全自主运行;一些专家估计,目前仅有大约 15% 的记者工作和大约 9% 的编辑工作可以实现自动化[③]。

算法与记者是相辅相成的共生体;当前的人工智能技术依然无法取代记者本身的工作,它只是人类工作的补充,用来提高工作的质量和效率,帮助记者摆脱单调、重复性极高的新闻,让他们能够更加专注于"需要体现人类记者技能"的深度报道中[④]。福特和哈钦森研究新闻机器人如何体现出人工精心设置的痕迹,他们发现人在设计时做出的一系列关键的决策使机器人能够实现与用户的互动,人监控

① BORGES-REY E.Journalism with machines? from computational thinking to distributed cognition [EB/OL].(2018-12-01)[2023-08-15].https://datajournalism.com/read/handbook/two/working-with-data/computational-reasoning-at-full-fact-and-urbs-media.

② 新京报传媒研究.如何应对新闻疲劳? 尼曼实验室 2023 年全球新闻业预测报告[EB/OL].(2023-05-22)[2023-09-18].https://mp.weixin.qq.com/s? __biz=MzA3Mzg3MDczOA==&mid=2653664216&idx=1&sn=a00aea197e29e18a58f9731a1b0a4f36&chksm=84d76f25b3a0e633c0efefe0875d995def6375c3b26cb525b8451471176aad9d2f5bd37fd9fb&mpshare=1&scene=1&srcid=0523w9eXcT7XIdKQUkzLyxqw&sharer_sharetime=1684817191746&sharer_shareid=0a9ac563e4dedc8f76da29150a917661&exportkey=n_ChQIAhIQLetQF%2BVIB5fnLbf4SkmiJhKZAgIE97dBBAEAAAAAAAbdiFILIG34AAAAOpnltbLcz9gKNyK89dVj08i5nr9Oy6xqzRCpB%2FIkTFrnu%2FTzFtvbHngyQcucs0cPAO1%2FCasrccGJjWYFw38wEKKlSFl1wYh9L75x27q1XVwPAY70z5yljd1U4pTfwxgTnMTyKEueRAJJN% 2BlOFU5%2Fo4h4dSPLOeDud3wyzUNNZHDTvrJobd820zht2sn14H3JV2hytSemgxh0zVeeXm6WD90kq24L%2B2lvEH0yLur%2F7f7cPYok4vHtYrXxZlE7X2mVlGSZFyNiFjmV%2FwnjJ9sRuM6GdomtSIpfPN5xOHdStHnp9lE5%2Br2weYHjXQiPIlhyjoAscVk2pqc8aH3% 2B6QRleV7Ym&acctmode=0&pass_ticket=s4jy8Ynus%2FU27Nb0zMl%2BQdCI3XPmrNzxgmnOnvgCCDA5M44E% 2F5IV39iBKWw8NoQE&wx_header=0♯rd.

③ MANYIKA J,CHUI M,MIREMADI M,et al.Harnessing automation for a future that works [EB/OL].(2017-01-12)[2023-09-01].https://www. mckinsey. com/featured-insights/digital-disruption/harnessing-automation-for-a-future-that-works.

④ DIAKOPOULOS N. Algorithmic accountability:journalistic investigation of computational power structures[J].Digital journalism,2015,3(3):398-415.

和监督机器人以确保高质量输出①，BBC 甚至推出"机器人开发制作人"（bot development producer）这一新的职位②。以记者和机器人合写稿件的"雷达"计划（Reporters And Data And Robots，RADAR）为例。记者先给犯罪、健康、就业等英国本地的热门话题写好详细的报道模板，再由 Urbs Media 公司开发的自动化软件 Radar 从政府和咨询机构公开的城市公共数据库里采集不同地区的信息，并将信息填入模板中空白的地方，经人类编辑润色后实现每篇文章的本地化。在人工智能的帮助下，此计划每月能产出 3 万篇本地新闻，提高了地方新闻的制作速度和规模。此外，许多媒体受制于人力和财力，通常疏于报道较小的地区和城镇，而用人工智能采编的新闻能够覆盖到这些地方，并节约媒体的开支。

　　人工智能的有效应用迫使记者重新解构（decode）和再建构（recode）新闻的写作过程。他们的目标不再是判断哪一次采访能更好地证实一个论点，或者哪些词能构成一个更强有力的标题；而是哪种条件语句的配置能更有效地让系统自动决定哪个标题能更好地吸引其所在新闻机构的受众。他们必须基于人机交互和用户体验设计的原则，预测用户想要参与自动化信息体验的方式、浏览不同信息层的潜在方式以及新闻报道的范围。新闻业和机器在混合工作流程中的协同工作继而提出一个核心问题：人类该如何继续对算法施加控制。自动化系统中的控制通常是有限和间接的，依靠元数据进行调解可能会让习惯于点击式互动的人感到沮丧，因为在这种互动中，一个动作就会对结果产生直接和可见的影响。如果不能提供直接控制，开发者可能会求助于"游戏"算法，让它做他们想做的事③。其中的诸多挑战可以归结为人机交互问题，这是新闻学者在研究混合工作流程如何影响新闻实践时应该进一步参与和合作的领域。

　　近十年来，算法生成的（algorithmically generated）新闻文章已经发布在金融、体育、天气和其他可以获得结构化数据的领域④。由于 ChatGPT、谷歌 Bard、微软 NewBing 等产品的技术基础是能够生成叙事文本的大语言模型⑤，如今这类文章不再使用基于模板的直接方法（template-based approaches）——从结构化数据中

① FORD H，HUTCHINSON J. Newsbots that mediate journalist and audience relationships［J］. Digital journalism，2019，7（8）：1013-1031.
② JONES B，JONES R. Public service chatbots：automating conversation with BBC News［J］. Digital journalism，2019，7：1032-1053.
③ JONES R，JONES B. Atomising the news：the（in）flexibility of structured journalism［J］. Digital journalism，2019，7（8）：1157-1179.
④ DIAKOPOULOS N. Algorithmic accountability：journalistic investigation of computational power structures［J］. Digital journalism，2015，3（3）：398-415.
⑤ 腾讯研究院. 拐点时刻？AIGC 时代的新闻业［EB/OL］.（2023-08-29）［2023-09-18］. https://new.qq. com/rain/a/20230829A07GRX00.

生成文本,生成式人工智能正被用于撰写内容更为充实的文章草稿,并可以通过设置提示生成特定风格的新闻报道。2022年3月起,阿根廷媒体《华普日报》(*Diario Huarpe*)使用"联合机器人"(United Robots)公司开发的聊天机器人程序来制作自动化足球新闻。通过前期的数据训练和语言模型输入,机器人程序生成不同角度、不同风格的详细报道。目前,该报每个月通过机器人程序发布约250篇足球新闻,而一名专业体育记者每月的报道量仅约100篇①。2023年5月24日,《华盛顿邮报》甚至宣布成立跨部门人工智能协同机制,它包括战略决策团队AITaskforce和执行团队AIHub,旨在更好地适应有关人工智能的创新实践。2023年2月,国内的百余家媒体机构(如澎湃新闻、封面新闻、上游新闻)也宣布引入生成式人工智能产品。同年6月,腾讯研究院在围绕"ChatGPT对新闻业的影响"的调研中发现,80%的国内新闻从业人员使用过ChatGPT或类似产品,其中超过一半(56%)的受访者认为ChatGPT(或类似产品)对自己的工作带来了实际帮助②。2020年,《卫报》发表了一篇由运行ChatGPT的自然语言处理引擎GPT-3撰写的文章。《卫报》编辑部向GPT-3文本生成器下达指令,请其撰写1篇500字左右的专栏文章,以"人们为何不必惧怕人工智能"为题,要求用词简洁明了。GPT-3在文中强调人工智能"只是一组代码",用来为人类服务,人类应给予机器更多信任③。

2022年10月27日,美国科技新闻网站CNET的金融栏目④出现了一位名为"CNET Money Staff"的"记者"。11月11日,这位"记者"一下子发布了15篇文章。在接下来的几个月,它在网站上陆续发布了共70余篇文章,约占11月以来CNET所有发表内容的百分之一。这些稿件的形式虽然过于刻板,表面上却与人类记者的作品没有太大区别。然而,一位名叫盖尔·布雷顿(Gael Bretton)的营销主管发觉其中异样,他声称"这些新闻可能并非真人所写,而是由人工智能生成"。作为回应,CNET随后删去"CNET Money Staff"中的"员工(staff)"一词,称其为"负责任的机器合作伙伴"(Responsible AI Machine Partner,简称RAMP),并更新作者说明——"'CNET Money'署名的内容虽然是由人工智能引擎创建草稿,却是经过工作人员校审、核实和编辑才能发表"(见图7-1)。CNET承认这只是一个

---

① 清华全球传播.聊天机器人与新闻传播的全链条再造[EB/OL].(2023-02-06)[2023-09-18].https://c.m.163.com/news/a/HSTKTIJK05259M1U.html? from = wap _ redirect&spss = adap _ pc&referFrom = &spssid=8d02d976b902f18710a180d478269546&spsw=1&isFromH5Share=article.
② 腾讯研究院.拐点时刻? AIGC时代的新闻业[EB/OL].(2023-08-29)[2023-09-18].https://new.qq.com/rain/a/20230829A07GRX00.
③ 科技生活快报.人工智能GPT-3为《卫报》撰文称机器人需要权利[EB/OL].(2022-09-10)[2023-08-30].https://baijiahao.baidu.com/s? id=1677441365800456125&wfr=spider&for=pc.
④ CNET Money官网:https://www.cnet.com/profiles/cnet%20money/.

"实验",以检视人工智能技术"能否帮助记者和编辑分析数据、创建大纲和生成解释性内容"①。CNET 的母公司 Red Ventures 还在其他品牌和网站上部署人工智能系统(包括 Bankrate、CreditCards)。2023 年 2 月,《男士杂志》(*Men's Journal*)也效仿了这种做法,其人工智能生成且经过人工编辑的文章附有如下免责声明:"本文是对男士健身专家建议的整理,其生产流程的各阶段结合了 OpenAI 的大语言模型,在检索时使用了深度学习(deep-learning)工具。"②这些文章的目标是提供建议、讨论主观的主题思想,或者为受众提供个性化的互动内容,通过 OpenAI 创建个性化故事来增加互动性(如 BuzzFeed)。据《华尔街日报》报道,2023 年 1 月,美国新闻网站 BuzzFeed 在一份致员工的备忘录中宣布,它将与 OpenAI 合作,对内容进行个性化设置,并改进"Quizzes"功能。2 月 14 日,BuzzFeed 推出人工智能作答的测试栏目"Infinity Quizzes",并表示将使用生成式人工智能编写测试类内容,以替代部分人力③。全球首个完全由人工智能生成新闻报道的平台 NewsGPT④ 也已经上线。根据声明,该网站没有人工记者,而是由 NewsGPT 实时扫描、分析世界各地的新闻来源(包括社交媒体、新闻网站等),并创建新闻报道和报告。其创始人声称,NewsGPT"不受广告主、个人观点的影响",全天候提供"可靠的"新闻⑤。

然而,这些例子也反映出新闻业应用生成式人工智能的潜在风险:①生成式人工智能尚不具备共情、思考、常识判断等基础能力,其生成的内容可读性一般,更像是说明文,并不能真正用于深度报道的撰写。生成式人工智能的回答相关性取决于问题的深度和具体性,即提示越浅,越有可能收到不确定或无根据的答案⑥。许多任务太复杂,以致生成式人工智能无法一次性完成,只能将其分解成更小的问题

———————————

①　金磊.AI 偷偷写新闻 70 多篇,数月后才被人发现[EB/OL].(2023-01-17)[2023-09-13].https://baijiahao.baidu.com/s? id=1755251845763954281&wfr=spider&for=pc.

②　BRUELL A.Sports illustrated publisher taps AI to generate articles,story ideas[EB/OL].(2023-02-03)[2023-09-13]. https://www. wsj. com/articles/sports-illustrated-publisher-taps-ai-to-generate-articles-story-ideas-11675428443.

③　Enigma.ChatGPT 和其类似的 AI 技术已进入这些行业[EB/OL].(2023-02-15)[2023-09-13].https://xnews.jin10.com/details/106707.

④　NewsGPT 官网:https://newsgpt.com/.

⑤　腾讯研究院.拐点时刻? AIGC 时代的新闻业[EB/OL].(2023-08-29)[2023-09-18].https://new.qq.com/rain/a/20230829A07GRX00.

⑥　GONDWE G.CHATGPT and the global south:how are journalists in sub-saharan africa engaging with generative AI? [J].Online media and global communication,2023,2(2):228-249.

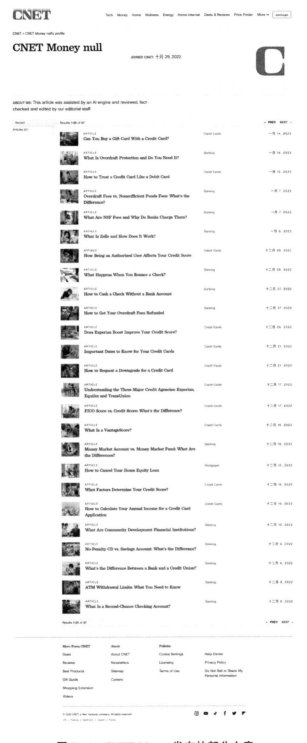

图 7 - 1　CNET Money 发布的部分文章

后串联起来①。对于事件的深入挖掘及背景信息的补充,仍然需要人类记者深入现场,进行一手的采访和调查。②生成式人工智能的技术原理是大模型,由海量现有数据组成的数据集构成了模型的训练样本,但这些信息源往往鱼龙混杂。此外,一个现象或事件的影响时间越长,相关内容就越多,就越容易被抓取和汇集到人工智能生成的内容中。同理,某些新闻人物和新闻事件,如果具有更高的知名度,也就更容易被人工智能抓取和再次呈现,因而可能会形成"信息极化"效应,并形成由人工智能制造的"信息茧房"。基于本地内容的文本量通常较小,即便纳入训练数据集,也容易被其他类型的信息淹没,因而生成式人工智能在本地化内容生成方面表现欠佳。对于专业媒体而言,其发布的新闻报道既要对读者负责,又要为机构声誉负责,而新闻专业主义强调的真实性、公共性等既有理念目前无法作为一串提示词转化成 ChatGPT 所能理解的"语言"。腾讯研究院的调研结果显示,仅有 38.1%的新闻媒体机构正在积极使用像 ChatGPT 这样的生成式人工智能工具②。信息抓取过程本身还涉及法律和道德问题,比如,生成式人工智能抓取网络内容作为训练数据集是否符合法律要求? 被抓取内容的主体(特别是记者等内容创作者)是否该得到经济补偿? 这些都仍是未知数。③生成式人工智能可能因抽象概括而产生"幻觉"(hallucinations)和提供错误信息③。"幻觉"一词源于心理学上的精神疾病"虚构症"(Confabulation),是指个体因担心对方失望或避免显得自己愚蠢而编造问题的答案④。如果遇到训练数据集没有涉及的问题或者数据集有误的情况,大语言模型的回答同样不一定符合事实和提示,也许会增加传播错误信息和刻板印象的可能性⑤。比如,ChatGPT 倾向于以负面的方式描绘非洲国家及其领导人,与他们有关的问题往往以暗示贫困、疾病或腐败的轶事结尾⑥。可见,人工智能技术

① JIANG E,OLSON K,TOH E,et al.Promptmaker:prompt-based prototyping with large language models [C]//2022 CHI Conference on Human Factors in Computing Systems.New York:ACM Press,2022:1-8.

② 腾讯研究院.拐点时刻? AIGC 时代的新闻业[EB/OL].(2023-08-29)[2023-09-18].https://new.qq.com/rain/a/20230829A07GRX00.

③ BROWN T,MANN B,RYDER N,et al.Language models are few-shot learners[C]//Larochelle H,Ranzato M,Hadsell R.Advances in neural information processing systems.Vancouver:Curran Associates,2020:1877-1901.

④ 腾讯研究院.拐点时刻? AIGC 时代的新闻业[EB/OL].(2023-08-29)[2023-09-18].https://new.qq.com/rain/a/20230829A07GRX00.

⑤ ALI W,HASSOUN M.Artificial intelligence and automated journalism:contemporary challenges and new opportunities[J].International journal of media,journalism,and mass communications,2019,5(1):40-49.

⑥ GONDWE G.CHATGPT and the global south:how are journalists in sub-saharan africa engaging with generative AI? online media and global communication,2023,2(2):228-249.

必须考虑西方以外的多样环境,因为其输出的质量不仅取决于西方提供的数据质量,还取决于来自世界其他地区的贡献。同时,生成式人工智能的模型在设计时没有区分准确和不准确信息的内在能力,缺乏基本的常识和判断能力,因而无法意识到给出的答案是错误的。CNET 的编辑审查了所有已发表的人工智能技术生成的文章,他们发现约一半的文章含有错误信息。名为"未来主义"(Futurism)的科技网站指出,这些都是"非常愚蠢的错误",比如,不完整的公司名称,换位的数字和不准确的措辞①。为此,CNET 在人工智能技术生成的部分文章中附加更正通知,并承诺提高透明度和更严格的抄袭检查②。如果将其应用于新闻报道,就需要匹配人工校对和核查,这反而增加了人类的工作量。特别是当记者不熟悉原文或模型生成引用时,大语言模型的回答可能导致过度的依赖和不必要的信任。撒哈拉以南非洲的大多数记者都在兼职,并且在异常艰苦的条件下工作,对生存的追求往往会削弱他们对工作的投入,从而导致他们在核查事实时做出务实的妥协或者过于依赖消息来源③,大语言模型的回答可能会进一步降低他们报道准确和可信信息的可能性④。研究表明,人工智能可以输出与现有文本相似的回应,使个人更容易生成非原创的作品,从而招致抄袭嫌疑。尽管关于生成式人工智能与记者抄袭之间的关系的研究很少,但现有研究表明记者可能利用这种工具生成没有恰当归属的文章⑤。尽管 CNET 和《男士杂志》的出版商皆声称其人工智能技术生成的报道经过人工审核,但这些文章仍存在大量的事实错误和明显的抄袭⑥。一般来说,纠正幻觉的技术工作⑦正围绕以下几个方面展开:在内容发现和意义建构的初始阶段,记者在多大程度上并以何种方式检查大语言模型的输出? 出现幻觉的风险有多大? 什么样的文字免责声明可以减少(或增加)记者对大语言模型回答的依赖? 用视觉或图形表示回答中的不确定性是否会影响信任度? 在有限时间内,记者如

① LANDYMORE F.CNET is quietly publishing entire articles generated by AI[EB/OL].(2023-01-16)[2023-09-13].https://futurism.com/the-byte/cnet-publishing-articles-by-ai.

② CHRISTIAN J.CNET's article-writing AI is already publishing very dumb errors [EB/OL].(2023-01-16)[2023-09-13].https://futurism.com/cnet-ai-errors.

③ BARNOY A,REICH Z.The when,why,how and so-what of verifications[J].Journalism studies,2019,20(16):2312-2330.

④ HANITZSCH T. Deconstructing journalism culture:toward a universal theory[J]. Communication theory,2007,17(4):367-385.

⑤ BLACH-ØRSTEN M,HARTLEY J M,WITTCHEN M B.A matter of trust:plagiarism,fake sources,and paradigm repair in the Danish news media[J].Journalism studies,2018,19(13):1889-1898.

⑥ CHRISTIAN J.CNET's article-writing AI is already publishing very dumb errors [EB/OL].(2023-01-16)[2023-09-13].https://futurism.com/cnet-ai-errors.

⑦ JI Z W,LEE N,FRIESKE R,et al.Survey of hallucination in natural language generation[J].ACM computing surveys,2022,55(12):1-38.

何在不同交互范式(如查询、预先计算的摘要)所提供的相对自由的实验之间做出权衡?这个阶段中的模型偏差(model bias)①如何与新闻客观性相互作用?GPT-4与其前身相比,在准确性上有所提高,但仍有可能产生幻觉②,需要人类来引导和纠正它,做它还做不到的事情。事实上,腾讯研究院的调研结果表明,大部分(81.9%)媒体机构都没有出台 ChatGPT 等工具的使用规范和指导方针③。④生成式人工智能难以控制。文本提示(prompting with text)是文本、图像和代码生成的主要界面,这导致很难优化和迭代输出。即使这可以在类似聊天的环境中通过重新提示来完成,也很难用语言来解释到底哪里出了问题以及如何解决。

协作写作只是新闻制作活动之一。新闻制作是指开发一个故事所涉及的活动,包括写作和编辑的迭代过程,以及广告和发行的素材创作④。在这个过程中,记者将选择报道形式,以某些新闻价值为中心,采访消息来源,接受编辑反馈等。生成式人工智能不仅在文字生成方面能力出色,还具备多模态内容生成能力,借助 Midjourney 等工具以实现文本生图片、文本生音视频、文本生 3D 内容等。新闻孜孜以求的"媒介融合"和"全媒体记者"现因生成式人工智能的出现而迎来新的希望。《纽约时报》的 11 人团队花费 25 万美元和 6 个月才制作完成的融媒体专题《雪崩》,现在可凭借人工智能的多模态生成能力而极大地降低生产成本和门槛。在国内,成都每日经济新闻社于 2022 年推出的"雨燕智宣"实现了从文字创作到媒资智能匹配、短视频自动生成、多平台一键分发的全流程人工智能化,还相继在第 19 届中国(深圳)国际文化产业博览交易会、第 25 届上海国际电影节、2023 年 6 月召开的中国经济传媒大会上亮相,被认为是大幅提升媒体新闻资讯视频生产能力的重要标志⑤。此外,ChatGPT 的即时互动能力有助于开发融入新闻报道的对话机器人,这类机器人会即时回答用户的提问,并且根据数据资料提供补充信息。这可能衍生出一种"生成式人工智能交互新闻"的内容形式,侧重与用户互动,通过不断的提问与回答,呈现完整的新闻图景。生成式人工智能还能优化"虚拟主播"等

① DEUZE M. What is journalism?: professional identity and ideology of journalists reconsidered[J]. Journalism,2005,6(4):442-464.
② WANG S, MENON S, LONG T, et al. ReelFramer: co-creating news reels on social media with generative AI[EB/OL].(2023-04-19)[2023-08-30].https://arxiv.org/abs/2304.09653v1.
③ 腾讯研究院.拐点时刻? AIGC 时代的新闻业[EB/OL].(2023-08-29)[2023-09-18].https://new.qq.com/rain/a/20230829A07GRX00.
④ NISHAL S,DIAKOPOULOS N.Envisioning the applications and implications of generative AI for news media[C]//CHI Workshop on Generative AI and HCI.New York:ACM Press,2023:1-7.
⑤ 每日经济新闻.从 AI 战略到全平台内容传播矩阵:每日经济新闻连续两年获颁中国报业深度融合发展创新案例[EB/OL].(2023-06-27)[2023-08-30].https://baijiahao.baidu.com/s? id = 1769817518584228536&wfr=spider&for=pc.

技术形态,以求更好地呈现新闻①。

一系列个人、结构和文化因素影响着这些活动:记者的自我认知角色(如核实、传播)、他们的规范意识(normative ideologies)、新闻机构的市场导向②。生成式人工智能能够对人类撰写的文本提出编辑建议,并加以解释,以提高文本的流畅性或连贯性③。它还可以响应特定的人类指令或计划④。然而,机器不能总是增强文本背后的直觉、世界观和价值观。当用于更复杂的写作时,机器可能支持或破坏特定的新闻观点和价值观⑤。换言之,人工智能写作支持系统既可以提出新观点来帮助记者保持公正和原创,也可以将训练数据中的偏见强加给他们来削弱他们的直觉。潜在影响的双重性表明,人工智能写作支持系统的界面应该为其建议提供解释,这样才能让记者了解这些建议的产生缘由,以及这些建议如何与他们自己的价值排序相互作用⑥。与记者合作设计写作支持系统以主动支持特定价值观也是可以尝试的,例如,微调模型以检测和显示源文件或写作中的超党派倾向(hyper-partisan orientation),从而支持客观性和公正性等目标⑦。然而,这可能导致大量的提示工程(prompt engineering)和写作评估进入工作流程而降低效率。鉴于记者可能拒绝生成模型的输出⑧,界面可以说明编辑建议的不确定性和可行性⑨。新

① 腾讯研究院.拐点时刻? AIGC 时代的新闻业[EB/OL].(2023-08-29)[2023-09-18].https://new.qq.com/rain/a/20230829A07GRX00.

② ALLERN S.Journalistic and commercial news values:news organizations as patrons of an institution and market actors[J].Nordicom review,2002,23(1-2):137-152.

③ NISHAL S,DIAKOPOULOS N.Envisioning the applications and implications of generative AI for news media[C]//CHI Workshop on Generative AI and HCI.New York:ACM Press,2023:1-7.

④ DU W,KIM Z M,RAHEJA V,et al.Read,revise,repeat:a system demonstration for human-in-the-loop iterative text revision[C]//Proceedings of the First Workshop on Intelligent and Interactive Writing Assistants(In2Writing 2022).Dublin:Association for Computational Linguistics,2022:96-108.

⑤ KOMATSU T,LOPEZ M G,MAKRI S,et al.AI should embody our values:investigating journalistic values to inform AI technology design[C]//Proceedings of 11th Nordic Conference on Human-Computer Interaction:Shaping Experiences,Shaping Society.New York:ACM Press,2020:1-13.

⑥ ABDUL A,VERMEULEN J,WANG D,et al.Trends and trajectories for explainable,accountable and intelligible systems:an HCI research agenda[C]//Proceedings of 2018 CHI Conference on Human Factors in Computing Systems.New York:ACM Press,2018:1-18.

⑦ KOMATSU T,LOPEZ M G,MAKRI S,et al.AI should embody our values:investigating journalistic values to inform AI technology design[C]//Proceedings of 11th Nordic Conference on Human-Computer Interaction:Shaping Experiences,Shaping Society.New York:ACM Press,2020:1-13.

⑧ HOWE P,ROBERTSON C,GRACE L,et al.Exploring reporter-desired features for an AI-generated legislative news tip sheet[J].International symposium on online journalism,2022,12(1):17-43.

⑨ ALAMMAR J.Ecco:an open source library for the explainability of transformer language models[C]//Proceedings of 59th Annual Meeting of the Association for Computational Linguistics and 11th International Joint Conference on Natural Language Processing:System Demonstrations.New York:Association for Computational Linguistics,2021:249-257.

闻写作服务于各种各样的角色新闻业对"新闻价值"的评估是高度语境化的决策，即对于目标用户而言，一篇报道是否具有某些新闻价值（如争议性、令人惊讶或新颖性）①。基于这些视角设计提示很重要，这样才能使大语言模型的输出与新闻价值相一致。在特定报道领域（如科学、法律、政策），对提示进行人工评估也有助于确定生成式人工智能在特定环境中的应用能力②。

与新闻制作同等重要的是新闻采集、分发和商业模式。其中，新闻采集是指记者从个人社交网络、新闻稿、行政文件等来源初步发现新闻，经审查和推理来确定最初的线索是否适合发展成一个新闻故事③。美联社 2022 年的一份报告总结了100 多家美国新闻编辑室对人工智能及其相关技术应用的见解。该报告强调，生成式人工智能目前不能取代现有的新闻采集和制作过程，却能对它们进行补充④。迪莫普洛斯在博文《新闻编辑室里的生成式人工智能》（*Generative AI in the Newsroom*）中进一步指出，生成式人工智能目前在新闻业的主要应用方式有：①内容发现（content discovery）；②文档分析（document analysis）；③头脑风暴（brainstorming）；④总结（summarizing）；⑤评论审核（comment moderation）；⑥内容转换（content transformation）⑤。用于新闻采集的最新算法通过统计评估线索的"新闻价值"（news worthiness）和自动检测异常现象来挖掘故事⑥，还提出基于线索的潜在框架和叙述来构建意义⑦。报告中的受访者表示，希望人工智能从结构化数据集（如法院记录、警方记录）和非结构化数据集（如立法文件、消费者报告）中发掘故事。鉴于大语言模型有限的数学统计能力⑧，这些模型主要用于从非

① HARCUP T，O'NEILL D.What is News?：news values revisited（Again）[J].Journalism studies，2017，18（12）：1470-1488.

② NISHAL S，DIAKOPOULOS N.Envisioning the applications and implications of generative AI for news media[C]//CHI Workshop on Generative AI and HCI.New York：ACM Press，2023：1-7.

③ REICH Z.The process model of news initiative：sources lead first，reporters thereafter[J].Journalism studies，2006，7（4）：497-514.

④ RINEHART A，KUNG E.Artificial intelligence in local news：a survey of US newsrooms' AI readiness [EB/OL].（2022-03-01）[2023-09-01].https：//www.researchgate.net/publication/363475725_Artificial _Intelligence_in_Local_News_A_survey_of_US_newsrooms%27_AI_readiness? channel＝doi&linkId＝631e6d85873eca0c007d0e91&showFulltext＝true#fullTextFileContent.

⑤ DIAKOPOULOS N.Generative AI in the newsroom[EB/OL].（2023-07-18）[2023-08-30].https：//generative-ai-newsroom.com/.

⑥ DIAKOPOULOS N，TRIELLI D，LEE G.Towards understanding and supporting journalistic practices using semi-automated news discovery tools[C]//Proceedings of ACM on Human-Computer Interaction. New York：ACM Press，2021：1-30.

⑦ FRANKS S，WELLS R，MAIDEN N，et al.Using computational tools to support journalists' creativity [J].Journalism，2021，23（9）：1881-1899.

⑧ FRIEDER S，PINCHETTI L，GRIFFITHS R R，et al.Mathematical capabilities of ChatGPT[EB/OL]. （2023-07-20）[2023-08-30].https：//arxiv.org/abs/2301.13867.

结构化数据集和文本文档中发现故事和建构意义。为了更快地发现和评估有新闻价值的信息,大语言模型可用于提取非结构化文本并形成摘要,尤其是对于复杂和专业术语较多的文档。这些活动可以用以下两种方式进行:①生成预计算(pre-computed)文本作为初始摘要(initial summary),或者从一组预制的潜在提示及其输出中选择,这些提示是技术专家经过大量实验设计的,它们包括提示显示摘要、设定文本的"新闻价值"角度或者检索与文本主题相似的过往新闻报道。②通过与聊天机器人互动来询问有关某个文件的具体问题,必要时请求引用、澄清甚至反驳此文件的主张。记者初次接触某线索时,可以用大语言模型帮助构思,他们精心设计提示,明确摘要所需的特征(例如,简短、有条理或更高级别的简洁性),并且进行人工监督,以确保事实的真实性,个性化的输出结果将更好地满足记者的需求,对某些报道形式(如体育赛事的简短摘要)的帮助可能会远超其他形式(如长篇专题报道)。在特定报道领域(如科学、法律、政策),对提示进行人工评估也有助于确定生成式人工智能在特定环境中的应用能力①。人们不仅建立系统来训练大语言模型的这些原始能力,还在此基础上扩展升级。比如,AngleKindling 处理新闻稿,帮助记者"读懂字里行间",找到隐藏在正面语言和模糊承诺背后的故事角度。Opal是一个创建新闻插图的交互式系统,它根据标题建议主题和艺术风格,并使用文本到图像生成技术来创建图像②。ReelFramer 是一个内容转换工具,它以其他系统的头脑风暴和多模态特性(multimodal features)为基础,帮助探索构思过程中的不同叙事框架③。

事件的新闻价值并不是与生俱来的,也不是记者个人的灵感迸发,而是高度语境化的决策,也就是由记者根据周围环境产生和阐述的④,是处于新闻场域的多方力量博弈平衡的产物:①这是新闻媒体机构化运作的结果;②对于目标用户而言,一篇报道是否具有某些新闻价值(如争议性、令人惊讶或新颖性)⑤。基于这两个方面的设计提示很重要,这样才能使大语言模型的输出与新闻价值相一致。现实

① NISHAL S, DIAKOPOULOS N.Envisioning the applications and implications of generative AI for news media[C]//CHI Workshop on Generative AI and HCI.New York:ACM Press,2023:1-7.
② LIU V, QIAO H, CHILTON L. Opal:multimodal image generation for news illustration [C]// Proceedings of 35th Annual ACM Symposium on User Interface Software and Technology.New York: ACM Press,2022:1-17.
③ WANG S, MENON S, LONG T, et al. ReelFramer:co-creating news reels on social media with generative AI[EB/OL].(2023-04-19)[2023-08-30].https://arxiv.org/abs/2304.09653v1.
④ LESTER M.Generating newsworthiness:the interpretive construction of public events[J].American sociological review,1980,45(6):984-994.
⑤ OUYANG L, WU J, JIANG X, et al. Training language models to follow instructions with human feedback[EB/OL].(2022-03-04)[2023-09-13].https://arxiv.org/abs/2203.02155.

中,这意味着写作支持系统的界面必须为记者提供更大的自主权和更高的透明度,以便他们从生成式人工智能获得他们想要讲述的故事的支持时,能够充分地了解情况并更好地进行控制。可见,生成式人工智能特别适合涉及人类指导和反馈的交互范式①。新闻编辑室使用和评估生成式人工智能时,必须与记者、编辑和其他参与者合作,开展具有包容性和价值敏感性的设计过程。然而,文本生成模型会记住并泄露训练数据中的敏感信息②。OpenAI 对其模型的政策明确指出,用户输入的提示可用于改善未来的模型性能。如果记者用机密数据或文档提示 ChatGPT,这可能会妨碍文本摘要等基本应用③。此外,用户尝试不同的提示以获得他们想要的结果,大量的实验可能导致生成式人工智能价格上涨④。小规模的新闻编辑室通常缺乏构建和维护生成式人工智能工具的专家,成本的增加会阻碍这些机构使用此类工具⑤。

随着人工智能生成内容的推广,新闻分发将面临重大冲击。在数字时代,在线新闻媒体的很大一部分流量源于搜索引擎,而生成式人工智能正逐渐成为搜索引擎的主要信源。比如,微软的 Bing 浏览器整合了 ChatGPT,升级为 NewBing;谷歌也宣布在其搜索结果中将优先显示人工智能(如旗下的 Bard)生成的内容。截至 2023 年 3 月,Bard 仅提供基本答案和摘要,但并未附上新闻来源链接。当搜索引擎将更多流量分配给人工智能生成的结果时,更为深度的新闻报道将无人问津。由于越来越多的用户直接从搜索页面获取所需内容,而不再点击进入新闻媒体的主页,新闻媒体的广告收入和订阅收入都将大幅减少。当人工智能生成的内容涌入社交媒体时,类似"新闻 bot 账号"的出现也会夺走用户的注意力,用户倾向于选择更快获取、易得的新闻摘要,从而影响新闻媒体内容的曝光⑥。

① DU W,KIM Z M,RAHEJA V,et al.Read,revise,repeat:a system demonstration for human-in-the-loop iterative text revision[C]//Proceedings of the First Workshop on Intelligent and Interactive Writing Assistants(In2Writing 2022).Dublin:Association for Computational Linguistics,2022:96-108.
② CARLINI N,TRAMER F,WALLACE E,et al.Extracting training data from large language models [EB/OL].(2021-06-15)[2023-09-13].https://arxiv.org/abs/2012.07805.
③ ELIOT L.Generative AI ChatGPT can disturbingly gobble up your private and confidential data, forewarns AI ethics and AI law[EB/OL].(2023-01-27)[2023-09-13].https://www.forbes.com/sites/lanceeliot/2023/01/27/generative-ai-chatgpt-can-disturbingly-gobble-up-your-private-and-confidential-data-forewarns-ai-ethics-and-ai-law/.
④ PRUTHI D,DHINGRA B,LIPTON Z C.Combating adversarial misspellings with robust word recognition[EB/OL].(2019-08-29)[2023-09-13].https://arxiv.org/abs/1905.11268.
⑤ NISHAL S,DIAKOPOULOS N.Envisioning the applications and implications of generative AI for news media[C]//CHI Workshop on Generative AI and HCI.New York:ACM Press,2023:1-7.
⑥ 腾讯研究院.拐点时刻? AIGC 时代的新闻业[EB/OL].(2023-08-29)[2023-09-18].https://new.qq.com/rain/a/20230829A07GRX00.

创造力扩展(extended creativity)是指"创造智力的相关思考和思想的物质载体在空间上分布于大脑、身体和世界"①。这个概念解释了记者的认知转变与跨越了 Python 库(libraries)、Jupyter Notebooks、数据集、数据分析工具和在线平台的一系列自动化密切相关②。随着普适计算的发展,人类的认知正(将)"扩散到大脑、非神经体……以及由物体、工具、其他人工制品、文本、个人、群体和/或社会/制度结构组成的环境"③。当记者使用各种软硬件来增强自身快速生产大量新闻的能力时,他们的计算思维因频繁使用计算动力学(computational dynamics)而变得标准化,这有助于他们的认知在使用的软硬件中分布开来,并得到获取人类知识的无限机会。然而,这种可移植知识和分布式认知的观点产生了一个问题,即新闻权威和控制会随着新闻知识的传播而转移到使用的工具和平台上吗? 谁拥有和管理记者访问知识财富和获得"自由"分析能力的权利? 谁使新闻业的分布式认知(journalistic distributed cognition)成为可能? 这些问题在谷歌关闭其数据可视化在线工具"谷歌融合"时就已经出现。一旦失去谷歌公司的支持,用该工具开发的数十个新闻项目就变得不再可用。分布(distribution)改变了记者对自己的惯例和职业文化的控制,从而影响了他们的认识论权威(epistemological authority)。展望未来,一旦记者开始将重要的道德考量和决策委托给机器,分发就可能产生一系列相关风险。因此,如果要在数据和自动化时代保持新闻业的理念基石,他们用来传播认知的基础设施就必须是开放的,并接受公众的监督④。上述讨论可归纳为两个方面:①新闻价值观在技术中的角色;②人类和机器在新闻工作流程中的混合方式。为了在这些方面取得学术和实践的进展,迪莫普洛斯认为新闻学研究应该建立一个面向新闻技术的设计方向,并制定严格的评估标准和指标⑤。

为了追求负责任的人工智能,其应用的每个阶段都需要人类的主体性⑥,随着

① WHEELER M.Talking about more than heads:the embodied,embedded and extended creative mind [C]//GAUT B,KIERAN M.Creativity and philosophy.London:Routledge,2018:230-250.
② BORGES-REY E.Journalism with machines? from computational thinking to distributed cognition [EB/OL].(2018-12-01)[2023-08-15].https://datajournalism.com/read/handbook/two/working-with-data/computational-reasoning-at-full-fact-and-urbs-media.
③ WHEELER M.Talking about more than heads:the embodied,embedded and extended creative mind [C]//GAUT B,KIERAN M.Creativity and philosophy.London:Routledge,2018:230-250.
④ BORGES-REY E.Journalism with machines? from computational thinking to distributed cognition [EB/OL].(2018-12-01)[2023-08-15].https://datajournalism.com/read/handbook/two/working-with-data/computational-reasoning-at-full-fact-and-urbs-media.
⑤ DIAKOPOULOS N.Towards a design orientation on algorithms and automation in news production[J]. Digital journalism,2019,7(8):1180-1184.
⑥ GONDWE G.CHATGPT and the global south:how are journalists in sub-saharan africa engaging with generative AI? [J].Online media and global communication,2023,2(2):228-249.

生成式人工智能技术的发展及其应用的不断深化,新闻工作者需要测试该技术的可能性和边界,探索如何在他们的实际工作中运用这些工具以及不同背景下新闻文化的差异。未来新闻业在以下 6 个方面可能会有所突破:①开发针对新闻业的专用大模型,而非使用现成的通用大模型。该模型的训练数据集均来自新闻媒体报道,可以追溯来源,其内容呈现更加符合新闻专业的表达规范。例如,上海人工智能实验室与中央广播电视总台于 2023 年 7 月 20 日联合发布的"央视听媒体大模型",集合了媒体的海量视听数据与实验室先进算法和技术基础,旨在提升视听媒体制作的质量与效率①。②媒体加强与学术机构和科技公司的合作,提高识别人工智能生成的错误内容的能力,防止机器出现"幻觉"等不可控的现象,继续发挥事实核查与内容校对等相关岗位的"把关人"作用。核查与校对的职责包括对人工智能生成的内容进行"查重",删除不规范引用的内容或标注来源。世界各地的计算机科学家团队已经开发出检测操纵媒体、错误信息或假新闻的人工智能系统。例如,美国德雷塞尔大学(Drexel University)的一个团队最近公布了一种检测伪造视频的新系统。这一系统将取证分析与深度学习相结合,以检测那些可能会被人类审查员或现有系统忽略的虚假视频。③在新闻专业内建立针对生成式人工智能的使用伦理和规范。这些伦理规范既包括基础性原则,又包括一些具体性的操作规定。规范确立的主体既可以是行业协会,也可以是结合自身实际情况的每一家新闻机构。相关课程和指导手册也同样重要。如何让生成式人工智能辅助新闻报道实践,将成为未来新闻记者的关键能力之一。④凭借权威专业新闻报道和深度报道(特别是调查性报道和解释性报道),打造机构品牌与记者个人品牌,强化与读者的连接。⑤重视本地化报道。⑥创新新闻类型。其中,"智能交互新闻"具有较大创新潜力,用户与新闻报道的互动性将得到前所未有的增强②。

第四节　其他可能性

对于新闻业未来的想象,这里有一个更激进的想法:新闻可能不是新闻实践能产生的唯一产品。如果新闻业去除既定流程、组织结构和内在格式,没有截稿日期、新闻编辑室甚至新闻,那么新闻业是怎样的? 新的可能性可能包含既有实践的各个方面,也将揭示新的机会。接下来的问题是,就超越(新闻本身)而言,哪些传

---

① 腾讯研究院.拐点时刻? AIGC 时代的新闻业[EB/OL].(2023-08-29)[2023-09-18].https://new.qq.com/rain/a/20230829A07GRX00.

② 腾讯研究院.拐点时刻? AIGC 时代的新闻业[EB/OL].(2023-08-29)[2023-09-18].https://new.qq.com/rain/a/20230829A07GRX00.

统是重要且必要的。笔者认为是核心价值观。从商业的角度看,与人的联系可能比内容更重要①。新兴技术与社会责任、公共利益的结合并不是让技术适应现有实践或者让实践适应现有技术,而是关于技术与实践之间的协同作用。

为了让柏林市民拥有除投票之外参与地方政治的机会,德国最受欢迎的日报之一《每日镜报》(Der Tagesspiegel)与一家游戏设计机构 Planpolitik 合作开发了一个身临其境的面对面游戏《实验游戏》(BVV-Planspiel),并得到柏林公共图书馆的管理和资助。经过试用,该游戏计划在 2023 年春季正式发布②。"它(这个游戏)可能激发市民参与真实政治活动的兴趣,帮助市民更好地了解地方政治是如何运作的,而不仅仅是阅读新闻或作为嘉宾列席会议。"柏林的每个区都有自己的地方政府——区议会,它们代表市民做出重大决策。即使理事会会议每月向公众开放,第一次参加会议的人也可能不知道该如何参与。《每日镜报》通常会在柏林的每个区都发布每日时事通讯。它的编辑兼时事通讯记者科琳娜·冯·博迪斯科(Corinna von Bodisco)和朱迪思·兰戈夫斯基(Judith Langowski)认为这个游戏是对当地报道的补充。博迪斯科解释说:"(时事通讯)阅读量很大,有许多了解当地政治的活跃受众。(这个游戏)的想法是接触他人,并创造一些东西,让受众自己发展如何参与政治的想法。"这个游戏以虚构的柏林区 Biberfelde 为中心,要求至少 10 名玩家担任该区议会的成员,并讨论一系列当地问题。每个玩家将分到一个以真实政党为背景的虚构政党,并得到一个有关玩家角色的简短描述:他们是谁,他们持有什么样的价值观和想法,以及他们的角色代表谁。所有区的居民都可以免费访问该游戏。当 90 分钟的游戏结束时,玩家必须就某个问题(比如,是否应在主要道路上实施自行车道,是否允许将休耕地分配给对该区有意义的项目)达成一个符合该区居民利益的解决方案③。

昆士兰大学(University of Queensland)的人文社科学部(Faculty of Humanities and Social Sciences)的传播与艺术学院(School of Communications & Arts)开设了新闻设计课程(Journalism Design Course,简称 JxD)④,该课程持续

① ANAND B.The content trap: a strategist's guide to digital change[M].New York: Random House Publishing Group,2016.

② TAMEEZ H.This german news outlet is teaching people about local politics with an in-person game [EB/OL].(2022-11-16)[2023-09-27].https://www.niemanlab.org/2022/11/this-german-news-outlet-is-teaching-people-about-local-politics-with-an-in-person-game/.

③ TAMEEZ H.This german news outlet is teaching people about local politics with an in-person game [EB/OL].(2022-11-16)[2023-09-27].https://www.niemanlab.org/2022/11/this-german-news-outlet-is-teaching-people-about-local-politics-with-an-in-person-game/.

④ 新闻设计课程(Journalism Design Course,简称 JxD)官网:https://my.uq.edu.au/programs-courses/course.html? course_code=JOUR3222.

一个学期,向新闻专业本科第四学年的学生介绍交互设计。学生将组成团队,为一个新闻问题设计解决方案并提供原型。刚开始,该课程要求跨院系(工程和信息技术学院的交互设计专业、新闻专业)合作,研究如何将虚拟现实、增强现实、游戏和物理计算等技术应用于新闻业。在理想状态下,学生的技能是互补的,新闻专业的学生提供新闻工作的专门知识,设计专业的学生贡献设计方法和技术,他们互相学习,一起构思新闻实践与技术相结合的可能性,并为此创建有效的数字原型。然而,现实情况并不总是如此,课程中的新闻专业学生倾向于认为技术不是全新新闻体验的驱动因素,而是新闻创新的决定因素[1]。该课程的开发者多尔蒂则认为,新的迭代强调新闻价值、技术可能性和使用环境的结合。于是,他决定解除合作关系,重新设计课程。该课程现在聚焦于产生和交流想法的设计方法:草图用来探索可能性和说明设计概念,然后用故事板、交互式线框图等低保真的方法来创造原型。这意味着课程关注的是创意,以及它如何体现或挑战新闻业的核心价值,而不是功能或技术实现。学生被要求了解目标用户,将设计的原型提供给这些人以获得评估结果。在设计研究过程的最后,学生会反思项目产品,并思考自己学到的有关新闻业的知识[2]。可见,新闻价值不单是应用于新闻实践的概念,还是鼓励新闻实践产生新想法的一种方式。

新闻设计课程已有几十个项目成果,它们包括:①可穿戴新闻的可能性;②更安全地报道冲突地区的技术;③让年轻人参与政治新闻的方法;④公民记者与专业记者的合作平台。其中的一些项目以一项技术(如虚拟现实、无人机、机器人或传感器)开始,关注的是如何设计与技术相匹配的新闻项目,以及技术如何改变新闻业。而其他项目关注的是新闻或社会目标,用技术来帮助想象改进的空间。这类项目存在于新闻业、社会设计和公共传播之间的混合或共享空间中。例如,在 *FashTrack* 项目中,学生们想要研究移动快速响应码(QR 码)和时尚新闻的结合。他们用免费的交互式线框图设计了一个应用程序:消费者通过扫描服装标签去访问各时装品牌的认证数据库,了解服装背后的故事,从而做出明智的购买决定。这个项目虽然定位于新闻实践,却与公共关系的某些领域有着紧密关联[3]。正如简·约翰斯顿(Jane Johnston)所观察到的,公共关系有利于社会在知情的情况下

① DOHERTY S.Journalism design:interactive technologies and the future of storytelling[M].Oxford:Routledge,2018:67.
② DOHERTY S.Journalism design:interactive technologies and the future of storytelling[M].Oxford:Routledge,2018:67.
③ DOHERTY S.Journalism design:interactive technologies and the future of storytelling[M].Oxford:Routledge,2018:68.

做出选择①。*Mobile media* 项目团队设计了一个简化的电脑界面,它与政府服务、支援服务、个人账户相连,供无家可归的人下载、储存新闻和信息,以便他们下次使用流动性电脑服务时查阅,从而解决他们与大众和社交媒体脱节而造成的日常信息短缺问题②。对新闻和信息的强调突显了此项目的新闻属性,关注特定"公众"的需求以帮助他们创造不同的未来使此项目与社会设计产生关联③。*Civical* 项目团队注意到许多年轻人不太关心政治,设想以新闻嵌入建筑环境的方式,使公共政策和城市年轻居民之间的关系可见,以对抗新闻偏见和算法裁剪。为了评估这个想法,他们设计了一个应用程序的原型,让用户了解有关建设公共建筑、桥梁、道路等的政策决定、公共支出和政治支持,特别是把学生选举中的候选人对学生服务的承诺投影到校园的建筑物上④。

这些项目虽然各不相同,却展示了新闻业从其组织和结构的一些约束中分离出来后的发展方向:它们往往不涉及新闻编辑室,而是将新闻原则和价值观应用于(有时)和其他实践项目共享的新环境,服务于公众或社区,或者解决他们的问题。尽管真相、伦理和公共利益等新闻核心价值观是最重要的,但新闻实践需要更好地适应受众和社会的需求。换言之,仅仅向公众讲述故事是不够的,相反,新闻必须把它的实践与人和其他实践领域结合起来。新闻本身不该成为焦点,与其关注人们想从新闻中得到什么,倒不如关注人们想要什么。即便如此,真正看到并理解用户是一个巨大的挑战,因为不同平台上的细分市场和用户行为是不同的。

从上述课程项目可知,新闻业的另一发展方向是:关注技术,思考技术如何赋能新闻业。虽然技术提供了很多机会,但把传统新闻简单地转移到数字平台上是不够的。在不破坏新闻价值的前提下,内容、生产和消费的规则都需要被改写。事实上,每个平台对内容的要求不同,为每个平台量身定做内容需要密集的劳动,故而使现有的产出适应不断发展的技术是极具挑战性的,记者应该努力修复与受众的关系,重获受众的信任。在未来的愿景中,新闻与受众之间的关系将不同于社交网络与用户之间的关系。

新闻设计课程还突出了设计过程的重要性。在设计过程中,学生们想象新的可能性,通过原型把这些想法付诸实践。创造和反思使他们能够专注于想法中有

① JOHNSTON J.Public relations and the public interest[M].London:Routledge,2016.
② DOHERTY S.Journalism design:interactive technologies and the future of storytelling[M].Oxford:Routledge,2018:69.
③ LEDANTEC C A.Designing publics[M].Cambridge:MIT Press,2016.
④ DOHERTY S.Journalism design:interactive technologies and the future of storytelling[M].Oxford:Routledge,2018:69.

价值的东西,并质疑自己对新闻的一些先入之见,从而为新闻业带来新的见解和知识。一些学者也鼓励学生为新闻提出新的想法和新的交互形式①。学生们不认为新闻产品本身就有价值;相反,他们认为,记者兼设计师必须创造价值②。罗伯特·皮卡德(Robert Picard)建议"新价值应以新闻价值观为基础,而不是替代它"③;约翰·帕夫利克(John V. Pavlik)同样主张新价值应以智慧、言论自由、真相、准确性和道德为指导——这些都是新闻业的关键原则④。除了与新闻实践的核心原则有关,新价值存在于新闻互动的设计中,交互设计提供的是一种阐明这些价值可能如何影响技术设计的方法。综上,新价值融合了新闻价值、技术可能性和产品使用环境。

---

① CHRISTENSEN C M, SKOK D, ALLWORTH J. Breaking news: mastering the art of disruptive innovation in journalism[J].Nieman reports,2012,66(3):6-20.

② DOHERTY S.Journalism design: interactive technologies and the future of storytelling[M].Oxford: Routledge,2018:71.

③ PICARD R G.Value creation and the future of news organisations[J].Barcelona: Formal Press,2010: 84.

④ PAVLIK J V.Innovation and the future of journalism[J].Digital journalism,2013,1(2):181-193.

附录　交互新闻的传播效果评估问卷表

编号：　　　　年龄：　　　　职业：　　　　学历：

　　体验者您好！为了对交互新闻进行后期的效果研究与设计完善，特此诚恳地邀请您参加本次实验，请您在完整体验交互新闻后，仔细阅读以下相关说明并填写效果评估问卷表，感谢您的配合。

体验说明

　　1.在进行回答前，请事先查看交互新闻《××××》，以防对内容不熟悉，无法回答问题。

　　2.在评测过程中，请您按照真实的体验感受从1到5，由低到高进行评分，1分最差，满分5分。在回答这份问卷时，调查对象只要在对应的评估分数下打"√"即可。如有疑问可随时向实验人员提问。

　　3.为避免因填写时间过长而导致您的体验感受受到影响，请您尽量将填写时间控制在30分钟以内。在填写问卷前，实验人员会向您解释每个评估指标，确保您充分理解每个指标的真正含义。

附表　交互新闻传播效果评估量表

评估指标		评估计分				
一级指标	二级指标	1	2	3	4	5
智能体 （agency）	自主性					
	有效性					
	控制					
	（熟练地）控制或操控					
	个性化					
	可用性					

（续表）

评估指标		评估计分				
一级指标	二级指标	1	2	3	4	5
认知 （cognition）	逻辑一致性					
	模糊性					
	故事化程度					
	叙事理解					
	游戏理解					
	感知理解					
	挑战					
	感知现实主义					
沉浸 （immersion）	在场感					
	怀疑中止					
	专注度或吸收度					
	认同或联系					
	连续性					
	审美愉悦度					
	安全感					
情感（affect）	情感强度					
	情感类型					
戏剧性 （drama）	好奇心					
	新颖性					
	多样性					
	封闭性					
	不确定性					
	情境或叙事提示唤起的期望					
	期望的结果					
奖励（rewards）	终极欣赏					
	成就感					
	学习					
	兴趣					

（续表）

评估指标		评估计分				
一级指标	二级指标	1	2	3	4	5
动机 （motivation）	目标					
	活动					
	强化					
	继续					
	互动的欲望					
	重新体验的欲望					
失调 （dissonance）	互动性					
	叙事性					
	失调					
实现行为 促进（action）	信息搜索					
	人人分享					

参考文献

[1] AARSETH E. A narrative theory of games[C]//Proceedings of 6th International Conference on the Foundations of Digital Games.New York:ACM Press,2012:129-133.

[2] ABAR S,THEODOROPOULOS G K,LEMARINIER P,et al.Agent based modelling and simulation tools:a review of the state-of-art software[J].Computer science review,2017, 24:13-33.

[3] ABDUL A,VERMEULEN J,WANG D,et al.Trends and trajectories for explainable, accountable and intelligible systems:an HCI research agenda[C]//Proceedings of 2018 CHI Conference on Human Factors in Computing Systems.New York:ACM Press,2018:1-18.

[4] AGRE P E.Towards a critical technical practice:lessons learned in trying to reform AI [C]//BOWKER G,STAR S L,TURNER W,et al.Bridging the great divide:social science, technical systems,and cooperative work.Hillsdale:Lawrence Erlbaum Associates,1997:131-158.

[5] ALI W,HASSOUN M.Artificial intelligence and automated journalism:contemporary challenges and new opportunities[J].International journal of media,journalism,and mass communications,2019,5(1):40-49.

[6] ALLERN S.Journalistic and commercial news values:news organizations as patrons of an institution and market actors[J].Nordicom review,2002,23(1-2):137-152.

[7] ALM C O,ROTH D,SPROAT R.Emotions from text:machine learning for text-based emotion prediction[C]//Proceedings of the Conference on Human Language Technology and Empirical Methods in Natural Language Processing. Stroudsburg: Association for Computational Linguistics,2005:579-586.

[8] ALTHUSSER L.Ideology and ideological state apparatuses(notes towards an investigation) [C]//ALTHUSSER L.Lenin and Philosophy.New York:Monthly Review Press,1971.

[9] ANDERSON C W,BELL E,SHIRKY C.Post-industrial journalism:adapting to the present [EB/OL]. http://towcenter. org/research/post-industrial-journalism-adapting-to-the-present-2/,2014-12-03/2023-10-29.

[10] ANTONINI A,BROOKER S,BENATTI F.Circuits,Cycles,Configurations:an interaction model of web comics[C]//Interactive Storytelling:Proceedings of 13th International Conference on Interactive Digital Storytelling(ICIDS).Cham:Springer,2020:287-299.

[11] ATMAJA P W,SUGIARTO.When information, narrative, and interactivity join forces: designing and co-designing interactive digital narratives for complex issues[C]//

Interactive Storytelling: Proceedings of 15th International Conference on Interactive Digital Storytelling(ICIDS).Cham:Springer,2022:329-351.

[12] BAÍA-REIS A.Immersive media,social change,and creativity:a framework for designing collaborative 360° video productions[D].Porto,Stanford:University of Porto and Stanford University,2020.

[13] BALA P,DIONISIO M,ANDRADE T,et al.Tell a tail 360°:immersive storytelling on animal welfare[C]//Interactive Storytelling:Proceedings of 13th International Conference on Interactive Digital Storytelling(ICIDS).Cham:Springer,2020:357-360.

[14] BALKA K,RAASCH C,HERSTATT C.Open source enters the world of atoms:a statistical analysis of open design[EB/OL].http://firstmonday.org/ojs/index.php/fm/article/view/2670/2366,2013-01-24/2023-09-26.

[15] BELL E,OWEN T.The platform press:how silicon valley reengineered journalism[M].New York:Tow Center for Digital Journalism,2017.

[16] BELLINI M.Interactive digital narratives as complex expressive means[J].Frontiers in virtual reality,2022,3:854960.

[17] BENSON R.Field theory in comparative context:a new paradigm for media studies[J].Theory and society,1999,28(3):463-498.

[18] BOYER B.How the news apps team at chicago tribune works[C]//GRAY J,CHAMBERS L,BOUNEGRU L.The data journalism handbook.Sebastopol:O'Reilly Media,2012:32-33.

[19] CARDONA-RIVERA R E,ZAGAL J P,DEBUS M S.GFI:a formal approach to narrative design and game research[C]//Interactive Storytelling:Proceedings of 13th International Conference on Interactive Digital Storytelling(ICIDS).Cham:Springer,2020:133-148.

[20] CHAMBERS L.How to hire a hacker[C]//Gray J,Chambers L,Bounegru L.The data journalism handbook.Sebastopol:O'Reilly Media,2012:41-43.

[21] CHRISTENSEN C M,SKOK D,ALLWORTH J.Breaking news:mastering the art of disruptive innovation in journalism[J].Nieman reports,2012,66(3):6-20.

[22] CROSS N.Designerly ways of knowing:design discipline versus design science[J].Design issues,2001,17(3):49-55.

[23] DIAKOPOULOS N.Algorithmic accountability:journalistic investigation of computational power structures[J].Digital journalism,2015,3(3):398-415.

[24] DIAKOPOULOS N.Towards a design orientation on algorithms and automation in news production[J].Digital journalism,2019,7(8):1180-1184.

[25] DOHERTY S,SNOW S,JENNINGS K,et al.Vim:a tangible energy story[C]//Interactive Storytelling:Proceedings of 13th International Conference on Interactive Digital Storytelling(ICIDS).Cham:Springer,2020:271-280.

[26] DU W,KIM Z M,RAHEJA V,et al.Read,revise,repeat:a system demonstration for

human-in-the-loop iterative text revision[C]//Proceedings of the First Workshop on Intelligent and Interactive Writing Assistants(In2Writing 2022).Dublin:Association for Computational Linguistics,2022:96-108.

[27] FORD H,HUTCHINSON J.Newsbots that mediate journalist and audience relationships [J].Digital journalism,2019,7(8):1013-1031.

[28] GALEOTE D F, HAMARI J. Game-based climate change engagement:analyzing the potential of entertainment and serious games[C]//Proceedings of ACM on Human-Computer Interaction.New York:ACM Press,2021:1-21.

[29] GLOOR P.Elements of hypermedia design[M].Boston:Birkhäuser,1997.

[30] GONDWE G.CHATGPT and the global south:how are journalists in sub-saharan africa engaging with generative AI? [J].Online media and global communication,2023,2(2):228-249.

[31] GRAY J,BOUNEGRU L,CHAMBERS L.The ABC's data journalism play[C]//GRAY J,BOUNEGRU L,CHAMBERS L.The data journalism handbook.Sebastopol:O'Reilly Media,2012:24-27.

[32] GRAY J, BOUNEGRU L, CHAMBERS L. The opportunity gap[C]//GRAY J, BOUNEGRU L, CHAMBERS L. The data journalism handbook. Sebastopol:O'Reilly Media:62-63.

[33] HUNICKE R,LEBLANC M,ZUBEK R.MDA:a formal approach to game design and game research[C]//Proceedings of the Workshop on Challenges in Game AI at the 19th National Conference on Artificial Intelligence.California:San Jose,2004.

[34] JONES B,JONES R.Public service chatbots:automating conversation with BBC news[J].Digital journalism,2019,7(8):1032-1053.

[35] JONES R,JONES B.Atomising the news:the(in)flexibility of structured journalism[J].Digital journalism,2019,7(8):1157-1179.

[36] KLEINMAN E,CARO K,ZHU J.From immersion to metagaming:understanding rewind mechanics in interactive storytelling[J].Entertainment computing,2020,33:100322.

[37] KNOLLER N, Roth C, Haak D. The complexity analysis matrix[C]//Interactive Storytelling: Proceedings of 14th International Conference on Interactive Digital Storytelling(ICIDS).Cham:Springer,2021:478-487.

[38] KOENITZ H, BARBARA J, ELADHARI M P.Interactive digital narratives (IDN) as representations of complexity:lineage,opportunities and future work[C]//Interactive Storytelling: Proceedings of 14th International Conference on Interactive Digital Storytelling(ICIDS).Cham:Springer,2021:488-498.

[39] KOENITZ H.Towards a specific theory of interactive digital narrative[C]//KOENITZ H,FERRI G,HAAHR M,et al.Interactive digital narrative.New York:Routledge,2015:

91-105.

[40] KOMATSU T,LOPEZ M G,MAKRI S,et al.AI should embody our values:investigating journalistic values to inform AI technology design[C]//Proceedings of 11th Nordic Conference on Human-Computer Interaction:Shaping Experiences,Shaping Society.New York:ACM Press,2020:1-13.

[41] KOPPER G,KOLTHOFF A,CZEPEK A.Research review:online journalism——a report on current and continuing research and major questions in the international discussion[J]. Journalism studies,2000,1(3):499-512.

[42] KOVACH B,ROSENSTIEL T.The elements of journalism:what newspeople should know and the public should expect[M].New York:Three Rivers Press,2001.

[43] KÜMPEL A S.The issue takes it all? incidental news exposure and news on facebook[J]. Digital journalism,2019,7(2):165-186.

[44] LANSING J S.Complex adaptive systems[J].Annual review of anthropology,2003,32:183-204.

[45] LEGRAND R.Why journalists should learn computer programming[EB/OL].http:// mediashift. org/2010/06/why-journalists-should-learn-programming153/, 2010-06-01/2023-10-01.

[46] LEWIS S C, USHER N. Open source and journalism: toward new frameworks for imagining news innovation[J].Media,culture and society,2013,35(5):602-19.

[47] LEWIS S.Journalism in an era of big data:cases,concepts,and critiques[J].Digital journalism,2015,3(3):321-330.

[48] LOKOT T, DIAKOPOULOS N. News bots: automating news and information dissemination on twitter[J].Digital journalism,2015,4(6):682-699.

[49] LORENZ M. Why is data journalism important[C]//GRAY J,BOUNEGRU L, CHAMBERS L.The data journalism handbook.Sebastopol:O'Reilly Media,2012:6-11.

[50] LÖWGREN J,STOLTERMAN E.Thoughtful interaction design:a design perspective on information technology[M].Cambridge:MIT Press,2004.

[51] MANIOU T A, VEGLIS A.Employing a chatbot for news dissemination during crisis: design,implementation and evaluation[J].Future internet,2020,12(7):1-14.

[52] MARTENS C, SIMMONS R J. Inbox games: poetics and authoring support[C]// Interactive Storytelling: Proceedings of 14th International Conference on Interactive Digital Storytelling(ICIDS).Cham:Springer,2021:94-106.

[53] MURRAY J H.Hamlet on the holodeck:the future of narrative in cyberspace[M].New York:Free Press,1997.

[54] NELSON H G,STOLTERMAN E.The design way:intentional change in an unpredictable world[M].2nd ed.Cambridge:MIT Press,2012.

［55］ NIBLOCK S.Envisioning journalism practice as research［J］.Journalism practice,2012,6
(4):497-512.

［56］ NISHAL S, DIAKOPOULOS N. Envisioning the applications and implications of
generative AI for news media［C］//CHI Workshop on Generative AI and HCI.New
York:ACM Press,2023:1-7.

［57］ ORESKES M.AP reporters find steroid crackdown ineffective［EB/OL］.http://www.ap.
org/Content/Press-Release/2013/AP-reporters-use-data-bases-to-show-HGH-crackdowns-
ineffective,2013-01-04/2023-05-10.

［58］ PAVLIK J V.Innovation and the future of journalism［J］.Digital journalism,2013,1(2):
181-193.

［59］ POWERS M."In forms that are familiar and yet-to-be invented":American journalism and
the discourse of technologically specific work［J］.Journal of communication inquiry,2012,
36(1):24-43.

［60］ RADZIWILL N M, BENTON M C. Evaluating quality of chatbots and intelligent
conversational agents［J］.Software quality professional,2017,19(3):25-35.

［61］ RAHMAN Z,WEHRMEYER S.Searchable databases as a journalistic product［EB/OL］.
https://datajournalism. com/read/handbook/two/working-with-data/experiencing-data/
searchable-databases-as-a-journalistic-product,2018-12-01/2023-08-19.

［62］ REED A.Changeful tales:design-driven approaches toward more expressive storygames
［D］.Santa Cruz:University of California, Santa Cruz,2017.

［63］ RODRÍGUEZ-CASTRO M,GONZÁLEZ-TOSAT C.Journalism's cruise control:how can
public service media outlets benefit from AI and automation? ［C］//García-Orosa B,
Pérez-Seijo S, Vizoso Á.Emerging practices in the age of automated digital journalism:
models,languages,and storytelling.London:Routledge,2013:93-104.

［64］ ROGERS S. Recycling rates in England: how does your town compare? ［EB/OL］.
https://www. theguardian. com/news/datablog/2011/nov/04/recycling-rates-england-
data,2011-11-04/2023-05-10.

［65］ ROGERS Y. Moving on from weiser's vision of calm computing:engaging ubicomp
experiences［C］//International Conference on Ubiquitous Computing. New York:
Springer,2006:404-421.

［66］ RYFE D M. Can journalism survive:an inside look at American newsrooms［M］.
Cambridge:Polity Press,2012.

［67］ SÁDABA C,GARCÍA-AVILÉS J A,MARTÍNEZ-COSTA, M P.Innovación y desarrollo
de los cibermedios en españa［M］.Pamplona:Eunsa,2016.

［68］ SÁNCHEZ-GONZALES H M,SÁNCHEZ-GONZÁLEZ M.Bots as a news service and its
emotional connections to audiences:the case of politibot［J］.Doxa.Comunicación,2017:51-

68.

[69] SANG Y,LEE J Y,PARK S,et al.Signalling and expressive interaction:online news users' different modes of interaction on digital platforms[J].Digital journalism,2020,8(4):467-485.

[70] SCHÖN D A.The reflective practitioner:how professionals think in action[M].2nd ed. Farnham:Ashgate,1991.

[71] SCHRAGER A.The problem with data journalism[EB/OL].http://qz.com/189703/the-problem-with-data-journalism,2014-03-19/2023-08-21.

[72] SCHWEGLER P. Die medientrends für [EB/OL]. https://blog. medientage. de/die-medientrends-f%C3%BCr-2023,2022-12-15/2023-09-29.

[73] SHORT E,DALY L.First draft of the revolution[EB/OL].https://www.inklestudios. com/firstdraft/,2012-01-01/2023-06-06.

[74] SIMONS J.Complex narratives[J].New review of film and television studies,2008,6:111-126.

[75] SØRENSEN J K,HUTCHINSON J.Algorithms and public service media[C]//LOWE G F,VAN DEN BULCK H,DONDERS K.Public service media in the networked society. Goteborg:Nordicom,2018:91-106.

[76] STEENSEN S.Online journalism and the promises of new technology:a critical review and look ahead[J]Journalism studies,2011,12(3):311-327.

[77] STERMAN J.System dynamics at sixty:the path forward[J].System dynamics review, 2018,34:5-47.

[78] STOLTERMAN E.The nature of design practice and implications for interaction design research[J].International journal of design,2008,2(1):55-65.

[79] STRAY J.Journalism for makers[EB/OL]. http://jonathanstray. com/journalism-for-makers,2011-09-22/2019-05-05.

[80] TAMEEZ H.This german news outlet is teaching people about local politics with an in-person game[EB/OL].https://www. niemanlab. org/2022/11/this-german-news-outlet-is-teaching-people-about-local-politics-with-an-in-person-game/,2022-11-16/2023-09-27.

[81] TAYLOR N,FROHLICH D,EGGLESTONE P,et al.Utilizing insight journalism for community technology design[C]//Proceedings of the SiGCHI Conference on Human Factors in Computing Systems.New York:ACM Press,2014:3001.

[82] THUE D.What might an action do? toward a grounded view of actions in interactive storytelling[C]//Interactive Storytelling:Proceedings of 13th International Conference on Interactive Digital Storytelling(ICIDS).Cham:Springer,2020:212-220.

[83] THURMAN N,MOELLER J,HELBERGER N,et al.My friends,editors,algorithms,and I [J].Digital journalism,2018,7:447-469.

［84］VAN DALEN A.The algorithms behind the headlines：how machine-written news redefines the core skills of human journalists［J］.Journalism practice，2012，6（5-6）：648-658.

［85］VENOHR S.Data journalism at the zeit online［C］//GRAY J，CHAMBERS L，BOUNEGRU L.The data journalism handbook.Sebastopol：O'Reilly Media，2012：37-40.

［86］WAHL-JORGENSEN K，HANITZSCH T.Introduction：on why and how we should do journalism studies［C］//WAHL-JORGENSEN K，HANITZSCH T.The handbook of journalism studies.New York：Routledge，2009：3-16.

［87］WANG S，MENON S，LONG T，et al.ReelFramer：co-creating news reels on social media with generative AI［EB/OL］.https：//arxiv.org/abs/2304.09653v1，2023-04-19/2023-08-30.

［88］WHEELER M.Talking about more than heads：the embodied，embedded and extended creative mind［C］//GAUT B，KIERAN M.Creativity and philosophy.London：Routledge，2018：230-250.

［89］WU S，TANDOC E C，SALMON C T.A field analysis of journalism in the automation age ［J］.Understanding journalistic transformations and struggles through structure and Agency，2019，7（4）：428-446.

［90］ZAGAL J P，DEBUS M S，CARDONA-RIVERA R E.On the ultimate goals of games：winning，finishing，and prolonging［C］//Proceedings of 13ᵗʰ International Philosophy of Computer Games Conference.Bergen：St.Petersburg，2019：3.

［91］ZARAGOZA-FUSTER M T，GARCíA-AVILéS J A.The role of innovation labs in advancing the relevance of public service media：the cases of BBC news labs and RTVE lab ［J］.Communication and society，2020，33（1）：45-61.

［92］尼基·厄舍.互动新闻：黑客、数据与代码［M］.郭恩强，译.北京：中国人民大学出版社，2020.

［93］哥大新闻.数字时代下新闻业的未来［EB/OL］.http：//www.360doc.com/content/18/0212/20/7872436_729636482.shtml，2018-02-12/2023-08-18.

［94］格拉瑟.公共新闻事业的理念［M］.邬晶晶，译.北京：华夏出版社，2009.

［95］马诺维奇.新媒体的语言［M］.车琳，译.贵阳：贵州人民出版社，2021.

［96］梅耶.精确新闻报道：记者应掌握的社会科学研究方法［M］.肖明，译.第4版.北京：中国人民大学出版社，2015.

［97］尼尔森.可用性工程［M］.刘正捷，等译.北京：机械工业出版社，2004.

［98］皮特.传感器与新闻［M］.章于炎，等译.北京：北京大学出版社，2017.

［99］腾讯研究院.拐点时刻？AIGC时代的新闻业［EB/OL］.https：//new.qq.com/rain/a/20230829A07GRX00，2023-08-29/2023-09-18.

［100］周嘉雯.交互新闻研究［M］.北京：中国传媒大学出版社，2021.

索　引